建筑工程安全施工指南

上海市工程建设监督研究会

中国建筑工业出版社

图书在版编目(CIP)数据

建筑工程安全施工指南/上海市工程建设监督研究会编.—北京:中国建筑工业出版社,2000
ISBN 7-112-04316-6

Ⅰ.建… Ⅱ.上… Ⅲ.建筑工程-工程施工-安全技术 Ⅳ.TU714

中国版本图书馆CIP数据核字(2000)第31634号

本书重点介绍安全法规、安全教育、安全救护、事故管理、安全生产保证体系的实施等安全管理知识;以及基坑支护、拆房改建、高处作业、施工用电、施工机械等施工各过程的安全技术知识。

本书可供施工企业各级管理人员、特别是安全生产人员阅读,也可作为安全员培训教材。

责任编辑 袁孝敏

建筑工程安全施工指南

上海市工程建设监督研究会

*

中国建筑工业出版社出版、发行(北京西郊百万庄)

新 华 书 店 经 销

世界知识印刷厂印刷

*

开本:787×1092毫米 1/32 印张:15½ 字数:347千字

2000年7月第一版 2005年7月第七次印刷

印数:20001—21200册 定价:**22.00**元

ISBN 7-112-04316-6

TU·3738(9761)

《建筑工程安全施工指南》编委会

前言

由上海市建设工程安全监督总站、上海市工程建设监督研究会组织有关专业技术人员编写的《建筑工程安全施工指南》(以下简称《指南》)现正式出版。

安全生产关系到人民生命安全、国家财产和社会稳定,安全教育历来是我们党和政府抓安全生产工作的重要内容,从建国初期国务院发布“三大规程”、“五项规定”开始,到中华人民共和国《建筑法》的颁布,都对安全教育培训作了专门的规定。搞好安全教育工作是实现安全生产的前提和基础,同时,也是企业生存和发展的保障。因此,安全教育已成为施工企业安全生产管理制度中的一项重要内容。

为了贯彻江泽民主席对安全生产工作的重要指示,进一步提高建设工程文明施工水平,确保建筑施工生产的安全;针对建筑业的事故多发、施工人员的安全意识及防护知识的缺乏,安全管理及安全技术的要求和措施需要进一步贯彻到施工现场,这就是编写《指南》的主要目的。而提高企业领导、安全管理人员的安全生产、文明施工管理水平和意识,无疑是当前最重要的工作。因此,《指南》的出版,可以帮助并提高施工现场管理人员的安全技术素质和安全管理水平;同时提高各类施工作业人员的遵章守纪、自我保护意识。

本书作为建筑施工企业职工安全教育的知识读本和培训教材,也是为配合由上海市建设工程安全监督总站、上海电视大学、上海市工程建设监督研究会等联合发起的“建筑施工安全电视教育讲座”而编印的书稿。因此，本书的内容包括施工现场安全管理、安全技术的应用以及文明施工和劳动保护等，从实用性、可读性出发，力求做到通俗易懂，以便于施工现场各类人员的自学。适用于对施工企业各层次人员的安全培训和阅读。

本书在编著过程中，得到了建设部建筑管理司安全处、上海市建筑业管理办公室的支持和关心。希望《指南》的出版发行，能为建设工程安全生产和文明施工的进一步深化和拓展，为社会稳定、国家财产和人民生命的安全作出积极贡献！

由于编写时间较紧，作者编著的角度不同，书中会有许多不足及可商榷之处，恳请各位读者及行家提出宝贵意见，以便今后修订与完善。

目　录

第一章　建筑安全生产管理

第一节　建筑安全生产基本概念

安全牵系着千家万户,安全生产是人命关天的大事,关系到社会的改革、经济的发展和国家的稳定,党和国家历来都十分重视安全生产工作,提出了“安全第一,预防为主”的安全生产方针。江泽民总书记等中央、国务院领导同志多次关于安全生产作出一系列重要指示,充分体现了党和国家领导人对安全生产的高度重视,对广大人民群众的关心和爱护。建筑业与其他行业不同,一是由于建筑产品的固定性、建筑施工的流动性决定了建筑安全生产的特殊性,即人、材料、机械设备围绕建筑产品进行野外、露天作业,交叉环节多,施工过程中受自然环境如刮风、下雨、雷电、冰雹等影响大。二是目前建筑业 3500 多万从业人员中农民工就占了 80% 以上,他们文化素质低,安全意识差,缺乏安全知识和自我防护能力。由于上述这些原因,使建筑业成为国民经济部门中事故多发行业之一。据统计,从 1990 年到 1999 年我国建筑施工伤亡事故每年平均发生 1530 件,死亡 1560 人,重伤 718 人。,由此可见,安全生产对建筑业显得极为重要。

目前对建筑安全概念有两种认识:一种是狭义的认识,把安全与技术、生产相脱节。认为建筑安全工作就是工人作业时带好安全帽、系好安全带、穿好防滑鞋,为防止人员和物体从高处坠落架设好安全网,做好临边洞口的防护。这种认识危害极大,导致建筑业企业领导忽视安全生产,弱化企业和施工现场的安全管理,致使一些老、弱、病、残和文化低的人员走上安全管理的工作岗位,施工现场安全防护随意简化,事故隐患不断增加。一种是广义的认识,即安全与技术、生产相结合,安全贯穿施工全过程之中。实际上安全工作是一种特殊的专业性很强的技术工作,从管理角度讲包括安全生产的法规建设、监督管理、文明施工、事故的处理和安全教育培训;从专业角度讲包括拆除施工、爆破施工、塔吊等大型机械的拆装、脚手架的搭设、模板工程、基坑支护、物料吊装及外用电梯、施工机具和施工用电等。这些都是建筑安全生产的管理范畴,忽略哪一方面都将影响人的安全。认识问题非常重要,解决好这个问题,可以全面贯彻国家、行业和地方的安全生产的法律法规和方针政策、提高建筑安全生产的管理水平,最大限度地控制施工伤亡事故发生。

由于建筑施工的特点,决定了建筑安全生产管理工作具有其特殊性,必须把管理工作的重点放在安全生产的法规建设、制度建设和队伍的素质建设方面,通过严格的执法监督检查,严肃查处发生事故的责任单位和责任人,保证安全生产各项规章制度的落实,确保安全生产。

第二节　我国安全生产管理体制

1993 年国务院以国发[1993]50 号文件《国务院关于加强安全生产工作的通知》明确了我国实行企业负责、行业管理、国家监察和群众监督的安全生产管理体制。这是我国长期安全生产工作实践经验的总结,是行之有效的安全生产管理体制，对于保障安全生产起到了极其重要的作用。首先，企业负责，即安全生产的重心在企业，以企业为主。因为企业是生产的主体，生产过程中劳动者的生活环境和工作条件必须符合卫生、健康和安全标准。因此，企业必须认真执行国家、行业和地方的安全生产的方针政策、法律法规和安全技术标准、规范，建立健全安全生产责任制和安全生产的教育培训制度，加强安全生产的监督检查，控制施工伤亡事故发生。对总包、分包和专业、劳务分包单位的安全生产责任及企业法定代表人和项目(车间)负责人的安全生产第一责任人的责任，实行企业安全生产目标管理。其次，行业管理，即安全生产的监督管理和组织协调工作以行业为主。行业管理部门必须认真履行安全生产的管理职责，切实加强对安全生产工作的领导，加强行业安全生产的法规建设和制度建设，加大行业管理的执法监督检查力度，组织安全技术、安全管理的研究工作，总结交流经验，预防施工伤亡事故发生。第三，国家监察。国家监察是指国家安全生产综合管理部门，对安全生产行使国家监察职权，即对国务院各部门行使协调、监督检查职能。最后是群众监督。要求广泛深入开展宣传教育工作，增强全体职工的安全意识和安全素质以及搞好安全生产的自觉性。通过新闻媒介和工会等群众组织，采取多种有效形式，积极开展生动活泼的安全生产宣传教育工作，提倡和鼓励广大群众对安全生产工作进行监督。

实行这个体制，不仅充分调动了企业重安全，抓安全的积极性，发挥国务院各部门在安全生产中行使行业管理的作用，而且有利于加强安全生产，维护劳动者合法权益，保证安全生产。

第三节 我国建筑安全生产管理基本情况

(一) 目前管理模式

目前我国建筑安全生产行业管理的模式为统一管理,分级负责,即国务院建设行政主管部门统一负责全国建筑安全生产的管理,县以上人民政府建设行政主管部门分级负责本辖区内的建筑安全生产管理。具体讲有二种管理模式:一种是政府职能部门直接管理模式,即各级建设行政主管部门设立专门负责安全生产的职能部门,对本辖区内安全生产进行直接监督管理。如在1998年国家机关机构改革后,建设部专门设一个安全机构负责管理全国建筑安全生产工作。北京市建委、福建省建委和江苏省建工局等采用这种模式。第二种是政府进行综合管理,专门成立代表政府执法检查的安全监督管理机构,负责建筑安全生产的监督检查工作和日常管理工作,上海、河北等地采用这种模式。

(二) 目前我国建筑安全生产基本状况

从1995年开始,全国建筑施工伤亡事故连续五年出现下降的好势头,三级以上重大事故有上升的趋势。1995年全国建筑施工伤亡事故发生1719件,死亡1869人,三级以上重大事故50件。死亡226人;与1994年相比死亡人数下降了2.68%,三级事故上升了76.6%。1996年1544件,死亡1788人,三级事故59件,死亡270人;年死亡总人数比上年下降了4.33%,但三级事故上升了19.5%。1997年1498件,死亡1280人,三级事故40件,死亡191人;比上年分别下降了28.41%和29.3%。1998年1018件,死亡1187人,三级事故33件,死亡139人;比上年分别下降了7.27%和

27.2%。1999年932件,死亡1097人,三级事故40件,死亡160人;比上年下降了7.58%,三级事故上升了15.1%。

(三)成效

建国50年来,我国建筑安全生产管理工作健康稳步发展,尤其是改革开放以来,建筑安全生产管理体制改革步伐加快,在完善建筑安全生产管理运行机制方面取得了显著的成效。

1. 建立了建筑安全生产法规体系和建筑安全技术标准体系,使建筑安全生产工作开始走向法制化轨道。建国初期,国务院颁布了《工厂安全卫生规程》、《建筑安装工程安全技术规程》和《工人职员伤亡事故报告规程》,这三大规程为维护劳动者安全和健康的权益,控制生产过程中伤亡事故的发生起到了极其重要的作用。改革开放以来,国家建设行政主管部门抓住深化改革的历史机遇,把建筑安全行业管理工作的重点放在建立健全行政法规和技术标准体系上,加大了建筑安全生产的立法研究工作,加快建筑安全技术标准体系的完善工作。80年代,建设部出台了《工程建设重大事故报告和调查程序规定》和《建筑安全生产监督管理规定》等部门规章;颁布了《建筑施工安全检查标准》、《建筑施工高处作业安全技术规范》、《龙门架及井字架物料提升机安全技术规范》和《施工现场临时用电安全技术规范》等建筑安全技术标准、规范,目前即将颁布《建筑施工门型脚手架安全技术规范》、《建筑施工扣件式钢管脚手架安全技术规范》、《建筑施工工具式脚手架安全技术规范》、《建筑施工模板工程安全技术规范》等七部技术标准、规范,初步形成了建筑安全的法规体系。1998年我国《建筑法》的颁布实施,奠定了建筑安全管理工作的法规体系的基础,把建筑安全生产工作真正纳入到法制化轨道,开始实现建筑安全生产监督管理工作向规范化、标准化和制度化管理的过渡。

2. 初步形成的建筑安全监督管理体系，加强了建筑安全生产行业管理。根据我国安全管理体制的要求，建设部于1991年颁布了13号令《建筑安全生产监督管理规定》，明确在全国建设系统建立建筑安全生产监督管理机构，开展建筑安全生产的行业管理工作。目前，全国已经有22个省、直辖市和自治区，272个地级城市和911个县成立了建筑安全监督管理机构，拥有12000多人的执法监督队伍，初步形成了“纵向到底，横向到边”的建筑安全生产监督管理体系。监督管理体制的形成，加大了建筑安全生产监督检查力度，强化了建筑业企业的安全生产意识，有效地贯彻了“安全第一，预防为主”的安全生产方针，消除了大量的事故隐患，减少了施工伤亡事故的发生，为搞好建筑安全生产做出了突出的贡献。

3. 开展创建文明工地活动，把建筑安全生产管理推向新的水平。1991年，建设部要求在全国建设工程的施工现场开展安全达标活动，把建筑安全生产的管理重心放在了施工现场，对施工全过程进行安全监督管理。在此基础上，1996年建设部以建监[1996]484号文《关于学习和推广上海市文明工地建设经验的通知》，号召全国建设系统在深入开展施工现场安全达标的同时，学习上海市文明工地建设经验，积极开展创建文明工地活动，很快在全国建筑业掀起学上海创建文明工地浪潮。这项活动深入人心，硕果累累，不但改变了昔日施工现场“脏、乱、差”面貌，改善了施工现场作业人员的生活环境和工作条件，美化了施工现场的场容场貌，而且提高了建筑业的整体形象，成为全行业乃至城市建设的重要内容。

4. 开展意外伤害保险试点工作，促进了建筑安全生产保障体系尽快发展。按照《建筑法》关于“建筑施工企业必须为从事危险作业的职工办理意外伤害保险,支付保险费”的要求,借鉴国外保险制度的经验,从1998年至今,我国部分地区如上海、浙江、山西、河北、辽宁等13个地区都开展了意外伤害保险试点工作,把意外伤害保险与事故预防相结合,激励企业采取有效措施改善安全生产条件,促进了建筑安全生产保障体系尽快发展。

第四节　我国建筑安全生产管理工作深化改革的重点

(一) 进一步加强领导,加快立法步伐,全面落实安全生产责任制

我们要从讲政治、促发展、保稳定的高度,以对人民高度负责的态度,切实加强对安全生产工作的领导,建立健全安全生产责任制,真正把安全生产工作当作人命关天的大事,放在领导的重要议事日程来抓。目前,要认真贯彻“安全第一,预防为主”的方针,保证建筑安全生产的各项法规、标准、规范和规程真正得到贯彻落实,必须“严字当头,强化管理”。进一步加快安全生产的立法步伐,尽快出台《建设工程安全管理条例》,各地区应结合本地区安全生产的实际情况,尽快对安全生产的法律、行政法规、技术法规和制度加以补充和完善。加大执法力度,对违反安全生产法律、法规的行为,要依法给予处罚,做到有法必依、执法必严、违法必究,保证安全生产法律、法规的有效实施。

建筑业企业要建立并落实安全生产责任制的各项规章制度和安全保障体系,严格执行安全生产的法律、法规和方针政

策，把落实安全生产责任制的重点放在施工现场。

（二）强化安全监督管理手段，建立建筑安全生产良性运行机制

在加强安全生产法制建设的同时，强化安全生产监督管理手段，进一步完善安全管理的制度建设，形成适应建筑业健康稳定发展的安全生产的良性运行机制。一是必须建立健全各级建筑安全生产监督管理机构，形成完整的监督管理工作系统，建立一支高素质的监督管理执法队伍。二是建立建筑业企业、项目经理和安全员安全资格审查制度，把安全生产工作真正纳入到基本建设程序中。三要建立建筑施工人员意外伤害保险制度，完善安全生产保障制度。四要建立健全施工现场安全防护用具及机械设备使用管理制度，杜绝不合格产品流入施工现场。

（三）依靠科技进步，提高施工现场安全防护水平

必须加强建筑安全技术的研究、开发与推广，促进科技成果向生产力转化，集中力量解决建筑安全生产发展的重大和关键性技术问题。加大对建筑安全技术研究和产品开发的投入，一要依托建筑科研单位和大专院校，积极组织专家对我国建筑安全生产亟待解决的一些技术进行专题研究。二要利用现代的通讯设备和电子、计算机技术，逐步实现施工现场安全管理和监控现代化。三要积极研制适应我国建筑业发展的安全防护用具及机械设备等产品，逐步实现标准化、工具化、定型化，彻底提高施工现场的安全防护水平。

（四）加强安全教育培训，提高各级管理者与作业人员的安全素质

按照《建筑法》的要求，建立健全建筑安全生产教育培训制度，加强对职工的安全生产的教育培训。同时，积极发挥社

会力量，采取多种形式，如利用声像、光盘和网络技术等现代传播工具，广泛开展安全生产的宣传、教育活动。特别要加强安全生产的法律、法规、标准和规范的宣传，重点抓好企业经理、项目经理、施工现场的安全员和工人的安全教育培训。教育培训应具有针对性，对不同岗位和不同工种人员，教育培训的目标、内容和要求不同，按照需要进行培训，把安全教育培训工作真正落到实处，切实提高各级管理人员和作业人员的安全素质。当前，安全教育培训的重点是施工现场的安全管理人员和作业人员，尽快改变目前安全管理人员队伍结构。

（五）加快建筑安全管理信息化建设

实现建筑安全管理信息化的关键是领导者的观念改变，这是建筑安全管理信息化建设的第一条件。信息社会的企业领导应充分认识自身处在信息时代，不能回避，只能顺应，抓住变革，抓住机遇，并且充分利用这个时机，及时把信息转化为知识和行动。加强建筑安全管理信息化建设是建筑业深化改革的一项极其重要的内容，提高建筑安全管理信息化管理水平是建筑业振兴和促进建筑业产业结构升级的关键。

第二章　安全法规与事故管理

第一节　安　全　法　规

法律规范是国家制定或认可,并以国家强制力保证其实施的一种行为规范。

安全生产法规,是指国家关于改善劳动条件,实现安全生产,为保护劳动者在生产过程中的安全和健康而制定的各种法律、法规、规章和规范性文件的总和,是必须执行的法律规范。法律规范一般可分为技术规范和社会规范两大类。

技术规范,是指人们关于合理利用自然力、生产工具、交通工具和劳动对象的行为准则。比如:操作规程、标准、规程等。

社会规范,是指调整人与人之间社会关系的行为准则。体现统治阶级利益与意志,具有鲜明的阶级性。

安全技术规范是强制性的标准。因为,违反规范、规程造成事故,往往会给个人和社会带来严重危害。为了有利于维护社会秩序、企业生产秩序和工作秩序,把遵守安全技术规范确定为法律义务,有时把它直接规定在法律文件中,使之具有法律规范性质。例如:《安全色》(GB 2893—82),《安全标志》(GB 2894—82),《高处作业分级》(GB 3608—83)等。

企业的规章制度是为了保证国家的法律实施和加强企业内部管理、进行正常而有秩序地生产和经营活动而制定的措施和办法。企业的规章制度有两个特点:一是制定时必须服从国家的法律;二是本企业职工必须遵守。

一、安全法规的作用

安全生产法规是国家法律规范中的一个组成部分,是生产实践中的经验总结和对自然规律的认识和运用,其主要任务是调整社会主义建设过程中人与人之间和人与自然之间的关系,保障职工在生产过程中的安全和健康,提高企业经济效益,促进生产发展。

安全生产法规,它是通过法律形式规定了人们在生产过程中的行为规范,具有普遍的约束力和强制性。每个单位(机关、企业)和每个人都必须严格遵守,认真执行。企业单位领导必须按照安全法规,改善劳动条件,采取行之有效的措施,创造安全生产条件,履行对劳动者应尽的义务,保证劳动者的安全和健康。每个劳动者也必须遵守劳动纪律,自觉执行安全生产规章制度和操作规程,进行安全生产。只有这样才能维护正常的生产秩序,防止伤亡事故的发生,特别是在当今现代化的施工生产中,由于新技术、新工艺、新机械的普遍应用以及新的产业和新企业的产生,使树立安全法制观念,加强安全法规的实施,显得尤为重要。

安全法规的作用可以归纳为:

1. 安全法规是贯彻安全生产方针、政策的有效保障。
2. 安全法规是保护劳动者安全和健康的重要手段。
3. 安全法规是实现安全生产的技术保证。

二、制定安全法规的政策思想

根据宪法“加强劳动保护,改善劳动条件”的安全生产基本要求,并根据“安全第一,预防为主”的宗旨,保护劳动者的安全和健康是安全立法必须遵循的指导思想。安全法规制定后,具有相对的稳定性和连续性,只有通过一定的合法程序才能修改和废除。因此,制定安全法规的政策思想是:

1. 充分体现社会主义国家性质、树立爱护人、保护人的思想。毛泽东同志说过:“世间一切事物中,人是第一可贵的”。以安全立法来保护劳动者的安全健康,体现社会主义国家中劳动者的地位、价值和社会主义制度的优越性。

2. 从实际出发,从经济条件和技术条件出发。由于我国家底薄,科学技术还在发展中,劳动条件还不能在很短时间内得到完全改善,这是可以理解的。但是,决不允许强调客观困难,忽视安全生产。因此,必须适应生产发展,制定切实可行的保证生产必须安全的法规,建立安全生产正常秩序。

3. 要体现科学性。建国后,党和国家颁发了一系列法规。许多法规都是生产实践经验的总结,有些经验是付出血的代价换来的。随着科学技术的发展,不能再用“血”的代价来换取“教训”,必须运用科学的手段和方法对生产过程中的不安全因素进行预先分析,掌握控制事故的主动权,制定安全法规。

三、安全法规的主要内容

根据我国安全生产劳动保护和安全管理监督工作的实践和经验教训,借鉴国外先进经验,现行安全法规的内容主要有以下几个方面:

(1) 关于安全技术和劳动卫生的法规。

(2) 关于工作时间的法规。

(3) 关于女工等实行特别保护的法规。

(4) 关于安全生产的体制和管理制度的法规。

(5) 关于劳动安全和劳动卫生监督管理制度的法规。

四、主要安全法规简介

(一) 国家有关安全生产重要法律

1. 中华人民共和国宪法

第四十二条 中华人民共和国公民有劳动的权利和义务。

国家通过各种途径,创造劳动就业条件,加强劳动保护,改善劳动条件,并在发展生产的基础上,提高劳动报酬和福利待遇。

劳动是一切有劳动能力的公民的光荣职责。国有企业和城乡集体经济组织的劳动者都应当以国家主人翁的态度对待自己的劳动。国家提倡社会主义劳动竞赛,奖励劳动模范和先进工作者。国家提倡公民从事义务劳动。

国家对就业前的公民进行必要的就业训练。

第四十三条 中华人民共和国劳动者有休息的权利。

国家发展劳动者休息和休养设施,规定职工的工作时间和休假制度。

2. 中华人民共和国刑法

第一百三十三条 违反交通运输法规,因而发生重大事故,致人重伤、死亡或者使公私财产遭受重大损失的,处三年以下有期徒刑或者拘役;交通运输肇事后逃逸或者有其他特别恶劣情节的,处三年以上七年以下有期徒刑;因逃逸致人死亡的,处七年以上有期徒刑。

第一百三十四条 工厂、矿山、林场、建筑企业或者其他企业、事业单位的职工,由于不服管理、违反规章制度、或者强令工人违章冒险作业，因而发生重大事故或者造成其他严重后果的，处三年以下有期徒刑或者拘役；情节特恶劣的，处七年以下有期徒刑。

第一百三十五条 工厂、矿山、林场、建筑企业或者其他企业、事业单位的劳动安全设施不符合国家规定，经有关部门或者单位职工提出后，对事故隐患仍不采取措施，因而发生重大伤亡事故或者造成其他严重后果的，对直接责任人员，处三年以下有期徒刑或者拘役；情节特别恶劣的，处三年以上七年以下有期徒刑。

第一百三十六条 违反爆炸性、易燃性、放射性、毒害性、腐蚀性物品管理规定，在生产、储存、运输、使用中发生重大事故，造成严重后果的，处三年以下有期徒刑或者拘役；后果特别严重的，处三年以上七年以下有期徒刑。

第一百三十七条 建设单位、设计单位、施工单位，工程监理违反国家规定，降低工程质量标准，造成重大安全事故的，对直接责任人员，处五年以下有期徒刑或者拘役；并处罚金；后果特别严重的，处五年以上十年以下有期徒刑，并处罚金。

第一百三十九条 违反消防管理法规，经消防监督机构通知采取改正措施而拒绝执行，造成严重后果的，对直接责任人员，处三年以下有期徒刑或者拘役；后果特别严重的，处三年以上七年以下有期徒刑。

第一百四十六条 生产不符合保障人身、财产安全的国家标准、行业标准的电器、压力容器、易燃易爆产品或者其他不符合保障人身、财产安全的国家标准、行业标准的产品、或者销售明知是以上不符合保障人身、财产安全的国家标准、行业标准的产品，造成严重后果的，处五年以下有期徒刑，并处销售金额百分之五十以上二倍以下罚金；后果特别严重的，处五年以上有期徒刑，并处销售金额百分之五十以上二倍以下的罚金。

3．中华人民共和国建筑法

第三十六条 建筑工程安全生产管理必须坚持安全第一、预防为主的方针，建立健全安全生产的责任制度和群防群治制度。

第四十六条 建筑施工企业应当建立健全劳动安全生产教育培训制度，加强对职工安全生产的教育培训；未经安全生产教育培训的人员，不得上岗作业。

第四十八条 建筑施工企业必须为从事危险作业的职工办理意外伤害保险，支付保险费。

第五十一条 施工中发生事故时，建筑施工企业应当采取紧急措施减少人员伤亡和事故损失，并按照国家有关规定及时向有关部门报告。

《建筑法》的颁布实施，为建筑施工行业及其主管部门搞好安全工作，依法加强安全管理提供了重要的法律武器；为维护广大职工的合法权益提供了重要的法律保障；为建立和完善建筑安全法规体系提供了重要的法律依据。

《建筑法》的颁布实施，为建筑施工行业及其主管部门贯彻"安全第一、预防为主"的方针，处理好建设行政主管部门和劳动行政主管部门管理职责分工关系（第四十三条）；处理好"扰民"（第四十一条）和"民扰"（总则中的第五条第二款）关系；落实建设单位（第四十二、四十九条）、设计单位（第三十七条）、施工企业（第四十四、四十五、五十条）安全生产责任制；加强建筑施工的四个环节［即施工前（第三十八、四十九条）、施工作业（第四十、四十七、五十条）、施工现场（第三十九条第一,第二款、第四十一条)]的安全管理,以及一旦发生事故如何处理;建立健全安全生产基本制度,即:安全生产责任制度(第三十六条)、群防群治制度(第三十六、四十七条)、安全生产教育培训制度(第四十六条)、意外伤害保险制度(第四十八条)、伤亡事故报告制度(第五十一条)作出了法律上的规定。

(二) 国务院有关法规

1."三大规程"

"三大规程"也叫"三大法规"。它包括《工厂安全卫生规程》、《建筑安装工程安全技术规程》、《工人职员伤亡事故报告规程》。这三个规程都是1956年由周恩来同志主持的国务院全体会议讨论通过,并由国务院颁布实施的。

(1)《工厂安全卫生规程》主要对工厂企业从厂院、通道、设备布置、安全装置、材料和成品堆放直到生活设施等有关工厂的安全卫生,作出了一系列规定。

(2)《建筑安装工程安全技术规程》共分九章一百一十二条。分为总则、施工的一般安全要求、施工现场、脚手架、土石方工程、机电设备和安装、拆除工程、防护用品、附则。对建筑安装工程施工安全管理、主要安全技术措施、施工现场安全要求等作了一系列规定。由于科学技术的发展,新的施工方法不断出现,对于这些新的施工方法的安全要求,规程中还存在缺欠,要有待于进一步总结和补充。

(3)《工人职员伤亡事故报告规程》是关于伤亡事故的统计、上报、调查、处理的详细规定。沿用至1991年5月1日。后由国务院发布的75号令:《企业职工伤亡事故报告和处理规定》替代。

2."五项规定"

《关于加强企业生产中安全工作的几项规定》是国务院

1963年3月30日发布的“五项规定”是其习惯叫法。它的五项主要内容有:安全生产责任制、安全技术措施计划、安全生产教育、安全生产检查、伤亡事故调查处理。《规定》明确提出了“管生产必须管安全”的原则和做到“五同时”,即在计划、布置、检查、总结、评比生产的同时要计划、布置、检查、总结、评比安全工作。

3. 国务院发布[1993]50文

即国务院《关于加强安全生产工作的通知》。“通知”针对重大、特大恶性事故以及相当严重的职业危害的问题指出:各地区、各有关部门和单位的领导同志,应当充分认识加强安全生产工作的重要意义,进一步增强搞好安全生产的责任感和紧迫感;要加强领导,扎扎实实地贯彻“安全第一,预防为主”的方针,努力抓好安全生产管理责任制和各项法规、制度及措施的落实;在发展社会主义市场经济过程中,各有关部门和单位要强化搞好安全生产的职责,实行企业负责、行业管理、国家监察和群众监督的安全生产管理制度;要进一步做好事故的调查处理工作,事故发生后立即严肃认真地查处,对因忽视安全工作,违章违纪造成事故的必须坚决追究领导人员和当事人的责任;强调了对伤亡事故和职业病处理必须坚持“四不放过”原则,即事故原因不清不放过,事故责任者和群众没有受到教育不放过,没有防范措施不放过,事故的责任者没有受到处理不放过。

“通知”还对安全生产宣传教育和培训工作提出了要求。

4. 国务院国发(1984)97号文件《关于加强防尘防毒工作的决定》(以下简称“决定”)

“决定”中指出:继续贯彻执行国务院批转的原国家劳动总局、卫生部关于加强厂矿企业防尘防毒工作的报告(国发

[1979]100 号文件)的精神,每年在企业提取固定资产更新改造资金中,要根据实际情况拿出一部分资金用于改善工人的劳动条件。如资金仍不敷需要,企业可以从税后留利或利润留成等自筹资金中补充一部分。

(三) 建设部有关安全生产文件

1. 原国家建工总局颁发的《建筑安装工人安全技术操作规程》([80])建工劳字第 24 号,1980 年 6 月 1 日实施(以下简称"规程")

"规程"分土木建筑、设备安装、机械施工三大部分,共 40 章 832 条。主要内容包括四个方面,一是安全技术设施标准;二是安全技术操作标准;三是设备安全装置标准;四是施工组织管理及安全技术的一般要求。

2. 原国家建工总局于 1981 年 4 月 9 日发布的《关于加强劳动保护工作的决定》(以下简称"决定")

"决定"中提出了施工安全《十项措施》:

(1) 按规定使用"三宝"。

(2) 机械设备的防护装置一定要齐全。

(3) 塔吊等起重设备必须有限位保险装置,不准"带病"运转,不准超负荷作业,不准在运转中维修保养。

(4) 架设电线线路必须符合当地电业局的规定,电气设备必须全部接地或接零。

(5) 电动机械或电动手持工具,要设置漏电掉闸装置。

(6) 脚手架材料或脚手架搭设必须符合规程要求。

(7) 各种缆风绳及其设置必须符合规程要求。

(8) 在建工程的楼梯口、电梯井口、预留洞口、通道口,必须有防护措施。

(9) 严禁赤脚或穿高跟鞋、拖鞋进入施工现场,高处作业不准穿硬底和带钉易滑的鞋靴。

(10) 施工现场的悬崖、陡坎等危险地区应有警戒标志，夜间要设红灯示警。

3．建设部部颁标准《施工现场临时用电安全技术规范》(JGJ 46—88)，1988 年 10 月 1 日实施(以下简称"规范")

"规范"明确规定了施工现场临时用电、施工组织设计的编制、专业人员、技术档案管理要求；接地与防雷、实行 TN-S 三相五线制接零保护系统的要求；外电路防护和配电线路、配电箱及开关箱、电动建筑机械及手持电动工具、照明等方面的安全管理及安全技术措施的要求。

4．建设部部颁标准《建筑施工高处作业安全技术规范》(JGJ 80—91)，1992 年 8 月 1 日实施"

该"规范"对高处作业的安全技术措施及其所需料具；施工前的安全技术教育及交底；人身防护用品的落实；上岗人员的专业培训考试持证上岗和体格检查；作业环境和气象条件；临边、洞口、攀登、悬空作业；操作平台与交叉作业的安全防护设施的搭拆(包括临时移动)；以及主要受力杆件的计算、安全防护设施的验收都作出了规定。

5．建设部部颁标准《龙门架及井架物料提升机安全技术规范》(JGJ 88—92)，1993 年 8 月 1 日实施

该"规范"规定：安装提升机架体人员，应按高处作业人员的要求、经过培训持证上岗；使用单位应根据提升机的类型制订操作规程，建立管理制度及检修制度；应配备经正式考试合格持有操作证的专职司机；提升机应具有相应的安全防护装置并满足其要求。该"规范"还对电气设备及电器元件的选用、绝缘及接地电阻、控制装置及电动机等作出具体规定；此外还规定：安装与拆除作业前，应根据现场工作条件及设备情

况编制作业方案。使用与管理方面的要求也有比较详细的规定。

6. 建设部部颁标准《建筑施工安全检查标准》(JGJ 59—99)。1999 年 5 月 1 日实施(以下简称“新标准”)

与《建筑施工安全检查评分标准》(JGJ 59—88)相比,“新标准”采用安全系统工程原理,结合建筑施工伤亡事故规律,依据国家有关法律法规、标准和规程以及按照 167 号国际劳工公约《施工安全和卫生公约》的要求,增设了文明施工、基坑支护、模板工程、外用电梯和起重吊装五部分检查评分表,使检查评分标准由原来的七大类五十四项,增加到十大类一百五十八项。加强了提高安全生产和文明施工的管理水平,预防伤亡事故的发生,确保职工的安全和健康。

“新标准”适用于建筑施工企业及其主管部门对建筑施工安全工作的检查和评价。

“新标准”还对一些检查评分表的检查项目和内容作了调整和增补。主要有:(1)安全管理检查评分表中增设了目标管理检查项目。规定施工现场要实行目标管理,制定总的安全目标(如伤亡事故控制目标、安全达标、文明施工),年、月都要制定达标计划,进行目标分解到人,责任落实、考核到人。在安全生产责任制项目中增设各工种安全技术操作规程,按规定配备的专(兼)职安全员和管理人员,责任制考核检查评分内容,强调了安全生产责任制的落实和安全监督管理人员的落实。(2)在施工组织设计检查项目中规定专业性较强的项目要单独编制专项安全施工组织设计,主要指脚手架工程、施工用电、基坑支护、模板工程、起重吊装作业、塔吊、物料提升机及其他垂直运输设备。(3)在安全教育检查项目中规定安全教育要有制度,施工管理人员要按规定进行安全培训,专职安全员每年集中培训40学时，经考试合格方能上岗。(4)在施工用电评分表中新增加了如下一些内容：①必须采用TN-S接零保护系统且使用五芯电缆；②严格做到“三级配电，两级保护”；③60A以上熔断器严禁用铜丝，应用合适的铜熔片；④严格做到“一机、一闸、一漏、一箱”；⑤各个用电设备或电动工具必须按时定期进行绝缘电阻测试，并记录存档。

7. 建设部第13号令《建筑安全生产监督管理规定》1991年7月9日实施

该“规定”指出：建筑安全生产监督管理，应当根据“管生产必须管安全”的原则，贯彻“预防为主”的方针，依靠科学管理和技术进步，推动建筑安全生产工作的开展，控制人身伤亡事故的发生。

“规定”明确了各级建设行政主管部门的安全生产监督管理工作的内容和职责。

8. 建设部第15号令《建设工程施工现场管理规定》1992年1月1日实施

该“规定”指出：建设工程开工实行施工许可证制度；规定了施工现场实行封闭式管理、文明施工；任何单位和个人，要进入施工现场开展工作，必须经主管部门的同意。“规定”还对施工现场的环境保护工作提出了明确的要求。

9. 建设部第48号令《建筑企业资质管理规定》1995年10月15日实施

该“规定”明确规定：由于企业经营管理不善造成三级或两起以上(含两起)四级工程建设重大事故的，要缩小其相关的承包工程范围；情节严重的，可降低一个资质等级。“规定”还在企业年度资质检查条款中指出：企业的资质条件与所定资质差距较大，或过去一年内发生过三级以上工程建设重大事故,或发生过两起以上四级工程建设重大事故,或发生过重大违法行为的,均为“不合格”。把安全工作纳入企业资质的动态管理工作中。

(四) 上海市有关文件

1. 上海市人民代表大会常务委员会公告第七十三号《上海市建筑市场管理条例》,1997 年 12 月 1 日实施(以下简称“条例”)

“条例”第四条规定:建筑活动应当坚持工程质量、施工安全和经济效益相统一,遵守公开、公平、公正和诚实守信的原则。

“条例”规定,在本市行政区域内从事建设工程建筑活动的单位、个人(包括外地单位、港、澳、台及外资企业、其他组织)必须具备相应有效的资质证书、进沪承接业务许可证。

“条例”规定了建设工程施工总承包以及施工分包单位的安全管理工作的职责;施工管理人员和操作工人实行教育培训持证上岗制度。“条例”对施工现场的文明施工管理、控制对环境污染和危害方面的工作提出了要求。“条例”明确规定建设工程安全的监督管理,由市建管办和区、县建设行政管理部门负责。

“条例”还规定,由于违反建设工程质量、安全管理或者施工现场管理规定的,因建设单位或者建设工程勘察、设计、施工单位责任造成工程质量、伤亡事故的,市建管办或者区、县建设行政管理部门可作出下列处罚:予以警告,责令停止施工,并可处以承发包合同价的 1%～3%的罚款,但最低不低于 5000 元,最高不超过 20 万元。

2. 上海市人民政府第 31 号令《上海市建设工程施工安全监督办法》,1996 年 8 月 16 日实施(以下简称“办法”)

“办法”对施工工地管理单位及其安全管理责任、施工单位的安全管理责任以及施工安全管理责任人的确定作出了规定。

“办法”强调了施工单位应建立健全对施工人员的日常安全教育、技术培训和考核制度；特种作业人员的培训和考核以及持证上岗制度；伤亡事故报告制度。

“办法”还对施工安全技术措施和安全技术交底、专项安全技术交底、电气安全保护和防火安全、安全防护设施的设置、施工机械、机具和电气设备的安装和使用等方面提出了明确的要求。

“办法”规定，对违反本办法的行为，由市建委或者区、县建设行政管理部门按规定给予50元至5万元的罚款，并可作出相应的行政处罚。同时，详细规定了违反有关条款所应处罚的金额。

3．上海市标准《施工现场安全生产保证体系》(DBJ 08—903—98)，1998年10月1日实施(以下简称“保证体系”)

“保证体系”标准是上海市建设工程安全施工生产科学管理的规范性、强制性文件。本市及在沪进行建设工程施工企业的施工现场必须执行本标准。

“保证体系”标准共分三章，一个附录，设立11个要素：①管理职责；②安全生产保证体系；③采购(安全设施所需的材料、设备及防护用品)；④分包方的控制；⑤施工现场的安全控制；⑥检查、检验和标识；⑦事故隐患的控制；⑧纠正和预防措施；⑨教育和培训；⑩安全记录；⑪内部安全体系审核。

“保证体系”标准要求：为贯彻“安全第一、预防为主”的方针，建立健全安全生产责任制和群防群治制度，确保施工现场生产过程中的人身和财产安全，减少事故的发生，建筑施工现场应结合工程的特点，建立安全生产保证体系；建筑施工企业应加强对施工现场的安全管理，指导、帮助工程项目部建立并保持安全生产保证体系；施工现场安全生产保证体系必须由总包单位负责建立，分包单位应结合分包工程的特点，制订相应的安全保证计划，并纳入接受总包安全生产保证体系的管理。如施工现场未执行总承包的，则各承包单位应按承包工程的规模、特点，建立相应的安全生产保证体系。

4．上海市建设委员会沪建建字(98)第0163号关于印发《上海市建筑施工企业安全生产管理考核暂行办法》的通知，1998年3月16日颁布执行(以下简称“暂行办法”)

“暂行办法”规定，在本市行政区域内从事土木建筑工程、管线及设备安装工程，建筑装饰工程等新建、扩建、改建的下列建筑企业，均应根据本办法参加年度安全生产考核：

(1) 工程施工总承包企业。

(2) 施工承包企业。

(3) 专项分包企业。

(4) 其他从事施工活动的企业。

建筑施工企业安全生产管理“年度考核结论分为合格、基本合格、不合格三种”。

安全生产管理考核不合格的企业，应在规定期限内整改。对在安全生产管理考核中隐瞒真实情况、弄虚作假的企业，依照有关规定予以严肃处理。

凡安全生产管理考核不合格或不参加考核的建筑施工企业年度资质审验为不合格，由市建管办责令其限期整改，改正期内，按低一个资质等级承接业务或者核减承接业务范围；连续两年安全生产管理考核不合格或不参加考核的，上海市建设委员会降低其资质等级，资质等级为最低的，取消资质或吊销承接业务许可证书。

年度考核重要的指标有：

第五条 建筑施工企业的伤亡事故应符合下列条件：

(一) 职工因工年重伤率低于万分之五；

(二) 因工年死亡率低于万分之一点二；

(三) 无三级以上重大事故或两起四级重大伤亡事故。

第九条 根据建设部《建筑施工安全检查评分标准》(JGJ 59—88)要求，对申报考核企业的施工现场进行抽查(也可根据当年的检查记录、当年建设工程竣工安全评定资料)，结果达到以下标准：

一级企业：优良率为40%，合格率为100%；

二级企业：优良率为30%，合格率为100%；

三级企业：优良率为20%，合格率为100%；

四级企业：优良率为10%，合格率为100%。

"暂行办法"还规定，建筑施工企业实行分级考核制。一、二级企业由市安监站负责考核；三、四级企业由区(县)建设行政管理部门负责考核。考核时间为每年1月至4月，申报考核时间为每年1月31日前。申报单位除应认真填写"上海市建筑施工企业安全生产管理考核审报表"外，还应按规定提交相关资料。

为配合"暂行办法"的实施，上海市建设工程安全监督总站在1998年11月10日发布沪建安监总(1998)第061号《关于印发"施工项目安全生产业绩评定汇总表"的通知》指出："施工项目安全生产业绩评定汇总表"是《上海市建筑施工企业安全生产管理考核暂行办法》在进入考核实施过程中一项必不可少的内容，旨在反映每个施工项目安全生产业绩情况；凡当年在建的和竣工的工程项目，其安全生产业绩均属考核范围，建筑施工企业每个工地的安全生产业绩的累积结果，作为考核施工企业安全生产管理的重要内容。

第二节 事故管理

所谓事故，就是人们在进行有目的活动过程中，发生了违背人们意愿的不幸事件，使其有目的行动暂时或永久地停止，称为事故。

建筑施工企业的事故，是指在建筑施工过程中，由于危险因素影响而造成的工伤、中毒、爆炸、触电等，或由于各种原因造成的各类伤害。

建筑施工现场的职工伤亡事故，主要有高处坠落、触电、物体打击、机械伤害、坍塌事故。

一、伤亡事故统计报告

(一) 伤亡事故统计报告的目的

职工伤亡事故统计报告是安全管理的一项重要内容，对伤亡事故进行调查分析、统计报告的目的在于：

(1) 及时反映企业安全生产状态，掌握事故情况，查明事故原因，分清责任，吸取教训，拟定改进措施，防止事故重发生。

(2) 分析比较各单位、各地区之间的安全工作情况，分析安全工作形势，为制定安全管理法规提供依据。

(3) 事故资料是进行安全教育的宝贵材料，对生产、设计、科研工作也都有指导作用，为研究事故规律，消除隐患，保障安全，提供基础资料。

(二) 工伤事故的定义

企业职工发生伤亡，大体分为两类：

一是因工伤亡，即因生产(工作)而发生的。

二是非因工伤亡，即与生产(工作)无关而造成的伤亡。

《企业职工伤亡事故报告和处理规定》统计的因工伤亡是指“职工在劳动过程中发生的”伤亡。具体来说，就是在企业生产活动中所涉及到的区域内，在生产过程中，在生产时间内，在生产岗位上，与生产直接有关的伤亡事故；以及在生产过程中存在的有害物质在短期内大量侵入人体，使职工工作立即中断并须进行急救的中毒事故；或不在生产和工作岗位上，但由于企业设备或劳动条件不良而引起的职工伤亡，都应该算作因工伤亡事故而加以统计。

有些非生产性事故，虽不属于《规定》统计范围，但根据实际情况，具体分析，可以按劳动保险方面的规定，分别确定享受因工、比照因工或非因工待遇。

(三) 伤亡事故的分类

1. 按伤害程度分

(1) 轻伤——指损失工作日低于105日的失能伤害。

(2) 重伤——指损失工作日等于或超过105日的失能伤害。

(3) 死亡——损失工作日为6000日。

2. 按事故严重程度分

(1) 轻伤事故——指只有轻伤的事故。

(2) 重伤事故——指有重伤无死亡的事故。

(3) 死亡事故——分重大伤亡事故和特大伤亡事故：

重大伤亡事故指一次事故死亡1～2人的事故；

特大伤亡事故指一次事故死亡3人以上的事故(含3人)。

3．按伤害方式分

（1）物体打击，指落物、滚石、锤击、碎裂崩块、碰伤等伤害，包括因爆炸而引起的物体打击。

（2）车辆伤害，包括挤、压、撞、倾覆等。

（3）机具伤害，包括绞、碾、碰、割、戳等。

（4）起重伤害，指起重设备或操作过程中所引起的伤害。

（5）触电，包括雷击伤害。

（6）淹溺。

（7）灼烫。

（8）火灾。

（9）高处坠落，包括从架子、屋顶上坠落以及从平地坠落地坑等。

（10）坍塌，包括建筑物、堆置物、土石方倒塌等。

（11）冒顶片帮。

（12）透水。

（13）放炮。

（14）火药爆炸，指生产、运输、储藏过程中发生的爆炸。

（15）瓦斯爆炸，包括煤尘爆炸。

（16）锅炉爆炸。

（17）容器爆炸。

（18）其他爆炸，包括化学、炉膛、钢水包爆炸等。

（19）中毒和窒息，包括煤气、油气、沥青、化学、一氧化碳等中毒。

（20）其他伤害，包括扭伤、跌伤、冻伤、野兽咬伤等。

4．按事故发生的原因分

（1）直接原因：

1）机械、物质或环境的不安全状态，见《企业职工伤亡事故分类标准》(GB 6441—86)附录 A-A6 不安全状态。

2) 人的不安全行为,见《企业职工伤亡事故分类标准》(GB 6441—86)附录 A-A7 不安全行为。

(2) 间接原因:

技术上和设计上有缺陷,教育培训不够,劳动组织不合理,对现场工作缺乏检查或指导错误,没有安全操作规程或不健全,没有或不认真实施事故防范措施;对事故隐患整改不力等。

5. 重大事故分级

建设部对工程建设中发生的事故,按程度不同,把重大事故分为四个等级。建设部 1989 年 3 号令《工程建设重大事故报告和调查程序规定》第三条规定:

(1) 具备下列条件之一者为一级重大事故:

1) 死亡 30 人以上。

2) 直接经济损失 300 万元以上。

(2) 具备下列条件之一者为二级重大事故;

1) 死亡 10 人以上,29 人以下。

2) 直接经济损失 100 万元以上,不满 300 万元。

(3) 具备下列条件之一者为三级重大事故:

1) 死亡 3 人以上,9 人以下。

2) 重伤 20 人以上。

3) 直接经济损失 30 万以上,不满 100 万元。

(4) 具备下列条件之一者为四级重大事故:

1) 死亡 2 人以下。

2) 重伤 3 人以上,19 人以下。

3) 直接经济损失 10 万元以上,不满 30 万元。

二、伤亡事故的报告和现场保护

（一）伤亡事故的报告

发生伤亡事故后，负伤者或最先发现事故人，应立即报告领导。企业领导在接到重伤、死亡、重大死亡事故报告后，应按规定用快速方法，立即向工程所在地建设行政主管部门以及劳动行政主管部门、公安、工会等相关部门报告。各有关部门接到报告后，应立即转报各自的上级主管部门。事故报告流程见图 2-1。

根据上海市人民政府 31 号令的规定，报告时限为：一般伤亡事故在 24 小时以内；重大和特大伤亡事故在 2 小时以内。

伤亡事故报告内容有：事故概况、伤亡人数、发生事故的时间、地点、原因、报告单位等。

重大事故发生后，事故发生单位应根据建设部 3 号令的要求，在 24 小时内写出书面报告，按规定逐级上报。

重大事故书面报告应包括以下内容：

（1）事故发生的时间、地点、工程项目、企业名称。

（2）事故发生的简要经过、伤亡人数和直接经济损失的初步估计。

（3）事故发生原因的初步判断。

（4）事故发生后采取的措施及事故控制情况。

（5）事故报告单位。

按照建设部监理司建监安［1995］14 号文“关于印发《一九九五年建筑施工安全工作要点》的通知”的要求，凡发生一次死亡三人以上的事故，建设部主管部门、主管司局和主管部长，根据死亡人数的多少，分别前往出事地点进行调查。其中

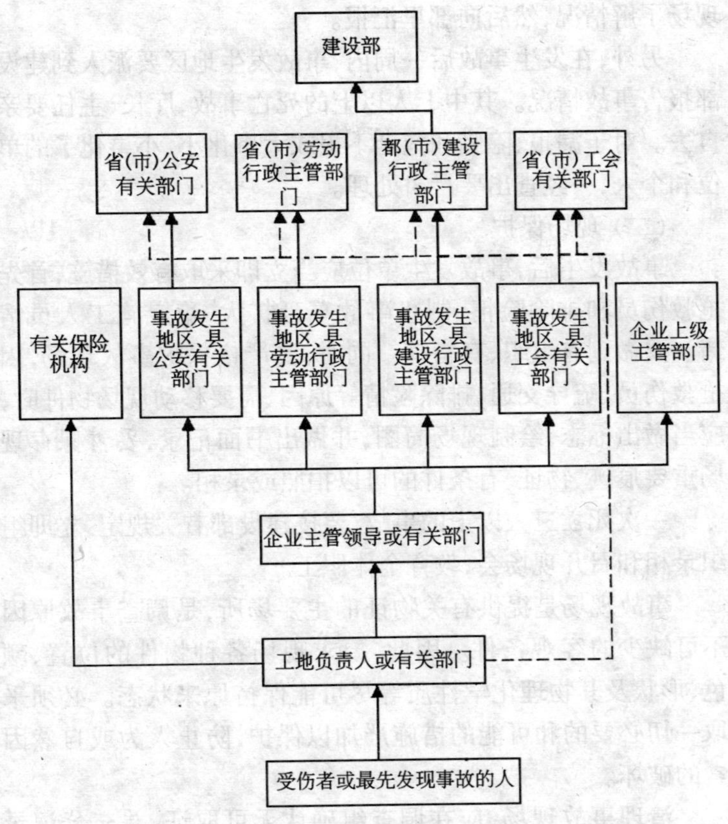

图 2-1　事故报告流程图

注：1. 一般伤亡事故在 24 小时内逐级上报；

2. 重特大伤亡事故在 2 小时内除可逐级上报外，亦可越级上报。

五人以上的事故，由建设部主管处长到现场；十人以上的事故，由建设部主管司局的司长到现场；十五人以上的事故，由建设部主管部长亲自到现场。发生三级以上的重大事故，建设部按事故所属类别，分别派安全监督员代表建设部到事故现场了解情况，然后向部里汇报。

另外，在发生事故后一周内，事故发生地区要派人到建设部报告事故情况。其中七人以上的死亡事故，厅长、主任要亲自去。对于漏报、隐瞒和拖延不报或大事化小，小事化了的单位和个人，一经查出要严肃处理。

（二）现场保护

事故发生后，事故发生单位应当立即采取有效措施，首先抢救伤员和排除险情，制止事故蔓延扩大，稳定施工人员情绪。要做到有组织、有指挥。同时，要严格保护事故现场，因抢救伤员、疏导交通、排除险情等原因、需要移动现场物件时，应当做出标志，绘制现场简图，并做出书面记录，妥善保存现场重要痕迹、物证，有条件的可以拍照或录相。

一次死亡三人以上的事故，要按建设部有关规定，立即组织录相和召开现场会，教育全体职工。

事故现场是提供有关物证的主要场所，是调查事故原因不可缺少的客观条件。因此，要求现场各种物件的位置、颜色、形状及其物理化学性质等尽可能保持原来状态。必须采取一切必要的和可能的措施严加以保护，防止人为或自然因素的破坏。

清理事故现场，应在调查组确认无可取证，并充分记录后，经有关部门同意后，方能进行。任何人不得借口恢复生产，擅自清理现场，掩盖真相。

三、伤亡事故的调查处理程序

（一）组织调查组

接到事故报告后，事故发生单位领导人除应立即赶赴现场帮助组织抢救外，还应及时着手事故的调查工作。

轻伤、重伤事故，由企业负责人或由其指定人员组织生产、技术、安全等有关人员以及工会成员参加的事故调查组，进行调查。

重大死亡事故，由事故发生地的市、县级以上的建设行政主管部门组织事故调查组，进行调查。调查组成员由建设行政主管部门、事故发生单位的主管部门和劳动行政主管部门、公安等有关部门的人员组成，并应邀请人民检察机关和工会派员参加。必要时，调查组可以聘请有关方面的专家协助进行技术鉴定、事故分析和财产损失的评估工作。

事故调查组成员应符合下列条件：

(1) 具有事故调查所需要的某一方面的专长。

(2) 与所发生的事故没有直接利害关系。

(二) 现场勘察

在事故发生后，调查组必须及早开始调查工作，必须到现场进行勘察。现场勘察是技术性很强的工作，涉及广泛的科技知识和实践经验，对事故现场的勘察必须及时、全面、细致、客观。现场勘察的主要内容有：

1. 作出笔录

(1) 发生事故的时间、地点、气象等。

(2) 现场勘察人员姓名、单位、职务。

(3) 现场勘察起止时间、勘察过程。

(4) 设备、设施损坏或异常情况及事故前后的位置。

(5) 能量逸散所造成的破坏情况、状态、程度等。

(6) 事故发生前的劳动组合、现场人员的位置和行动。

(7) 重要物证的特征，位置及检验情况等。

2. 现场拍照或录相

(1) 方位拍摄，要能反映事故现场在周围环境中的位置。

(2) 全面拍摄,要能反映事故现场各部分之间的联系。

(3) 中心拍摄,反映事故现场中心情况。

(4) 细目拍摄,揭示事故直接原因的痕迹物、致害物等。

(5) 人体拍摄,反映伤亡者主要受伤和造成死亡的伤害部位。

3. 绘制事故图

根据事故类别和规模以及调查工作的需要应绘出下列示意图:

(1) 建筑物平面图、剖面图。

(2) 事故时人员位置及疏散(活动)图。

(3) 破坏物立体图或展开图。

(4) 涉及范围图。

(5) 设备或工、器具构造图等。

4. 事故事实材料和证人材料搜集

(1) 受害人和肇事者姓名、年龄、文化程度、工龄等。

(2) 出事当天受害人和肇事者的工作情况,过去的事故记录。

(3) 个人防护措施、健康状况及与事故致因有关的细节或因素。

(4) 对证人的口述材料应经本人签字认可,并应认真考证其真实程度。

(三) 分析事故原因、明确事故责任者、确定事故性质

通过充分的调查,查明事故经过、弄清造成事故的各种因素,包括人、物、生产管理和技术管理等方面的问题,经过认真、客观、全面、细致、准确地分析,确定事故的性质和责任。

事故调查分析的目的,通过认真分析事故原因,从中接受

教训，采取相应措施，防止类似事故重复发生。这是事故调查分析的宗旨。

事故分析步骤，首先整理和仔细阅读调查材料，按以下七项内容进行分析（见 GB 6441—86 标准附录 A）：

（1）受伤部位。

（2）受伤性质。

（3）起因物。

（4）致害物。

（5）伤害方式。

（6）不安全状态。

（7）不安全行为。

然后确定事故的直接原因、间接原因和事故责任者。

分析事故原因时，应根据调查所确认的事实，从直接原因入手，逐步深入到间接原因。通过对直接原因和间接原因的分析，确定事故的直接责任者和领导责任者，再根据其在事故发生过程中的作用，确定主要责任者。

事故分析流程见图 2-2。

事故的性质通常分为三类：

（1）责任事故，就是由于人的过失造成的事故。

（2）非责任事故，即由于人们不能预见或不可抗拒的自然条件变化所造成的事故，或是在技术改造、发明创造、科学试验活动中，由于科学技术条件的限制而发生的无法预料的事故。但是，对于能够预见并可以采取措施加以避免的伤亡事故，或没有经过认真研究解决技术问题而造成的事故，不能包括在内。

（3）破坏性事故，即为达到既定的目的而故意造成的事故。对已确定为破坏性事故的，应由公安机关和企业保卫部

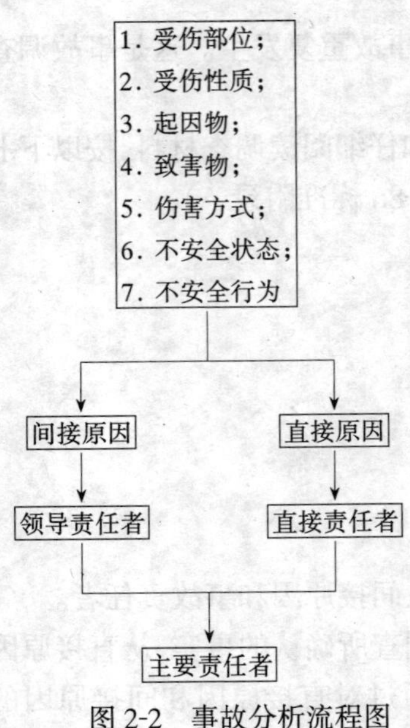

图 2-2 事故分析流程图

门认真追查破案,依法处理。

(四) 提出处理意见、制定防范措施

根据对事故原因的分析,对已确定的事故直接责任者和领导责任者,根据事故后果和事故责任人应负的责任提出处理意见。同时,应制定防范措施并加以落实,防止类似事故重复发生,切实做到“四不放过”。

(五) 写出调查报告

调查组应着重把事故发生的经过、原因、责任分析和处理意见以及本次事故的教训和改进工作的建议等写成文字报告,经调查组全体人员签字后报批。如调查组内部意见有分歧,应在弄清事实的基础上,对照政策法规反复研究,统一认识。对于个别成员仍持有不同意见的,允许保留,并在签字时写明自己的意见。对此可上报上级有关部门处理直至报请同级人民政府裁决,但不得超过事故处理工作的时限。

(六) 事故的处理结案

调查在调查工作结束后十日内,应当将调查报告送批准组成调查组的人民政府和建设行政主管部门以及调查组其他成员部门。经组成调查组的部门同意,调查组调查工作即告结束。

如果是一次死亡三人以上事故,待事故调查结束后,应按建设部监理司14号文规定，事故发生地区要派人员在要求的时间内到建设部汇报。

建设部安全监督员按规定参与三级以上重大事故的调查处理工作，并负责对事故结案和整改措施等的落实工作，进行监督。

事故处理完毕后，事故发生单位应当尽快写出详细的处理报告，并按规定逐级上报。

对造成重大伤亡事故的责任者，由其所在单位或上级主管部门给予行政处分；构成犯罪的，由司法机关依法追究刑事责任。

对造成重大伤亡事故承担直接责任的有关单位，由其上级主管部门或当地建设行政主管部门，根据调查组的建议，责令其限期改善工程建设技术安全措施，并依据有关法规予以处罚。

对于连续二年发生死亡三人以上的事故，或发生一次死亡三人以上的重大死亡事故，万人死亡率超过平均水平一倍以上的单位，要按照建设部监理司14号文规定，追究有关领导和事故直接责任者的责任，给予必要的行政、经济处罚。并对企业处以通报批评、停产整顿、停止投标、降低资质、吊销营业执照等。

事故处理应当在90天内结案，特殊情况不得超过180天。伤亡事故处理结案后，应当公开宣布处理结果。

事故处理结案后，应将事故资料归档保存，其中有：

(1) 职工伤亡事故登记表。

(2) 职工死亡、重伤事故调查报告及批复。

(3) 现场调查记录、图纸、照片。

(4) 技术鉴定和试验报告。

(5) 物证、人证材料。

(6) 直接和间接经济损失材料。

(7) 事故责任者自述材料。

(8) 医疗部门对伤亡人员的诊断书。

(9) 发生事故时工艺条件、操作情况和设计资料。

(10) 处分决定和受处分人的检查材料。

(11) 有关事故的通报、简报及文件。

(12) 注明参加调查组的人员姓名、职务、单位。

第三章 施工现场安全生产保证体系

第一节 什么是施工现场安全生产保证体系

一、施工现场安全生产保证体系的概念

施工现场安全生产保证体系是施工企业和施工现场整个管理体系的一个组成部分，包括为制定、实施、审核和保持“安全第一、预防为主”方针和安全管理目标所需的组织结构、计划活动、职责、程序、过程和资源。

施工现场安全生产保证体系的建立不仅是为了满足工程项目部自身安全生产的要求，同时也是为了满足相关方(政府、社会、投资者、业主、银行、保险公司、雇主、分包方等)对施工现场安全生产保证体系的持续改善和安全生产保证能力的信任，并以资料和数据形式提供关于体系和现状的客观证据。

工程项目部建立安全生产保证体系，在市场竞争中可提高企业的形象和信誉；提高满足相关方要求的能力，提高工程项目部自身素质；扩大商机；显示一种社会责任感。

二、施工现场安全生产保证体系标准的由来

为了使施工现场的安全管理更加规范化、科学化、标准化，进一步提高安全生产的水平，以期获得更好的环境效益、

社会效益和经济效益，上海市依据《中华人民共和国建筑法》、《上海市建筑市场管理条例》、国际劳工组织第 167 号国际劳工公约《施工安全与卫生公约》及有关的法律、法规、规章和标准，在学习、总结国内和上海市建筑施工安全管理经验的基础上，上海市建设委员会颁发了 DBJ 08—903—98《施工现场安全生产保证体系》标准。本章以该标准为基础介绍施工现场安全生产保证体系的基本要求、建立运行、审核认证的知识。

三、施工现场安全生产保证体系标准的基本结构和思想

(一) 标准的文本结构

本标准共分正文三章、附录一个、条文说明三章。

1．正文

(1) 总则。对标准的目的、依据、适用范围、与现行法律、法规的关系，以及施工企业及总承包、总包项目部的职责作了说明。

(2) 术语。共给出了安全生产、安全策划、安全体系、安全审核等十个常用术语的定义。

(3) 安全体系要求(习惯上称为“要素”)。提出了 11 个要素，规范和统一了施工现场安全管理的基本要求，体现了从传统管理方法向现代管理方法发展的特点，是标准正文的主要内容。范围已从狭义的安全生产拓展到包括防火安全、场容场貌和生活卫生在内的广义安全生产。

2．附录

对本标准用词的说明，包括标准条文执行严格程度的用词与执行其他有关标准要求的用词规定。

3．条文说明

与标准正文完全对应，对正文内容作进一步的说明，以防

止对正文的错误解释,但不是标准正文的组成部分。

（二）安全体系要素的运行结构

11个安全体系要素可分解为44个二级要素。这些要素描述了施工现场安全生产保证体系建立、实施并保持的过程,即通过合理的资源配置、职责分工以及对各个体系要素有计划、不间断地检查审核和持续改进,有序地、协调一致地处理体系的安全事务,从而螺旋上升循环,保持体系不断完善提高的过程。其结构、要求和运行机制见图3-1。

（三）标准的基本思想

1．职责分明、各负其责

安全生产责任制是安全管理工作的核心,标准首先明确"项目经理为项目安全生产"第一责任人,对安全生产应负全面领导责任,要求对从事与安全有关的管理、执行和检查人员,都要明确规定其具体职责、权限和相互关系,以使所有有关人员能够按照其规定的职责、权限开展工作和及时有效地采取纠正措施和预防措施,以消除事故隐患和防止事故的发生。

2．建立体系、依法办事

重点是建立一个文件化的体系,凡事都要以文件为支持,规定做什么和谁来做;何时、何地、如何做;应使用什么材料、设备和文件;如何对活动进行控制和记录等。要求工程项目部具备有关的国家、行业、地方的法律、法规、规章文件以及各类安全标准,做到照章办事,依法办事,克服工作的随意性。

3．预防为主、把握重点

强调所有过程的事前、事中和事后全过程的控制,包括安全设施所需的材料、设备及防护用品和分包方的控制以及施工现场的安全控制。防止不合格的材料、设备用于工程;防止

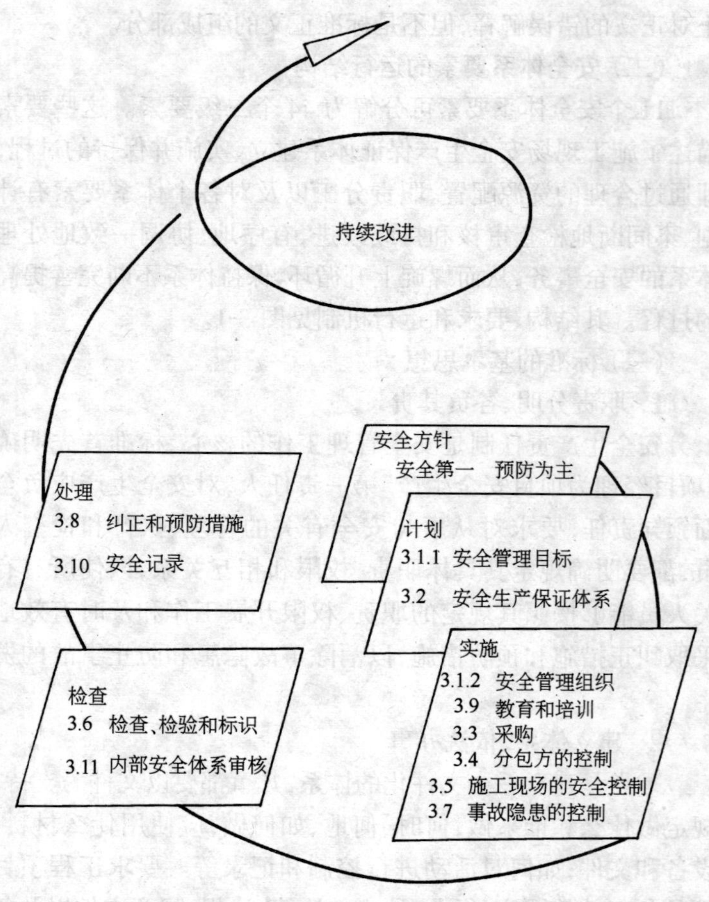

图 3-1　安全体系要素运行机制图

素质低下、未经教育的分包队伍和人员进入现场作业，从而对物的不安全状态和人的不安全行为两方面实施全过程的重点控制。

4．有始有终、封闭管理

发现隐患和不合格，都要根据“立项、整改、复核、消项”的原则，实施封闭管理，做到不合格的设施不使用，不合格的过程不通过，不安全的行为不放过。

四、贯彻施工现场安全生产保证体系标准的主要步骤

贯彻安全生产保证体系标准的主要运行环节和模式概括为：工程项目部贯标→施工企业内审→审核机构认证→安监站对获得认证证书的施工现场进行监督检查。

1. 工程项目部贯标

施工现场安全生产保证体系必须由总承包或总包单位负责，分包单位应结合分包工程的特点，制定相应的安全保证计划，并纳入总包安全生产保证计划体系管理。如施工现场未实行总包的，则各承包单位按承包工程的规模、特点，建立相应的安全生产保证体系。

2. 施工企业内审

施工现场的上级部门，即建筑施工企业，对现场安全生产保证体系标准的贯彻实施，应加强指导和帮助，并进行阶段性的认可。并通过检查和内部审核进行评价、验证，使体系不断完善、不断改进。

3. 审核机构认证

审核机构是指独立于施工现场及上级部门和顾客方的从事认证的中介机构，审核认证机构体系进行认证。施工现场申请及接受审核认证机构审核的过程，本身也是促进施工现场安全体系不断健全和改进的过程。

4. 安全监督站监督检查

施工现场安全生产保证体系的建立和实施要接受各级安全监督站的检查。安全监督站对通过审核认证的施工现场进

行不定期的抽查，一方面检查施工现场安全体系的有效性，同时也是对审核认证机构认证行为有效性的检查和考核。

第二节 施工现场安全生产保证体系要求

本节对施工现场安全生产保证体系的11个要素直接相关条文的理解和实施作简要说明。

一、管理职责(3.1)

(一) 制定安全管理目标

1. 工程项目的安全管理目标，应由工程项目部制订，形成文件，并由该项目安全生产的第一责任人——项目经理批准并跟踪执行情况。

2. 安全管理目标是工程项目部安全管理的努力方向，应体现“安全第一、预防为主”的方针，是项目管理目标的重要组成部分，并与企业的总目标相一致。安全管理目标通常应包括(但不限于)：

(1) 杜绝重大伤亡、设备、管线、消防事故。

(2) 安全标准化工地创建目标。

(3) 文明工地创建目标。

(4) 遵循安全生产和文明施工方面的有关法律、法规和规章的承诺。

(5) 其他需满足的目标。

3. 安全管理目标应自上而下层层分解，明确到各部门、各岗位，确保使施工现场每个员工正确理解并明确目标要求，自觉关心安全生产、文明施工，做好本部门、本岗位的工作，以确保工程项目部安全管理目标落到实处。

(二) 建立健全安全管理组织

工程项目部的安全管理组织的建立应符合安全生产保证体系及上级主管部门和相关法律、法规和规章的要求,并适合工程项目的实际状况。

1. 安全组织机构

可在原有的管理机构中明确安全职能所在部门(或岗位),也可按工程规模和状况要求,增设专门的安全组织机构,有条件的可设置安全工程师岗位,安全组织机构设置的原则是精简,符合实际且有效。

2. 规定职责和权限

对与安全有关的管理、执行和检查、监督部门和人员,应明确其职责、权限和相互关系。安全体系的11个要素应有机地分配到相关职能部门(或岗位),建立健全安全生产责任制,并形式文件。

3. 资源

为使工程项目部能正常有效地实施安全管理,应确定并提供充分而必要的资源,通常包括(但不限于):

(1) 配备与安全要求相适应并经培训考核持证的管理、执行和检查人员。

(2) 施工安全技术及防护设施。

(3) 用电和消防设施。

(4) 施工机械安全装置。

(5) 必要的安全检测工具。

(6) 安全技术措施的经费。

二、安全生产保证体系(3.2)

(一) 建立安全生产保证体系的原则

1．应结合建筑企业和工程项目施工生产管理现状及特点，并适合标准要求。

2．应形式安全体系文件。安全管理是在安全生产保证体系中运作的，为了使体系成为有形的系统、具有较强的操作性和检查性，要求施工现场的安全生产保证体系形式文件，并加以保持。文件包括：

（1）安全保证计划。

（2）工程项目部所属上级单位制定的各项安全管理标准。

（3）相关的国家、行业、地方的法律、法规、规章和标准。

（4）记录、报表和台帐等。

（二）文件的作用与内容

1．安全保证计划

由工程项目部依据安全保证体系标准要求规定专门的安全措施、资源和活动顺序的文件，是施工现场安全生产的纲领性文件和管理依据，可以依据安全生产保证计划对安全活动的过程和结果进行监控和评审。它可以独立的文件形式体现，也可以在工程项目的施工组织设计中独立完整地体现。

2．法律、法规、规章、标准和管理标准

这部分文件大多为可操作的国家、行业及上级颁发的涉及安全管理和安全技术的法令、法规文件，以及企业自行制订的安全管理和安全技术标准。这些文件是安全保证计划强制性、规范性文件或涉及的支持性文件，可在安全保证计划中被引用。

3．记录、报表和台帐

这类文件的发生量最大，是安全生产保证体系运行的见证资料，也是安全体系评价和审核的依据材料。

（三）安全生产策划

1. 安全生产策划是指确定安全管理目标以及确定采用安全体系要素的应用目标和要求的活动，是使施工现场恰当满足安全体系要求的方法。

2. 对策划的内容，标准从七个方面提出了具体、详细的要求：

(1) 配备必要的设施、装备和专业人员，确定控制和检查手段、措施。

(2) 确定整个施工中应执行的文件、规范。对施工过程中的各作业过程，需用执行的规程、规范等，应在作业前作出具体要求，并做好相应的书面交底以及针对性的安全技术措施。

(3) 冬季、雨天、雪天施工的安全技术措施及夏季的防暑降温工作。特殊气候及防暑降温、防寒保暖的措施如何落实。

(4) 确定危险部位和过程，对风险较大、专业性较强的工程项目进行安全论证，同时采取相适应的安全技术措施，并得到有关部门的认可。施工中存在较大风险或施工难度的工程项目，必须编制专项的、适当的安全技术保证措施，必要时组织技术评审。

(5) 作出本工程项目的特殊性而需补充的安全操作规定。

(6) 选择或制订施工各阶段针对性安全技术交底文本。主要是针对施工过程中的分部、分项工程情况，从现有安全操作技术规定的交底文本中，选择针对性条款作为交底资料，也可以按行业或企业上级部门制定的安全操作技术规程进行必要补充后进行交底。

(7) 制定安全记录的种类和表式，确定搜集、整理和填制各种安全活动记录的人员和职责。安全记录的表式,可采用当地行业主管部门下发的统一表式,当统一表式不能满足或不能适应本工程项目的需要时,应在安全策划中确定、补充表式的使用项目、内容及相应的标识。

3．在安全生产策划的具体实施过程中必然会涉及工程项目的其他工作,会出现许多接口,如施工方案、质量控制、文明施工和场貌、采购、工程分包等,因此在进行安全生产策划时,应注意以下事宜:

(1) 尽量利用现有的管理机构和体系,如质量体系与质量组织机构,技术管理机构等。有机地将安全生产保证体系各要素的要求和活动穿插在其中,安排在合适的位置。切忌各体系互不相关、各搞一套,使安全体系的建立和运行人为地变得复杂化,以至难以操作。

(2) 施工现场安全生产保证体系的策划应与有关施工现场管理法律、法规、规章与标准的要求相结合,且无相悖之处。

(3) 安全体系文件应是受控的有效文件,安全保证计划应与工程项目的施工组织设计、质量计划一样接受相应的系统审核和审批。

(四) 安全保证计划的编制

安全保证计划是安全策划的结果,是本项目结合实际就如何贯彻施工现场安全生产保证体系标准的要求,制订安全管理目标,规定专门安全管理措施、资源和活动顺序,以保证项目安全管理目标实现的管理性文件。应与施工项目部制定的其他计划相协调。

1．安全保证计划的主要内容

(1) 工程概况(以非独立形式编制时可免)。

(2) 工程项目安全管理目标。

(3) 工程项目部安全管理组织结构。

(4) 安全保证体系要素与安全管理职能分配。

(5) 工程项目部各级人员的安全生产岗位责任制。

(6) 标准各要素在本项目中如何贯彻执行和安排、针对性地确定控制和检查手段,配备必要的设施、装备和人员技能。

(7) 确定整个施工过程中应执行哪些文件、规范,应补充哪些安全管理(操作)规定。

(8) 选择施工各阶段针对性安全技术交底文本,需补充哪些特殊的安全技术交底内容。

(9) 确定如何记录、由谁记录各种安全活动。

(10) 安全保证计划的管理要求,如编审、收发、变更的处理程序等。

安全保证计划的部分内容可能已包括在施工组织设计、施工企业的其他管理文件或程序中,安全保证计划可直接全文引用,也可部分引用。对现有文件不能覆盖的,应视工程项目的具体情况,专门补充编制必要的作业指导书作为支持性文件,用以规范安全管理活动。安全保证计划一般不包括纯技术性内容,对安全保证计划涉及的一些技术性文件可作为其支持性文件,在计划中引用,无专用技术文件时,也应补充编制作业指导书等。

2. 安全保证计划的确认

安全保证计划实施前,须经工程项目部的上级机构确认。

(1) 确认的组织:

1) 上级机构有关负责人主持安全保证计划的审核;

2) 执行安全保证计划的工程项目部负责人及相关部门参与确认;

3）记录并保存确认过程；

4）通过确认的安全保证计划，应送上级主管部门备案；

(2) 确认的重点内容：

1）安全保证计划内容的完整性和措施方法的可行性；

2）各级职能部门和人员的安全生产职责、权限和岗位责任制是否明确、合理，部门与人员是否清楚；

3）安全保证计划是否与施工技术方案等的有关专项控制手段和措施取得一致；

4）工程项目部机构设置，管理和作业人员的资格和资历，施工生产中的机械设备、安全设施的可靠性是否能满足安全保证的要求。

三、采购(安全设施所需的材料、设备及防护用品)(3.3)

(一) 总则

施工现场安全设施所需材料、设备及防护用品的质量，直接影响到施工人员人身安全并涉及建筑产品的质量，因此工程项目部对这类物资的采购实施控制是一种有效的预防措施。

(二) 采购控制的范围和职责

1. 采购控制的物资通常包括(但不限于)以下几类：

(1) 劳动防护用品。

(2) 脚手架及防护设施材料。

(3) 消防器材。

(4) 电气安全装置。

(5) 机械安全保护装置。

(6) 其他特殊材料、设备和防护用品等。

2. 工程项目部对自行采购的安全设施所需的材料、设备及防护用品进行控制,工程项目部的上级单位所采购的这些物资,施工现场应按3.6要素(检查、检验和标识)进行控制。

3. 工程项目部负责生产的经理,应指定所属材料、设备部门负责安全设施所需的材料、设备和防护用品的采购。强调必须由项目负责人对供应商评价和选择,采购文件的审批和特殊物资的验证等进行把关。

4. 工程项目部对分包方自行采购的安全设施所需材料、设备和防护用品实行控制。分包单位向总承包单位负责,服从总承包单位的管理。

(三) 供应商的评价与选择

为防止假冒、伪劣的安全设施所需的材料、设备及防护用品进入现场,应根据采购物资的重要性,事先对供应商进行评价和选择。

1. 评价的对象

不仅仅指供货商社,还包括采购物资的生产企业,即供应商评价的对象应包括厂和商两个方面,不能以评商代替评厂,也不能以评厂代替评商,除非直接向生产企业采购。

2. 评价的内容和要求

(1) 通常从以下三个方面对供应商的质量保证能力及实物质量进行评价:

1) 审核供应商的市场信誉、生产经历、以及技术、质量和生产、经营管理能力。

——营业执照、资质证书;

——产品鉴定报告、检测报告;

——产品说明书;

——技术、质量、生产管理情况介绍与实地考察验证记录;

——生产、营业经历与业绩记录、调查和审核报告等。

2）实施生产许可证制度的安全设施所需的材料、设备及防护用品，验证是否取得生产许可证。

3）验证外省市企业生产的安全设施所需的材料、设备及防护用品有否进入本地市场的许可证或行业有关部门的相关证书。

(2) 规定评价的审核和审批程序。

(3) 对评价合格的供应商，进行比较排队，从中选定可建立供应关系的单位，列入《合格供应商名录》，记录并保存合格供应商的评价资料。

3. 根据能否满足质量要求的能力选择合格的供应商

优先从《合格供应商名录》中确定供应商；对名录之外的供应商应先评价合格后再建立供应关系。对一次性购买或购买数量很小的一般产品，也可采用在采购时或使用前对产品进行检验或验证的办法，作出评定与选择。此外，应建立并保存供应商履约情况的业绩记录，作为对供应商进行动态评定的重要证实材料。

(四) 采购资料或合同

1. 采购前，工程项目部应有专人对需采购的物资拟定采购资料(如采购清单等)，选定合格供应商后可直接采购，也可拟定并签订合同订货采购。

2. 采购资料或合同应准确、清楚地规定对采购的安全设施所需的材料、设备及防护用品的有关要求，以利于加工、制造和检验、验收，这些要求包括(但不限于)：

(1) 类别、型号、等级或其他标准标识方法。

(2) 产品适用的规范、图样、过程要求，检验规程及有关技术资料的名称或其他明确标识和适用版本，包括一些特殊的质量要求。

(3) 在有质量保证要求时，应写明适用的质量保证模式标准的名称、编号和版本。

(4) 对采购物资的供货和检验方式作出规定，包括产品加工过程中的过程验收、最终验收的场所与方式，如在生产场所、生产过程或施工现场实施等。

3. 工程项目部明确采购资料或合同的编制、审核、批准、更改的职责和要求，特别要求工程项目部主管经理在采购资料发出或合同签订前，对规定的要求是否适当进行审批，以保证文件的正确、有效。

(五) 对分包方自行采购的安全设施所需材料、设备及防护用品实行控制

控制的方式和程度取决于安全用品类别及使用的安全要求，并在安全保证计划中作出相应的规定。如：

(1) 在分包合同中制定相关的约束条款。

(2) 对分包方的采购与检验的控制记录进行检查。

(3) 对分包方采购的安全用品按重要程度共同验收或进行复核检验等。

四、分包方的控制(3.4)

(一) 总则

施工现场安全生产保证体系的有效实施，同各分包方的参与和密切配合是分不开的，特别是分包队伍素质和履约能力。

(二) 分包方的评价和选择

1. 评价方法

(1) 资质条件的验证。审核营业执照中的施工承包范

围、注册资金、执照有效期限、企业性质；从经营手册查阅其承担过的施工项目、施工面积或承担的工作量；企业资质等级证书、外省市施工队伍的施工许可证及有效期限、施工人员核定数量。

(2) 劳务分包队伍人员持证状况的核查。证件的有效性应符合当地政府和行业主管部门对施工人员及劳务人员的持证规定要求。特种作业人员的持证数应一一进行核查。

(3) 对分包方安全生产能力和业绩的确认。应有相关的证明材料，如安全资质证书、政府部门颁发的奖状或荣誉证书等。对以往有无重大伤亡事故也应作必要的调查。

2. 分包方的选择

(1) 从本企业发布的合格分包方名录中选择。

(2) 对名录外的分包方，按本企业规定程序评价合格后选择。

3. 建立分包方评价档案

通过质量保证体系认证的单位，对分包方要求可参照质量体系程序进行，但必须包括或增加对分包方的安全管理状况和能力审核认可的记录。

(三) 分包合同要求

(1) 必须严格执行先签合同，后组织进行施工的原则。

(2) 合同可采用当地“标准文本”，总包与分包的权利、义务应明确。对违反分包合同要求的制约措施不能与总合同的规定相矛盾。

(3) 在签订分包合同时，应同时签定有关的附件，如安全生产、治安消防、环境卫生等相关协议书，并注意责权利一致。

(4) 分包合同中应含安全奖罚细则，原则参照工程项目部所制定的奖罚条款执行，如有异议可由双方平等协商制定。

(5) 分包合同应根据工程量的大小送上级主管部门审批或备案，此要求视企业现行管理标准而定。

(四) 合同履约控制

(1) 合同规定应由总包提供的材料、设备、工具及生活设施，总包必须在分包进场前做好落实工作。

(2) 合同规定施工过程中应由总包向分包方提供的机械设备、安全设施和防护用品，双方必须办理移交验收手续。

(3) 当分包队伍进入现场，正式开始施工前，应由工程项目部施工主要负责人组织有关人员向分包方负责人及有关人员进行施工交底，交底内容以总分包合同为依据，包括施工技术文件、安全体系的有关文件、安全生产规章制度和文明施工管理要求等。交底应以书面形式，一式两份，双方负责人和有关人员签字，并保留交底记录。

(4) 在合同履约过程中，工程项目部应有部门或专人对分包方施工全过程中的安全生产、文明施工情况进行指导检查、监督管理，做好必要的记录，并为今后对分包方业绩评定提供依据。

(五) 业主指定分包方的控制

凡是进入施工现场的分包方，无论与谁签订合同，原则上工程总包单位都有权利及义务对其进行检查、监督管理。因为业主指定的分包方与总包签订分包合同，所以总包除对其进行一般的管理外，应同自己选择的分包方一样实施评价、管理和控制，履约内容应以分包合同要求为准。

五、施工现场的安全控制(3.5)

(一) 总则

建筑工程施工是一项复杂的生产过程，在同一个施工现场需要组织多工种，甚至多单位(如桩基、土建、安装、装饰等)协同施工。为理顺、协调各方面的关系，使其紧密配合，保证正常施工，需要进行严密的计划组织和控制，针对该项工程施工中存在的不安全因素进行预先分析，从技术上和管理控制上采取措施。

(二) 开工前的准备

1. 进行安全策划，编制安全保证计划

(1) 安全生产策划。应根据工程项目的规模、结构、环境、承包性质、技术含量和施工风险程度、危险点以及关键环节等因素进行，切记一定要从工程项目的实际出发，才能做到突出重点、针对性强。

(2) 编制安全保证计划。在经过周密细致策划的前提下，工程开工前编制安全保证计划，并经过上级机构审批。施工过程中，如发生工程项目设计变更等情况，安全保证计划中的安全技术措施和管理活动必须及时作相应调整，并应由上级机构重新进行审批。

(3) 编制相应的专项安全技术措施计划:

1) 特殊过程、特殊脚手架、新工艺、新材料、新设备等安全技术措施计划。

2) 职业安全与卫生，如改善劳动条件、减轻劳动强度，防止伤亡事故和职业危害，现场机械、设备等各类防护、保险装置等劳动保护技术措施计划。

3) 文明施工和环保，包括场容场貌、环境保护、生活卫生等方面的保证措施计划。

4) 按 JGJ 46—88《施工现场临时用电安全技术规范》规定的要求编写现场临时用电施工组织设计。

除临时用电施工组织设计必须单独编制外，其他专项计划可编入施工组织设计,也可单独制定,通过引用纳入安全保证计划。

2. 制定地下障碍物清理和道路管线保护方案

要根据基坑开挖的面积及深度,对施工区域及周围的道路、人行道及其下的障碍物、基础设施及地下管线设施作出专题清理或保护方案。涉及到市政、公用的大型设施、地铁隧道、大口径的排水系统、自来水管道时,必须作出详细周密的施工技术方案,对方案中的安全防护专项技术措施,应经过各有关方面的专家论证确认后,方能具体实施。

3. 具备合格的生活卫生设施和条件

施工现场必须按国际劳工组织第167号公约的要求和政府主管部门关于建设工地卫生标准的要求,设置宿舍、厕所、食堂,具备卫生、安全、健康、文明的有关条件。

4. 按计划组织设备、设施和防护用品的进场

结合工程特点与结构施工的需要,确定并落实施工机械的数量、种类、型号的进场顺序,有专人负责及时配置安全设施、用电设施及施工中各类防护用品。

5. 落实劳动保护技术措施

针对施工中不同的施工工艺,对劳动保护技术措施所需的资源,按施工程序先后逐一加以落实。

6. 落实施工管理和作业人员

施工现场至少配备一名持有上岗证的安全员,负责施工安全有关工作。对某些特种作业和管理人员的上岗资格要考虑到行业规定,如电工,安全员、塔吊、施工升降机的装拆工,整体式提升脚手架操作人员等都应经过行业的培训考核,持证上岗,一般施工人员也应经过岗位技能培训,合格后上岗。

7. 依法办理意外伤害保险

进入施工现场的所有管理与作业的人员都属从事危险作业性质，都须依法办理保险。

(三) 施工过程的控制

依据安全策划后编制的安全保证计划进行重点控制。

1．对施工过程中的各类持证上岗人员资格的控制要求。包括项目经理、管理人员和施工人员。检查、验证持证的有效性，如是否及时审证及超期、所对应工种与持证是否相符。

2．对施工过程中所需的安全设施、设备及防护用品的控制要求。施工过程中所需搭设的安全设施、设备及防护用品，必须按安全保证计划中的规定，明确检查、验收的部门或人员，合格后投入使用。

3．对临时用电设施的控制要求。对施工现场临时用电的变配电装置、架空线路或电缆干线的敷设、分配电箱等用电设施，在通电投入使用前，按临时施工用电组织设计的要求进行检查、验收，合格后通电使用。

4．对施工机械、塔吊、井架等起重设备的控制要求。施工机械中的中小型施工机具在使用前，必须进行检查、验收；塔吊、施工升降机、井架与龙门架等起重机械设备，组装搭设完毕后，应经企业内部检查、验收，其中塔吊、施工升降机再向行业的机械检测机械申请检测，合格后投入使用。同时，机械设备部门负责对机械操作人员进行安全操作技术交底，并且落实设备的日常检查，督促机操人员做好机械的维修保养工作。

5．脚手架工程的控制要求。特殊类脚手架按施工组织设计中专题方案规定的要求进行搭设。普通脚手架按规定要求搭设。各种脚手架搭设到一定高度时，按安全保证计划规定的要求，由有关部门或人员分步进行检查、验收，合格后方可投入使用。使用中要落实专人负责维护。

6．对各类专项技术措施的控制要求。在安全保证计划中应明确专人或部门负责，会同项目工程师、施工负责人、安全员等落实专项技术措施，并进行检查验证。

7．对劳动保护技术措施计划的控制要求。安全保证计划中引用的劳动保护技术措施计划，要明确规定此项工作的责任人和实施人，并由现场的工会部门（或负责人）会同安全部门负责检查验证。

8．施工作业人员操作前，应由该项目施工负责人以清楚简洁的方法（如作业指导书、安全技术交底文本），对施工人员进行安全技术交底，双方签字认可。应分不同工种、不同的施工对象，或是分阶段、分部、分项、分工种进行安全技术交底。交底应采用书面形式，内容要有针对性（采用标准交底作业指导书时，必须填写补充交底内容）。在向施工班组人员进行交底时，决不能只交到班组长，班组长也应向组员进行交底，否则这种交底就是空的。

9．施工过程中对洞口、临边、高空作业所采取的安全防护措施，应规定专人负责搭设与检查，以保证安全可靠。在施工现场内应落实负责搭拆、维修、保养这些安全防护设施的班组。

10．对施工现场的环境（现场废水、尘毒、噪声、振动、坠落物）进行有效控制，防止职业危害，建立良好的作业环境。按安全保证计划要求落实劳动保护、文明施工和环境控制措施，如围档封闭施工；现场废水通过二级沉淀后排放；除浇捣混凝土必须连续施工外，应减少不必要的夜间施工；现场周围及沿街都应按文明、安全要求设置必要可靠的防护设施。

11．对施工中动用明火采取审批措施，现场的消防器材配置及危险物品运输、贮存、使用得到有效管理。施工现场至少应配有一名兼职的消防干事，按规定逐级负责动火等级的审批手续。按防火要求在规定区域和重点防火部位设置消防器材。施工现场的危险(易燃、易爆)物品必须设置危险品仓库，并配有专人负责管理，使用中责任落实到人。

12. 监督施工作业人员，做好班后清理工作以及对作业区域的安全防护设施进行检查。

13. 搭设或拆除的安全防护设施、脚手架、起重机械或其他设施、设备，如当天未能完成时，应做好局部的收尾，并设置临时安全设施。

(四) 重点监控

工程项目部应确定危险部位和过程，落实监控人员，确定监控、措施和方式，实施重点监控，必要时应连续监控，安全保证计划对此要作出安排。

1. 对监控人员的素质、技能加以培训，保证监控人员正当行使职责与权利不受干扰。记录监控结果并及时反馈到相关部门。

2. 应把危险性较大的悬空作业、起重机械安装和拆除等定为危险作业，实施重点监控。对悬空作业、整体式提升脚手架升降时的重点监控工作，必须落实旁站监控人员。

3. 连续施工过程中安全设施的衔接工作，应有专人负责落实。如由于劳动力或材料欠缺等原因，造成施工作业面的安全防护设施脱节，则此项工作的负责人应该及时向项目经理汇报，采取相应措施。

4. 对事故隐患的信息反馈，工程项目部按标准 3.7 要素(事故隐患的控制)规定及时处理。

对事故隐患信息的收集，还可以结合各类安全检查、安全员与施工管理人员的日常工地巡查进行,并视程度及时作出处理。

六、检查、检验和标识(3.6)

(一) 总则

为了切实保证在安全的条件下进行施工作业,必须在施工过程中重视事前、事中的安全因素控制,而对重要设施、设备组装和使用前的验收把关,对施工安全状况进行持续检查和整改,以及对检验和验证的状态进行记录和标识,是行之有效的重要控制措施和手段,有利于防止不安全设施、设备的非预期使用和不安全因素的消除。

1. 检查是指为了确保满足规定的要求,对实体(活动、过程、设施、设备、人员、组织、体系等)的状态进行连续的(持续的或一定频次的)监视和验证,并对记录进行分析的活动,包括为防止实体随着时间推移而变质或降级所进行的观察和监视的控制。安全检查的目的在于确认施工过程是否满足安全生产、文明施工的要求,并及时发现、排除事故隐患。

2. 检验是指对实体的一个或多个特性进行的诸如测量、检查、试验或度量并将结果与规定要求进行比较以确定每项特性合格情况所进行的活动。安全检验的目的在于通过验收活动,确保只有合格的安全设施所需的材料、设备和防护用品,合格的机械、施工和防护设施才能投入使用。

3. 标识是指为了防止安全设施所需的材料、设备和防护用品,机械、施工和防护设施的混用、错用,必要时实现可追溯性,对其品牌、规格、型号和检查、检验状态所作的识别标志。检查、检验状态一般分为待检(未检)、已检待定、合格、不合格四种。

(二) 安全生产检查

由于工程项目施工多数情况为露天高空作业，而且现场情况多变，又是多工种立体交叉作业，在施工生产中，为了及时发现事故隐患，排除施工中的不安全因素，纠正违章作业，监督安全技术措施的执行，堵塞事故漏洞，防患于未然，必须对安全生产中易发生事故的主要环节、部位、工艺完成情况进行全过程的动态监督检查，以不断改善劳动条件，防止工伤事故、设备事故和物损事故的发生。

1. 安全生产检查标准应包括以下各项

(1)《建筑施工安全检查标准》(建设部标准 JGJ 59—99)，内容包括安全管理、文明施工、脚手架、基坑支护与模板工程、“三宝”及“四口”防护、施工用电、物料提升与外用电梯、塔吊、起重吊装和施工机具等十个分项。

(2) 政府主管部门发布的施工现场安全、标准化管理和文明施工检查规定与标准。

(3) 当上述标准不能覆盖工程项目的具体情况时，如采用新工艺、新材料、新技术和新设备进行施工，工程项目部应在安全技术措施、安全保证计划中明确相应的安全检查标准和规定。

2. 现场安全生产检查和复查应定期或不定期地连续进行

(1) 主要是指工程项目部自行组织的安全生产检查，工程项目部应制定相应的检查制度，明确检查的时间间隔，安排参与检查的专业人员。通常除每月由企业进行一次全面大检查外，工程项目部每周或旬组织一次安全检查，班组每天进行上岗前检查和作业中检查。

(2) 检查应结合工程的季节特点进行，以查领导、查思想、查制度、查纪律、查隐患为主要内容,对暴露出来的安全设施的不安全状态、人的违章操作或指挥的不安全行为、文明施工和环境保护工作中存在的缺陷等情况做好记录,对一般问题或隐患当即口头通知有关部门和人员,对重大问题或隐患应出具隐患整改通知书,做到边查边改边复查。

(3) 应建立并保持相应的检查记录,尽量采用规定格式和内容的检查记录评分表式。

3. 对检查中发现的事故隐患的处理

(1) 视危险程度和严重性按标准 3.7 要素(事故隐患的控制)规定要求进行分析和处理。

(2) 对分包方的违章情况,如违章作业、防范设施搭设不规范、使用不安全的设备、人员资质不符等,按分包合同、安全生产协议书和工程管理文件中有关条款规定处理,并向有关管理部门提供资料作为对分包方的评价依据。

(三) 安全设施所需材料、设备及防护用品的进货检查和标识

1. 进场的安全设施所需的材料、设备及防护用品,不论是自行采购、企业内部调拨、外单位借入或是分包单位的,都应由工程项目部组织检验,只有经检验符合安全使用要求,确认合格后,才可投入安装或使用。防止假冒伪劣产品进入工地。

2. 检验标准和要求应在安全保证计划中作出规定,并要符合:

(1) 采购或分包合同规定。

(2) 政府有关行政法律、法规和规章。

(3) 有关安全技术标准与规范等。

检查方法,包括看实物质量,提供质量保证资料、生产许

可证,建设部推荐证书,必要时进行抽样或全数检验。

3. 对检验为不合格的产品,为防止非预期的使用,一般应立即清退出现场。难以当场清退出场时,应对不合格产品的规格、数量等作好记录,并采取隔离、挂牌等形式进行标识,通知有关部门,按标准 3.7 要素(事故隐患的控制)规定进行处理。

(四) 过程检验和标识

1. 对施工现场使用的机械设备、施工设施、安全防护设施,不论是企业自有的,还是外借的或分包单位的,在安装和使用前,工程项目部应会同有关部门进行检查、验收,确保只有检验合格后才能投入使用。

2. 检验和标识方法应在安全保证计划中作出规定,落实责任部门和专业技术人员负责进行,并符合:

(1) 租赁合同规定。

(2) 施工组织设计要求。

(3) 有关的安全技术标准与规范等。

(4) 政府有关的行政法律、法规和规章等。

3. 标准规定应重点验收和检查以下施工设施、机械设备的组装、搭设质量:

(1) 脚手架(含特殊类脚手架)。

(2) 施工现场临时用电设施。

(3) 中小型机械。

(4) 井架和龙门架、塔吊、施工升降机(外用电梯)等。

对塔吊、施工升降机等危险性较大的起重、升降设备,在企业内部安装调试和验收后还应通过劳动部门和行业行政主管部门指定的检测机构检测,核发合格证后才能投入使用。

4. 标准规定应重点验收和检查以下安全防护设施的搭

设、组装质量：

(1) 通道防护棚。

(2) 电梯井内隔离排或安全网。

(3) 楼层周边、预留洞口的防护设施。

(4) 悬挑钢平台。

(5) 外挑安全网等。

每移动一次，必须重新检查、验收并填写记录。

5. 检验要按规定表式和内容填写验收记录，并进行适当的标识。还应根据验收状况分别挂合格牌或禁用牌。

七、事故隐患的控制(3.7)

(一) 事故隐患控制的概念

标准术语 2.0.5 对事故隐患的定义：可能导致伤害事故发生的人的不安全行为，物的不安全状态或管理制度上的缺陷。

事故隐患是指可能导致安全事故的缺陷和问题，包括安全设施、过程和行为等诸方面的缺陷问题，因此，对检查和检验中发现的事故隐患，应采取必要的措施及时处理和化解，以确保不合格设施不使用、不合格过程不通过、不安全行为不放过，并通过事故隐患的适当处理，防止安全事故的发生。

(二) 事故隐患的控制要求

1. 工程项目部对各类事故隐患应确定相应的处理部门和人员，规定其职责和权限，要求一般问题当天解决，重大问题限期解决。

2. 处理方式。

(1) 对性质严重的隐患应停止使用、封存。

(2) 指定专人进行整改，以达到规定的要求。

(3) 进行返工,以达到规定的要求。

(4) 对有不安全行为的人员先停止其作业或指挥,纠正违章行为,然后进行批评教育,情节严重的给予必要的处罚。

(5) 对不安全生产的过程重新组织等。

3. 隐患处理后的复查验证

(1) 对存在隐患的安全设施、安全防护用品的整改措施落实情况,必要时由工程项目部安全部门组织有关专业人员对其进行复查验证,并做好记录。只有当险情排除,采取了可靠措施后方可恢复使用或施工。

(2) 上级或政府行业主管部门提出的事故隐患通知,由工程项目部及时报告企业主管部门,同时制定措施、实施整改,自查合格报企业主管部门复查后,再报有关上级或政府行业主管部门消项。

4. 事故隐患的控制要按规定表式和内容填写并保存有关记录。

八、纠正和预防措施(3.8)

(一) 纠正和预防措施的概念

(1) 纠正措施是指对实际的不符合安全生产要求的事故和事故隐患产生原因进行调查分析,针对原因采取措施,以防止重复事故和事故隐患再发生的全部活动。预防措施是指对潜在的不符合安全生产要求的事故隐患进行原因分析,针对原因采取措施,以防止事故隐患和事故发生的全部活动。

(2) 纠正和预防措施的实施要投入一定的人力、物力、财力等资源,因此采取纠正和预防措施的程度应与存在问题的危害程度和风险相适应,安全风险大、危害程度大的事故隐患都应按本要素要求进行原因调查、采取治本措施,而不能简单地处置了事。

（二）纠正措施实施要求

施工过程发生安全事故（包括没有伤亡或物损的险兆事故）或安全生产检查中发现事故隐患，有关部门和人员应吸取教训，采取纠正措施防止再发生。

1. 安全事故的处理与纠正措施

(1) 首先抢救伤员及国家财产，防止事故进一步扩大，保护好现场。

(2) 根据国家、地方、行业与上级规定确定事故分类及相应的报告程序，按照程序迅速、及时、准确地向上级及有部门报告，经有关人员来现场验证，发出指令后才可清理现场，恢复施工。

(3) 根据国家、地方、行业和上级规定确定事故处理程序，组织专人调查事故产生的原因，记录调查结果，经过分析找出主要原因，提出针对性的防止同类事故再发生的纠正措施。

(4) 组织实施纠正措施并监督验证其有效性。

2. 事故隐患的处理与纠正措施

(1) 按标准 3.7 要素（事故隐患的控制）规定处置存在事故隐患的设施、设备、安全防护用品，做好标识，必要时派专人值班，防止误用。

(2) 对系统的、普遍的事故隐患，或可能产生严重后果的事故隐患，或上级及政府行业主管部门指出的事故隐患，工程项目部必须组织有关人员进行调查，查明原因，制定消除隐患的纠正措施。

(3) 实施纠正措施并监督验证其有效性。

（三）预防措施实施要求

工程项目开工前的策划阶段或开工后的实施阶段，有关部门和人员应对施工过程中易发生的安全事故和可能的危险点、风险因素，采取预防措施，防止事故的发生。

1. 收集、利用适当的信息，发现并确认潜在的事故隐患和可能表现。信息来源包括：

(1) 施工环境、施工过程、操作工艺对安全的影响。

(2) 人员的教育培训状况。

(3) 检查结果。

(4) 审核结果。

(5) 业主意见。

(6) 社会投诉。

(7) 安全记录。

(8) 历史教训等。

2. 分析潜在事故隐患的引发原因，制定消除引发潜在事故隐患原因的措施，确定所需的处理步骤和程序。

3. 明确部门和人员负责预防措施的执行、控制、验证、总结，确保措施的正确实施和措施有效性、可行性的验证活动的落实。

4. 将所采取的预防措施及有关信息反馈给工程项目部有关部门和项目经理。

5. 建立并保持适当的记录。

此外，纠正和预防措施的制定与实施有时可引起安全体系文件的更改，对此应按有关规定执行与记录。

九、教育和培训(3.9)

(一) 教育和培训的重要性

安全生产保证体系的成功实施，有赖于施工现场全体人员的参与，需要他们具有良好的安全意识和安全知识。保证他们得到适当的教育和培训，是实现施工现场安全保证体系有效运行，达到安全生产目标的重要环节。施工现场应在项目安全保证计划中确定对员工进行教育和培训的需求，指定安全教育和培训的责任部门或责任人。

(二) 先培训后上岗

安全教育和培训要体现全面、全员、全过程的原则，覆盖施工现场的所有人员(包括分包单位人员)，贯穿于从施工准备、工程施工到竣工交付的各个阶段和方面，通过动态控制，确保只有经过安全教育的人员才能上岗。

(三) 教育和培训的目的和范围

1. 目的

使处于每一层次和职能的人员都认识到：

(1) 遵守"安全第一、预防为主"方针和工作程序，以及其个人工作的改进可能带来的安全因素。

(2) 与他们工作有关的重大安全风险，包括可能发生的影响，以及其个人工作的改进可能带来的安全因素。

(3) 他们在执行"安全第一、预防为主"方针和工作程序，以及实现安全生产保证体系要求方面的作用与职责，包括在应急准备方面的作用与职责。

(4) 偏离规定的工作程序可能带来的后果。

2. 范围

(1) 本企业的职工。

(2) 分包单位的职工。

(四) 教育和培训的时间

根据建设建教[1997]83号文印发的《建筑企业职工安全培训教育暂行规定》的要求：

(1) 企业法人代表、项目经理每年不少于30学时。

(2) 专职管理和技术人员每年不少于40学时。

(3) 其他管理和技术人员每年不少于20学时。

(4) 特殊工种每年不少于20学时。

(5) 其他职工每年不少于15学时。

(6) 待、转、换岗重新上岗前，接受一次不少于20学时的培训。

(7) 新工人的公司、项目体、班组三级培训教育时间分别不少于15学时、15学时、20学时。

(五) 教育和培训的形式与内容

按等级、层次和工作性质分别进行，管理人员的重点是安全生产意识和安全管理水平，操作者的重点是遵章守纪、自我保护和提高防范事故的能力。

1. 项目经理和安全管理人员的安全生产培训

(1) 定期轮训，提高政治水平，熟悉安全技术和劳动卫生知识。

1) 安全生产的重大意义；

2) 国家有关安全生产的方针、政策、规定；

3) 安全生产法规、条例、标准，包括施工现场安全生产保证体系标准；

4) 安全生产责任制；

5) 施工生产的工艺流程和主危险因素，以及预防重大伤亡事故的主要措施；

6) 地区、行业概况、特点及应吸取的教训；

7) 编制、审查安全保证计划、安全技术措施计划及施工组织设计的安全技术措施的基本知识；

8) 企业有关安全生产的规章制度、安全纪律及保证措施；

9）发生重大伤亡事故和急性中毒事故，如何保护现场、逐级上报、调查情况、分析原因、制定防范措施及对事故责任者的处理等。

（2）专职安全员还应接受劳动部门和行业行政主管部门的培训，取得相应的证书，持证上岗，并按规定定期复审。

2．新工人三级安全教育

对新工人或调换工种的工人，必须按规定进行安全教育和技术培训，经考核合格，方准上岗。

（1）公司（基层）级：

1）劳动保护的意义和任务的一般教育；

2）安全生产方针、政策、法规、标准、规范、规程和安全知识；

3）企业安全规章制度等。

（2）项目体（施工队）级：

1）建安工人安全生产技术操作一般规定；

2）施工现场安全管理规章制度；

3）安全生产纪律和文明生产要求；

4）在施工程基本情况，包括现场环境、施工特点，可能存在不安全因素的危险作业部位及必须遵守的事项。

（3）班组级：

1）本人从事施工生产工作的性质，必要的安全知识，机具设备及安全防护设施的性能和作用；

2）本工种安全操作规程；

3）班组安全生产、文明施工基本要求和劳动纪律；

4）本工种事故案例剖析、易发事故部位及劳防用品的使用要求。

3．特定情况下的适时安全教育

(1) 季节性，如冬季、夏季、雨雪天、汛台期施工。

(2) 节假日前后。

(3) 节假日加班或突击赶任务。

(4) 工作对象改变。

(5) 工种变换。

(6) 新工艺、新材料、新技术、新设备施工。

(7) 发现事故隐患或发生事故后。

(8) 新进入现场等。

4．特种作业人员培训

除进行一般安全教育外，还要执行 GB 5306—85《关于特种作业人员安全技术考核管理规则》的有关规定，按国家、行业、地方和企业规定进行本工种专业培训、资格考核，取得《特种作业人员操作证》后上岗。

(1) 范围：

1) 电工作业；

2) 锅炉司炉；

3) 压力容器操作

4) 起重机械作业；

5) 爆破作业；

6) 金属焊接(气割)作业；

7) 煤矿井下瓦斯检验；

8) 机动车辆驾驶；

9) 机动船舶驾驶、轮机操作；

10) 建筑登高架设作业；

符号 GB 5306—85 标准基本定义的其他作业。

上海市劳动局规定的特种作业人员安全技术培训考核管

理规定又增加：

1）电梯驾驶；

2）起重吊运指挥挂钩作业；

3）化学危险物品保管等作业人员。

（2）培训、考核与发证部门：

1）劳动部门；

2）行业行政主管部门；

3）企业。

（3）内容：

1）安全技术理论；

2）实际操作技能。

（4）复审：

取得《特种作业人员操作证》者，按工种审证要求，定期由原发证部门进行复审。未按期复审或复审不合格者，其操作证自行失效。

5．经常性安全教育

在做好上述培训和教育工作的同时，还必须把经常性的安全教育贯穿于施工全过程，并根据接受教育对象的不同特点，采取多层次、多渠道和多种方法进行。

（1）安全生产意识宣传教育。

（2）普及安全生产知识宣传教育。

（3）现场定期的（如每周）安全日活动。

（4）班组每天的三上岗（上岗交底、上岗检查、上岗记录）和一讲评（安全讲评）活动。

（六）建立并保存培训和教育记录

（1）职工劳动保护教育卡。

（2）安全教育记录。

(3) 班组安全活动讲评记录。

(4) 安全员及特种作业人员名册(包括证书复印件)。

(5) 中小型机械作业人员名册(包括证书复印件)等。

十、安全记录(3.10)

(一) 安全记录的作用

GB/T 6583.3.15"记录"的定义是"为已完成的活动或达到的结果提供客观证据的文件"。

安全记录是为证明施工现场满足安全要求的程度或为安全生产保证体系各要素运行的有效性提供客观证据的文件;安全记录还可为有追溯要求的各类检查、验收和采取纠正及预防措施等提供依据。

(二) 安全记录的范围

安全记录既包括与安全设施有关的记录,如材料、设备及防护用品的采购、检验、试验、不合格品的处置记录等;也包括安全保证体系运行记录,如工程概况、安全管理目标、组织机构、安全生产保证体系要素分配与部门岗位职责,内部安全体系审核记录,现场施工安全控制记录,检查、检验和标识记录,事故调查处理记录,事故隐患控制记录,各类人员上岗资格和培训教育记录,班组安全活动记录等;对分包方的安全管理记录,如安全生产协议书,进场交底记录等,也是安全生产保证体系运行的必要证实文件,成为安全记录的组成部分。

(三) 安全记录的要求

(1) 工程项目部应按国家、行业、地方和上级的有关规定,制定安全记录清单,确定安全记录的具体内容要求及表式和标识的规定。行业管理部门提供的样本应按照规定填写和编制,但这仅仅是安全记录的基本部分。工程项目部还应结合本工程项目的特点,在安全策划中对照样本,规定补充记录的内容、表式和标识的规定要求。

(2) 工程项目部应在安全策划时,确定安全记录收集、记录、编目、归档、储存和处理的部门和人员的职责。

(3) 安全记录可以是文字的(包括表格与非表格形式),也可贮存在磁带、磁盘等或照片、胶片等媒体上。

(4) 安全记录应做到字迹清晰、能正确辨认。作为证实文件,记录是不能随意涂改或更改的。

(四) 安全记录储存和保管要求

(1) 安全记录是用以证明安全生产保证体系是否有效运行的证实资料,因此,需要妥善保存。安全记录一般可由安全部门或指定的专人负责收集、记录、整理、编目、装订。收集人员应对安全记录进行检查,对不符合要求的记录应拒收,并责令整改。安全记录分类装订成册、目录齐全、标识清楚。安全记录的保存要注意防潮、防火、防虫蛀及鼠害,保管方法便于存取和检索。

(2) 各类安全记录应做到及时完整。安全记录应记到工程项目竣工为止,安全记录分类装订保存,以便于上级和行业主管部门的检查或认证机构的审核,退场时按档案管理规定分类进行处理,不得擅自销毁。

十一、内部安全体系审核(3.11)

(一) 安全体系审核的概念

安全体系审核是确定安全活动和有关结果是否符合安全保证计划的安排及有关规定的要求,以及这些安排和要求是否有效实施,并能达到预定的安全管理目标所作的系统的和独立的检查和评价活动,也是对它是否符合施工现场安全生产保证体系的要求进行的验证。

1. 安全体系审核根据审核实施主体可分为两类

(1) 内部安全体系审核(简称“内审”)是建筑施工企业对其施工现场组织的自我审核,也是体系运行中的一个环节。

(2) 外部安全体系审核(简称“外审”),是经行业行政主管部门认可、有资质的认证机构对施工现场组织的第三方审核。用于认证、注册及向外界证明等目的。

施工现场安全生产保证体系在经过运转和通过企业内部安全体系审核后,方能申请外部安全体系审核认证。

2. 内部安全体系审核的作用

(1) 作为一个重要管理手段,及时发现安全管理中的问题,组织力量加以纠正和预防,使安全生产保证体系运作满足有关标准规定、规则和其他约定文件(如合同)的要求,以有效控制施工现场的安全生产。

(2) 建立一个自我改进机制,使安全生产保证体系持续地保持有效性,并能不断改进、不断完善。

3. 内部安全体系审核的目的

(1) 评价安全生产保证体系的符合性。安全体系文件,如安全保证计划等是否符合标准与有关规定的要求。

(2) 评价安全生产保证体系的有效性。

1) 是否适应项目工程的特点和安全管理状况。

2) 实际的安全体系活动是否与安全保证计划等体系文件相一致,亦即是否有效地实施。

(3) 评价安全生产保证体系的适合性。安全生产保证体系活动是否适合于达到既定的安全管理目标。

4. 内部安全体系审核的依据

(1) 施工现场安全生产保证体系标准。

(2) 施工现场安全体系文件。

(二) 内部安全体系审核应有计划、有系统地进行

对一个施工现场来讲,以下情况都应组织审核:

(1) 申报认证审核前;

(2) 体系结构有重大变化;

(3) 施工阶段转换;

(4) 发生重大事故时等。

审核可分为例行的常规审核和特殊情况下的追加审核两种情况。

(三) 内部安全体系审核员应持证上岗

内部安全体系审核的效果,在很大程度上取决于审核人员的技能与技巧。因此内部审核人员应经过培训和资格认可,并由与被审核施工现场无直接责任的人员来担任。

培训应由经行业主管部门认可的培训机构按大纲、教材、师资、考核、发证"五统一"的要求组织实施。一个建筑企业的合格内审人员应不少于3~5人,必要时可请企业外部人员担任。

(四) 内部安全体系审核的一般程序

1. 确定任务

如果是例行审核,按规定进行;如果是特殊审核,应明确审核要求。但都需经分管领导批准。

2. 审核准备

(1) 由企业领导任命审核组长,组成审核组。其人数视工程规模和进度而定,但至少由2名以上审核员组成。

(2) 编制审核计划。确定审核日程和审核员任务分配,经分管领导审批后,通知受审核现场,并征得同意。

(3) 编制审核检查表。审核员按分工编制检查表,经组

长同意后实施。

3. 现场审核

(1) 首次会议。说明审核目的、范围、依据和方法。

(2) 现场检查。以事实为依据,以标准和体系文件规定为准绳,收集客观证据,作出公正判断。如发现不合格,按规定填写不合格报告,请受审核现场负责人签字认可。

(3) 末次会议。报告审核结果,要求现场制定纠正措施计划,确保每一项不合格都已采取相应的纠正措施,并记录备查。

4. 纠正措施的跟踪和验证

审核组对纠正措施计划实施跟踪验证,并记录其是否实施并有效。

5. 编制审核报告

按规定格式根据审核与验证结果编写报告,报送企业分管领导和部门。报告内容至少应包括:

(1) 审核经过,全面概括描述。

(2) 对安全保证体系符合性、有效性和适合性的全面评价。

(3) 存在的主要问题。即违反安全保证体系文件及施工现场安全生产保证体系标准中的规定、要求的不合格问题,详细描述。

(4) 针对不合格和存在问题,制定的纠正措施。

(5) 对纠正措施的实施和有效性进行跟踪验证情况。

6. 保存审核记录

(1) 审核计划。

(2) 审核检查表与审核记录。

(3) 不合格报告。

(4) 审核报告。

内审的详细要求可参照本章第四节第三款“审核认证的程序”进行。对贯彻 ISO9000 族标准的企业,可以按内部质量体系审核程序规定执行。

第三节　施工现场安全生产保证体系的建立和运行

施工现场系统建立、有效实施并不断完善安全生产保证体系,是工程项目部强化安全管理的核心,是贯彻施工现场安全生产保证体系标准的关键,也是控制不安全状态和不安全行为,实现安全管理目标的需要。

一、建立安全生产保证体系的基本原则

1. 安全管理是项目管理最重要的工作之一

将安全目标纳入工程项目部综合决策的优先序列和重要议事日程,是保证施工现场为实现经济、社会和环境效益的统一而采取的强有力的管理行为。

2. 持续改进是贯彻安全生产保证体系标准的基本目的

贯穿于标准的一个基本点是工程项目部安全状况的持续改进。它不仅包括通过检查、审核等方式,不断根据内部和外部条件及要求的变化,及时调整和完善,组织安全体系的改进,而且也包括拌随体系改进,按照安全管理目标实现安全状况的改进。一个基本的要求是保持改进的持续性和不间断性,即建立自我约束的安全生产保证体系动态循环机制。

3. 事故预防是贯彻安全生产保证体系标准的根本要求

对各种行为、过程、设施进行动态管理,从事故的发生源

头去预防事故的发生。事故预防并不排除对事故处理作为降低安全事故最后有效手段的必要性,但它更强调避免事故发生在经济上与社会上的影响比事故发生后的处理更为可取。

4. 项目的施工周期是贯彻安全生产保证体系标准的基本周期,应对施工准备、基础、结构和装饰各个施工阶段,土建、安装、装饰各个施工专业的施工周期进行安全生产保证体系的全面评价、规划和控制。

5. 施工现场贯彻安全生产保证体系标准应从实际出发,施工现场安全生产保证体系的建立必须符合标准的全部要求,并能结合企业和现场的具体条件和实际需要,与其他管理体系兼容并协同运作,包括质量管理体系和环境管理体系。

6. 立足于全员意识和全员参与是安全生产保证体系成功实施的重要基础

安全管理的职责不应仅限于各级负责人,更要渗透到施工现场内所有层次与职能,它既强调纵向的层次,又强调横向的职能,任何部门或人员,只要其工作可能对安全生产产生影响,就应具备适当的安全意识,并承担相应的责任。

二、安全生产保证体系建立和实施的一般程序

建立安全生产保证体系是施工现场的基本任务。建立实施体系的一般程序可分为以下三个阶段。

(一) 策划与准备阶段

1. 教育培训,统一认识

安全生产保证体系的建立和完善的过程,是始于教育,终于教育的过程,也是提高认识和统一认识的过程。教育培训要分层次、循序渐进地进行。

(1) 管理层。全面接受施工现场安全生产保证体系标准

有关内容的培训，方法上可以采取讲解与研讨结合，理论与实际结合。

(2) 操作层。本岗位安全活动有关内容，包括在施工作业中应承担的安全任务和权限，以及造成安全过失应承担的责任等。

2. 组织落实，拟定计划

(1) 领导小组。由工程项目部负责人任组长，负责安全生产保证体系建立过程中重大问题的决策和组织协调，如体系建设的总体规划，制定安全管理目标，提供人、财、物的支持等。

(2) 工作小组。由现场主要部门(岗位)人员组成，应具有开展相关工作的知识和技能。在领导小组指导下，开展安全生产保证体系建立过程中涉及施工现场范围内的具体工作，如组织宣传教育，体系文件的编制汇总等。

(二) 文件化阶段

按照相关的标准、法律、法规和规章要求编制安全体系文件。

1. 体系文件编制的范围

(1) 制订安全管理目标。

(2) 准备本企业制定的各类安全管理标准，贯彻ISO9000族标准的项目可以作出必要实施说明后，直接执行部分适用的质量体系程序文件，如采购、工程分包、培训、内审等。

(3) 准备国家、行业、地方的各类有关安全的法律、法规、规章、和规范、规程、标准。

(4) 编制安全保证计划及相应的专项计划、作业指导书等支持性文件。

(5) 准备各类安全记录、报表和台帐。

2. 体系文件编制的要求

(1) 安全管理目标应与企业的安全管理总目标协调一致。

(2) 安全保证计划应围绕安全管理目标,将要素用矩阵图的形式,按职能部门(岗位)进行安全职能各项活动的展开和分解,依据安全生产策划的要求和结果,对各要素在本现场的实施提出具体方案。关键是讲究实效,不走形式,既要从总体上满足标准和有关要求,又要在方法上和具体做法上符合本单位、本项目的实际,突出本项目的重点和关键环节,在能够实现控制的前提下,做到简练、明确、易懂、可操作。一般可在项目施工组织设计中完整独立地体现,也可单独编制。

(3) 体系文件应经过自上而下,自下而上的多次反复讨论与协调,以提高编制工作的质量,并按标准规定由上级机构对安全生产责任制、安全保证计划的完整性和可行性、工程项目部满足安全生产的保证能力等进行确认,建立并保存确认记录。

(4) 安全保证计划应送上级主管部门备案。

(三) 运行阶段

1. 发布施工现场安全体系文件,有针对性地多层次开展宣传活动,使每个员工都能明确本部门、本岗位在实施中应做些什么工作,使用什么文件,如何依据文件要求开展这些工作,以及如何建立相应的安全记录等。

2. 配备必要的资源和人员。首先应保证适应工作需要的人力资源,适宜而充分的设施、设备,以及综合考虑成本、效益和风险的财务预算。

3. 加强信息管理、日常安全监控和组织协调。通过全面、准确、及时地掌握安全管理信息，对安全活动过程及结果进行连续的监视和验证，以及对涉及体系的问题与矛盾进行协调，促进安全生产保证体系的正常运行和不断完善，是形成体系良性循环运行机制的必要条件。

4. 由企业按规定对施工现场安全生产保证体系运行进行内部审核，验证和确认安全生产保证体系的符合性、有效性和适合性，重点是：

(1) 规定的安全管理目标是否可行。

(2) 体系文件是否覆盖了所有主要的安全活动，文件间的接口是否清楚。

(3) 组织结构是否满足安全生产保证体系运行的需要，各部门(岗位)的安全职责是否明确。

(4) 规定的安全记录是否能起到见证作用。

(5) 所有员工是否养成按文件工作或操作的习惯，执行情况如何。

通过内审暴露问题，组织制定并实施纠正措施，达到不断改进的目的，在适当时机可向审核认证机构提出认证申请。

第四节　施工现场安全生产保证体系的审核认证

一、基 本 概 念

(一) 安全生产保证体系审核认证的含义

安全生产保证体系审核认证是指由一定权威，并为政府和社会公认的，独立于建筑工程发包方和承包方的第三方，依据施工现场安全保证体系标准和有关规定，对施工现场的安全生产能力进行必要的检验或审核,对安全体系及实施效果符合相应标准和规定要求的施工现场,发给合格证书,以证明其具有相应能力和效果的活动。

安全生产保证体系的审核对象是施工现场,而不是施工企业。审核的依据是采用的施工现场安全生产保证体系标准。

1. 评定的依据。现场审核中的审核发现。

2. 评定的内容。对受审核现场安全体系有效性的评价可从以下几个方面考虑:

(1) 安全体系文件对安全保证体系标准的符合性。

(2) 安全体系文件对施工现场实际情况、安全管理目标的适宜性和可操作性。

(3) 安全体系文件得到认真贯彻,安全状况稳定。

(4) 具有不断自我完善和改进的机制。

(二) 安全生产保证体系审核认证的特点

由独立于承发包方的第三方系统地进行,它应体现公正性和客观性。为此应建立一套完整、严格的程序和管理制度,才能提高审核认证的有效性。

(1) 被审核的安全生产保证体系必须是正规的、文件化的。

(2) 审核必须是一种正式的活动,按合同进行,按规定程序实施,审核员资格得到认可。

(3) 审核过程是一种抽样过程,包括抽查一定数量的文件、记录,询问一定数量的人员,抽查若干设备和设施,查证若干工程部位和施工作业面等。抽样方法有其科学性、合理性,但也有一定风险性、局限性,审核中通过抽样方案的优化以减少风险。

（三）安全生产保证体系审核认证的作用

施工现场只有按施工现场安全生产保证体系标准和有关规定建立和完善安全生产保证体系，加强和改善项目管理，并达到规定要求，才能获得相应认证证书。因此获得认证证书的过程就是施工现场建立和完善安全生产保证体系的过程，就是采取改进和纠正措施，提高安全生产管理水平的过程，有利于施工现场安全管理目标的实现。从这个意义上讲，安全生产保证体系审核认证不同于旨在为确保满足规定的要求对施工现场所进行的安全监督。

二、安全生产体系审核认证的组织

《施工现场安全生产保证体系标准》作为上海市地方标准，其审核认证的结构设计，应考虑到上海市的实际情况，并借鉴质量体系和环境体系审核认证的结构模式，这样做既能保证施工现场安全生产保证体系审核认证工作的正常开展，又能保证施工现场安全生产保证体系审核认证的水平和质量。其具体结构包括三个层次。

（一）第一层次——主管部门，上海市建设委员会

作为政府的主管部门，依法统一管理施工现场安全生产保证体系贯标认证工作，它的主要工作职能不是开展具体的认可与认证业务，而主要是：

（1）组织编制与审批施工现场安全生产保证体系地方标准。

（2）负责安全生产保证体系审核认证的管理。

（3）授权认可机构对各类涉及安全生产保证体系审核认证机构、教育培训机构及人员进行认可。

（二）第二层次——认可机构，上海市施工现场安全生产

保证体系管理委员会

受政府主管部门授权,组织开展认可工作的专门机构。主要职能是依据认可程序,对以下机构和人员进行资格认可的审核、注册、颁证和工作监督。

(1) 施工现场安全生产保证体系审核认证机构。

(2) 施工现场安全生产保证体系审核员教育培训机构。

(3) 施工现场安全生产保证体系外部审核员。

(三) 第三层次——认证机构、培训机构和抽查评判机构

1. 认证机构(审核站)

由认可机构认可,在授权范围内可独立开展施工现场安全生产保证体系审核认证工作的实体,工作内容包括接受认证申请、派出审核组、核准注册颁证与监督检查等。

(1) 审核站必须满足以下两个条件:

1) 公正性。独立于承发包方,是具有完全独立地位的机构,能够客观、公正地处理问题和作出判断,不受任何外来势力的干扰和影响。

2) 权威性。具有较高信誉,被社会所公认的机构。

(2) 审核站应单独设置,具有必要的组织结构,拥有一定数量的专职和兼职审核员。聘用从事审核认证工作的审核人员,应通过认可机构认可的培训机构培训考核合格,取得其颁发的合格证书,并经认可机构专业面试合格注册,取得注册资格证书。

2. 培训机构(培训站)

由认可机构认可,在授权范围内可独立开展施工现场安全保证体系外部审核员、内部审核员及认证培训工作的实体。

(1) 培训站应单独设置,具有必要的组织结构,拥有一定数量的办学与教学人员。

(2) 教学人员，即培训教师，应熟悉标准，中专以上文化程度或助工以上职称、五年以上工作经历(大专以上文化程度或工程师以上职称、三年以上工作经历)，其中至少二年以上从事与安全生产相关的工作，经认可机构培训及专门能力考核，取得相应的审核员培训教师合格证。

3. 抽查评判机构(各级建设工程安全监督站)

各级安全监督站对通过审核认证的施工现场进行抽查验证，重点是：

(1) 安全生产保证体系的保持。

(2) 安全生产保证体系的有效性。

(3) 认证机构的工作质量。

发现安全生产保证体系严重失控、运行问题较多或认证质量不高时，对有关方提出整改意见，必要时提请主管部门和认可机构给予警告处分，暂停直至注销其证书或资质。

施工现场安全生产保证体系审核认证工作流程如图 3-2 所示。

三、安全生产保证体系审核认证的程序

安全生产保证体系审核是一种正式的活动，一般来讲大致分为五个阶段，即认证申请与审查、审核准备、现场审核、批准与注册、认证后的监督，每个阶段还可分为若干活动。

(一) 认证申请与审查

1. 申请认证施工现场的基本条件

(1) 其上级为证照齐全的总承包或总包单位。

(2) 承发包合同(协议)合法有效。

(3) 工程质量和安全监督申报、施工许可证申领手续齐全。

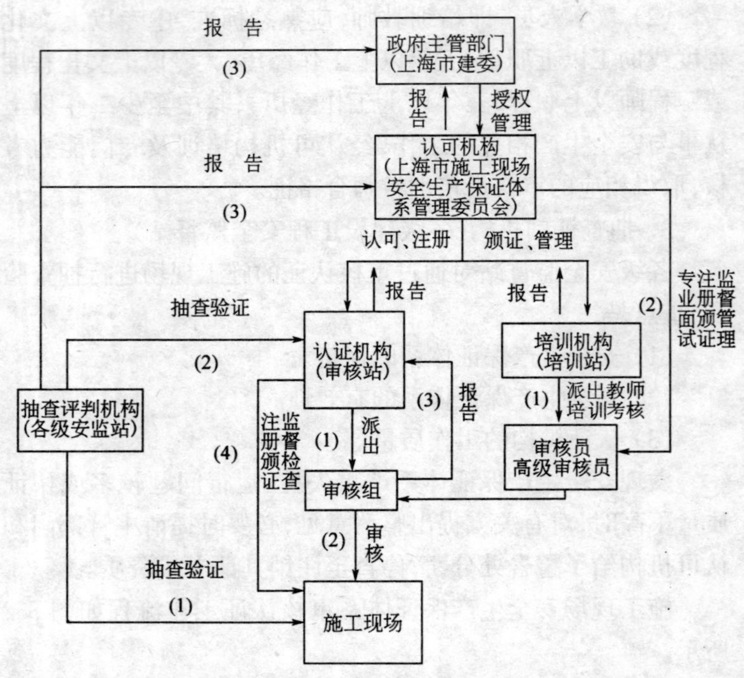

图 3-2 施工现场安全生产保证体系审核认证工作流程

(4) 安全体系文件完整并已全面正常运行,并有充分的记录可供证实和追溯。

(5) 已通过本企业一次完整的安全生产保证体系内部审核。

(6) 施工现场完成地基基础工程施工,主体工程进入结构施工,未发生重大安全、质量等事故;对单纯的装饰工程总承包而言,完成工程量 50%左右,未发生重大安全、质量等事故。

2. 施工现场提出申请

(1) 施工现场应在完成基础部位工程量50%之前,由总承包或总承包单位向认证机构提出申请;对单纯的装饰工程总承包而言,为完成工程量的25%之前。

(2) 按统一表式,向认证机构递交认证申请表。

(3) 提供安全保证计划等有关体系文件资料。

(4) 交纳申请费。

3. 认证机构审核

(1) 对申请资料进行审查。包括文件内容是否协调一致并覆盖标准的所有要求;各项安全保证活动的控制内容、手段和职责是否明确;文件是否有效,以及名词术语是否确切等。需要时到现场进行调查。

(2) 决定受理与否,发出相应的通知书。对拟受理的施工现场的安全保证计划等文件提出审核意见和现场安全管理状况整改要求。

(3) 与拟受理审核的施工现场所属建筑施工企业签定认证合同,预交审核认证费用。合同中必须明确在基础阶段应行预审核,进入主体结构阶段施工时再进行正式审核认证;对单独的装饰工程总承包而言,则预审核和正式审核分别在完成25%左右工程量、50%左右工程量时进行。

(二) 审核准备

1. 组成审核组

(1) 由审核组长和审核员组成,其中至少有一名高级审核员。必要时可聘请技术专家作为顾问。审核组成员不得向受审核施工现场提供技术咨询服务,与之无直接的责任关系。

(2) 审核组长。通常是注册高级审核员,主导审核全过程,对审核工作质量起关键作用,其职责为:

1) 负责文件审查(在接受申请时进行)以及文件修改的

验证(在现场审核前进行);

2）协助认证机构选择审核员;

3）制定审核计划,对审核组进行任务分配;

4）指导编制审核检查表,进行审核过程控制,负责对安全体系有效性的评价及作出结论;

5）及时与受审核方负责人沟通;

6）组织纠正措施的跟踪验证;

7）提交审核报告。

(3) 审核组组员。至少为注册审核员,其职责为:

1）在审核组长指导下编制分工范围的审核检查表;

2）独立完成分工范围的现场审核任务,包括收集证据,开列不合格报告,进行审核组内部交流,报告审核结果,参与对安全体系有效性的评价;

3）配合支持审核组长和其他审核员的工作;

4）验证所采取的纠正措施的有效性。

2. 制定审核计划

审核计划是指现场审核的人员和时间安排及审核路线的确定,审核计划应至少提前一周通知受审核方,并取得一致后执行。

审核计划的内容除受审方名称、地址、联系人、电话、传真外,通常包括:审核目的,审核范围,审核依据,审核组队员,审核日期,审核日程,保密承诺。

审核人·日数按现场规模、工作复杂程度、施工方案难易程度、形象进度核定。通常大型工程选用以部门或岗位审核为主的方式,中小型工程选用以要素审核为主的方式。

3. 编制检查表(包括审核记录表)

(1) 检查表的含义:

检查表是审核员的工作文件、提纲或工具，是如何进行审核的策划性成果，一般由分工的审核员在现场审核之前编制。

(2) 检查表的作用：

1) 保持审核目标的清晰和明确，防止偏离；

2) 保持审核内容的周密和完整；

3) 保持审核的进度和连续性；

4) 减少审核员的偏见和随意性，保持审核的客观、公正、规范。

(3) 检查表的内容：

1) 列出审核项目和要点，确保审核覆盖面的完整。主要解决“查什么”的问题。

2) 明确审核步骤和方法，进行抽样量的设计。主要解决“怎样查”的问题。

(三) 实施审核

1. 首次会议

由审核组长主持，一般程序如下：

(1) 与会者签到。用规定的表式，说明身份或行政职务。

(2) 人员介绍。双方负责人各自介绍。

(3) 重申审核目的和范围。说明为什么要进行审核、审核涉及的工程范围。

(4) 审核依据。施工现场安全保证体系标准、安全保证计划等体系文件现行有效版本。

(5) 审核方法及程序介绍：

1) 审核的基本方法是抽样，有一定局限性，审核结果只对抽样负责；

2) 程序，包括审核组内部交流和与审核方沟通的安排；

3) 不合格项的记录与确认方法；

4）如何正确对待不合格项。

（6）审核结论的报告方式。审核结论的种类，说明审核组仅提供推荐结论，最后仍由认证机构决定并发布正式结论。

（7）审核计划的确认。如确需要，经双方协商，可修改计划。

（8）确定联络、陪同人员。

（9）强调审核的公正性、客观性。尊重客观事实，用客观证据说话，不道听途说，不提供咨询，希望受审核方配合和支持。

（10）保密承诺。重申保密守则。

（11）明确限制条例。

（12）澄清疑问。

（13）确定末次会议时间及参加人员。

（14）确认有关问题已全部明确或澄清，并表示谢意，结束会议。

2. 现场审核

目的是寻找事实的客观证据，基本方式是抽样，但是如何抽取样本、查证记录、发现问题和获取客观证据则必须掌握一定的技巧和方法。

（1）审核方式：

即总体上如何进行审核的方式，概括起来有四种。

1）顺向追踪。按安全保证计划的顺序进行审核。

2）逆向追踪。按安全保证计划的反向进行审核。

3）部门审核。以部门（岗位）为中心进行审核，即由部门（岗位）查要素。

4）要素审核。以要素为中心进行审核，即由要素查部门（岗位）。

四种审核方式并非平行和独立使用,往往是两两结合使用。在实际审核中根据不同审核对象,变换审核方式的组合是可取的。

(2) 调查方法:

1) 现场观察;

2) 查阅文件和记录;

3) 提问与交谈;

4) 实际测定等。

(3) 不合格报告:

1) 不合格的定义。没有满足某个规定的要求。在安全生产保证体系审核中,规定是指合同、适用的法律法规、体系文件、以及相关方现实或隐含的安全要求,没有满足某个规定的安全要求,即构成不合格。

2) 不合格的形式。文件不符和标准,现状不符和文件规定,或效果不符和目标。

3) 不合格的性质:

a. 严重不合格。即体系运行出现系统性失效、出现区域性失效或出现后果严重不合格现象。

b. 一般不合格。即对体系要素或体系文件要求而言,是个别的、偶然的、孤立的、性质轻微的问题,或对审核区域的体系有效性而言,是个次要的问题。

对于安全生产保证体系内部审核而言,为有利于纠正措施的制定,不合格通常按性质分为以下三类:

a. 体系不合格。安全体系文件与法律、法规、规章、标准、合同等的要求不符。

b. 实施性不合格。未按安全体系文件规定实施。

c. 效果性不合格。由于实施不够认真或偶然原因未能

达到规定要求。

4) 不合格报告:

不合格报告包括以下内容:受审核部门(岗位)、不合格事实描述、不合格性质的判定、审核依据或不合格条款或编号、审核员签名等。

关键是不合格事实的描述,主要要求是:准确地描述观察的事实,包括时间、地点、人物、何种情况等,使有可重查性和可追溯性;力求简明精练、抓住核心的不合格加以概括提炼;对统计数据要有分析和归纳;不要遗漏任何有益信息;观点、结论要从描述中自然流露、不要光写结论、不写事实;尽可能使用行业的术语。

3. 末次会议

是现场审核的结论会议,是审核组报告审核结果和审核结论的会议,由审核组长主持。大致程序如下:

(1) 与会者签到。用规定的记录表,说明身份或行政职务。

(2) 感谢受审核方的配合和支持。

(3) 重申审核目的和范围。

(4) 总结审核的发现。对体系符合性和有效性作出基本评价,特别指出运行中的优点、薄弱环节和重点问题。

(5) 宣布审核结果(包括不合格报告)。

(6) 说明抽样的局限性,要求受审核方举一反三,改进安全体系。

(7) 遵守保密承诺。再次重申对包括审核秘密在内的保密承诺。

(8) 澄清。听取、处理受审核方对不合格的意见。

(9) 宣布审核结论。即推荐认证通过、推迟推荐认证通

过或不推荐认证通过:

1) 推荐认证通过,即存在少量的一般不合格。

2) 迟推荐认证通过,即存在较多的一般不合格或少量的严重不合格。

3) 不推荐认证通过,即存在较多的严重不合格,文件化的安全体系没有完全建立,还不能正常运行,不具备实现安全管理目标的能力。

(10) 纠正措施要求。对推荐认证的现场而言,包括完成时间和跟踪验证的要求。

(11) 证后监督要求。对推荐认证通过的现场,说明证后监督的作用、实施要求,并要求正确使用证书。

(12) 受审核方领导表态。

(13) 末次会议结束。

对于推迟推荐认证的现场,对个别或少数要素需重新审核,决定推荐与否。对不推荐认证的现场,需对全部要素重新审核。

预审核一般不作审核结论,纠正措施可结合正式审核认证进行。

4. 纠正措施的跟踪

(1) 即使审核结论属于推荐通过,所有不合格也必须由受审核方采取纠正措施,审核组都要进行跟踪验证,形成闭环。只有经验证表明纠正措施有效后才能发出审核报告,上报认证机构审定。

(2) 纠正措施完成期限。一般在一周之内完成,最迟不超过二周。

(3) 审核人员对纠正措施完成情况和事实结果进行书面或现场验证和判断,作好记录。

5. 审核报告

不论推荐与否，审核组长都应编写审核报告，分送认证机构与受审核方。内容包括：

(1) 审核项目编号。

(2) 受审核方基本情况。

(3) 审核目的与范围。

(4) 审核依据。

(5) 审核组成员名单。

(6) 审核过程综述。

(7) 不合格统计分析。

(8) 推荐项目的纠正措施跟踪情况。

(9) 结论。

(10) 报告分发对象等。

预审核一般不编发审核报告。

(四) 批准与注册

1. 认证机构收到审核组审核报告，审定审核报告的公正性、客观性，作出是否准予注册颁证。

2. 批准注册后，认证机构颁发施工现场安全保证体系认证证书，并注明注册编号，报认可机构备案，认可机构汇总后统一发布认证信息，公告公布认证注册的施工现场名称。工程项目部可将证书陈列在现场，也可用于对外宣传或举证，但应适当合理。

(五) 认证后的监督

1. 认证机构对获准认证的工程项目部应建立日常工作的信息通道，及时掌握其重要安全信息，并定期实施监督，以验证其是否持续满足标准要求并有效运行，促使受审核方的安全生产保证体系有效保持和不断改进。

(1) 监督审核的要求：

1) 根据工程形象进度定期进行，具体时间应同时满足：

时间间隔不超过三个月；结构、装饰各施工阶段内至少一次，施工高峰必查。

2) 监督审核程序与认证审核程序一致。

3) 审核人·日数一般不少于认证审核的1/2。

4) 应覆盖到每个要素与审核范围。

5) 与认证审核相比，更应适度从严。

(2) 监督审核或日常管理中发现问题的处置方式：

1) 认证暂停。存在较多的一般不合格，严重程度尚不够撤销认证证书，要求在规定时间内达到规定要求后才可恢复认证使用，否则，收回认证证书。

2) 认证撤销。存在严格的不合格，收回认证证书。

(3) 工程竣工后，认证证书自动注销。

2. 各级安监站通过日常检查对获得认证证书的施工现场进行监督，向认证机构、认可机构和主管部门通报检查情况，必要时可对施工现场提出暂停或撤销认证证书的建议，可对认证机构提出整改要求、警告处分、暂停或注销认证资格的建议。

第四章　建筑施工安全基础知识

第一节　建筑业的产业特点

(一) 产品固定,作业流动性大

建筑业的产品,位置固定,各种施工机械设备、材料、施工人员都必须围绕这个固定的产品随着工程建设的进展,上下左右不停的流动;一项产品完成后,又得流向新的固定产品,作业流动性大。

(二) 产品体量大、露天作业多

建筑产品多为高耸庞大、固定的大体量产品,使建筑施工生产只能在露天进行,施工生产作业露天多。

(三) 形式多样、规则性差

建筑产品要服从各行各业的需要,外观和使用功能各不相同,形式和结构多变,加上产品所处地点不同,施工过程处于不同的外部条件。即使同类工程、同样工艺、工序,其施工方法和施工情况也会有所差异和变化,规则性差,施工生产很难全部照搬采用以往的施工经验。

(四) 施工周期长,人力物力投入量大

建筑产品的施工生产过程往往是需要长期地、大量地投入人力、物力、财力。在有限的施工现场上集中大量的人力、建筑材料、设备设施、施工机具,少则几个单位,多则二三十个单位共同进行作业,施工生产过程需衔接配合,连续性强,因此立体交叉作业的情况多。

(五) 施工涉及面广、综合性强

建筑施工生产在施工企业内部，要有序地在特定的气候环境条件下组织多队伍、多工种人员的作业。从企业外部来说，施工生产活动通常需要同专业化单位和材料供应、运输、公用事业、市政、交通等方面的配合和协调，加上施工生产本身就是在“先有用户”的情况下进行的，施工生产的进展在一定程度上依附于建设计划和用户，对国家、地区、用户的经济状况反映敏感，受建设资金和外部条件影响大，在一定程度上施工生产的自主性、预见性、可控性比一般产业较困难。

(六) 手工作业多,劳动条件差,强度大

建筑产品大多是由较为笨重的材料和构件聚合所成,虽然随着现代施工技术的推广普及,机械化施工比重逐渐增大。但与其他产业相比,湿作业多、手工作业多,劳动条件差、强度仍然很大,用于笨重材料物件加工、施工机械配合作业的劳动强度高于其他一般产业。

(七) 设施设备量多,分布分散,管理难度大

建筑产品的施工现场，大型临时设施多，露天的电气线路、装置多，塔吊、井架、脚手等危险性较大的设备设施多，无型号、无专门标准、自制和组装的中小型机械类型数量多，手持移动工具多，而且布局分散、使用广泛，管理难度大。

(八) 人员及其素质不稳定

为有效地组织好施工生产,施工作业队伍、人员就不可避

免地经常处于动态的调整过程，由于作业量的变化，为适应工期和工序搭接的需要，队伍、人员常常是进进出出，本身就不很稳定。加上目前的建筑市场的施工作业人员，绝大多数是来自农村或偏远山区的外包工、临时工，文化程度低，又未受过专业训练，专业知识技能主要是通过工作实践逐步积累，作业年限长短对人员素质影响明显。年限长的因劳动待遇等问题，流动量较大。大批新民工涌入建筑市场，一些单位的经营承包管理人员由于受利益的驱动，在管理和监督稍有薄弱的情况下，非法转包和招聘一些不能胜任作业的队伍、人员，致使作业人员及其素质更加不稳定。

（九）施工现场安全受地理环境条件影响

现场安全会受到产品所处的地理、地质、水文和现场内外水、电、路等环境条件的影响，施工过程如对产品所处的地理、地质水文和现场内外环境条件的不安全因素，重视不够，措施不当，就可能引发事故。

（十）施工现场安全受季节气候影响

施工现场安全受到不同季节、不同气候的影响较大。各种较恶劣的气候条件对施工现场的安全都是很大的威胁。如不采取针对不同季节、不同气候特点的劳动保护，安全技术和管理措施就很容易受季节气候的影响引发事故。

由于上述特点的影响，建筑施工过程中经常会出现高处坠落、物体打击、触电、机械伤害、坍塌、火灾、中毒、爆炸、车辆伤害等九类事故。建筑业的伤亡事故虽在各有关方面的共同努力下，发生频率出现了下降的势头，安全生产取得了一定的成绩。但是，事故数量和频率仍高居各产业的前列，仅次于交通和煤炭业，是发生事故较多的产业。

第二节　施工现场不安全因素

一、事故潜在的不安全因素

事故潜在的不安全因素是造成人的伤害,物的损失事故的先决条件,各种人身伤害事故均离不开物与人这二个因素。人身伤害事故就是人与物之间产生的一种意外现象。在人与物二因素中,人的因素是最根本的,因为物的不安全状态的背后,实质上还是隐含着人的因素。人的不安全行为和物的不安全状态、是造成绝大部分事故的二个方面潜在的不安全因素,通常也可称作事故隐患。

分析大量事故的原因可以得知,单纯由于不安全状态或者单纯由于不安全行为导致的事故情况并不多,事故几乎都是由多种原因交织而形成的,是由人的不安全因素和物的不安全状态结合而成。

二、人的不安全因素

人的不安全因素,是指影响安全的人的因素。即:能够使系统发生故障或发生性能不良的事件的人员个人的不安全因素和违背设计和安全要求的错误行为。人的不安全因素可分为个人的不安全因素和人的不安全行为两个大类。

(一) 个人的不安全因素

个人的不安全因素是指人员的心理、生理、能力中所具有不能适应工作、作业岗位要求的影响安全的因素。

个人不安全因素包括以下几个方面:

1. 心理上的不安全因素

是指人在心理上具有影响安全的性格、气质和情绪(如急燥、懒散、粗心等)。

2. 生理上的不安全因素

生理上存在的不安全因素大致有5个方面:(1)视觉、听觉等感觉器官不能适应工作、作业岗位要求的因素。(2)体能不能适应工作、作业岗位要求的因素。(3)年龄不能适应工作作业岗位要求的因素。(4)有不适合工作作业岗位要求的疾病。(5)疲劳和酒醉或刚睡过觉,感觉朦胧。

3. 能力上的不安全因素

能力上的不安全因素包括知识技能、应变能力、资格等不能适应工作和作业岗位要求的影响因素。

(二) 人的不安全行为

人的不安全行为是指能造成事故的人为错误,是人为地使系统发生故障或发生性能不良事件,是违背设计和操作规程的错误行为。

人的不安全行为,通俗地用一句话讲,就是指能造成事故的人的失误。

1. 不安全行为在施工现场的类型

按国标《企业职工伤亡事故分类标准》GB 6441—86,可分为13个大类:

(1) 操作失误、忽视安全、忽视警告。

(2) 造成安全装置失效。

(3) 使用不安全设备。

(4) 手代替工具操作。

(5) 物体存放不当。

(6) 冒险进入危险场所。

(7) 攀坐不安全位置。

(8) 在起吊物下作业、停留。

(9) 在机器运转时进行检查、维修、保养等工作。

(10) 有分散注意力行为。

(11) 没有正确使用个人防护用品、用具。

(12) 不安全装束。

(13) 对易燃易爆等危险物品处理错误。

2. 产生不安全行为的主要原因

(1) 系统、组织上的原因。

(2) 思想上责任性的原因。

(3) 工作上的原因。

3. 产生不安全行为的工作上的主要原因

(1) 工作知识的不足或工作方法不适当。

(2) 技能不熟练或经验不充分。

(3) 作业的速度不适当。

(4) 工作不当,但又不听或不注意管理提示。

(三) 必须重视和防止产生人的不安全因素

1999 年建设部颁发的《建筑施工安全检查标准》JGJ 59—99 条文说明中指出:"分析的事故中有 89%都不是因技术解决不了造成的,都是违章所致。由于没有安全技术措施,缺乏安全技术措施,不作安全技术交底,安全生产责任制不落实,违章指挥,违章作业造成的。"《中国劳动统计年鉴》对近年来的企业伤亡事故原因(主要原因)进行比例排序:违反操作规程或劳动纪律原因列居首位,占 11 项原因总统计量的 45%以上,如果加上教育培训不够、缺乏安全操作知识,对现场工作缺乏检查和指挥错误等不安全行为原因的事故,就占了全部事故统计量的 60%以上。而值得重视的是国有企业不安全行为原因造成的伤亡比例均值,大于城镇企业和其他企业。另有资料反映:美国有人曾分析了 75000 件伤亡事故,其中天灾仅占 2%,即 98%的伤亡事故在人的能力范围内,是可以预防的。在可防止的全部事故中,由于人的不安全行为造成的事故占 88%。日本 1969 年制造业歇工 8 天以上的事故中,因人的不安全行为而发生的占 96%,1977 年制造业歇工 4 天以上的 104638 件事故中,属于人的不安全行为造成的有 98910 件,占 94.5%。

以上资料表明,各种各样的伤亡事故,绝大多数是由人的不安全因素造成的,是在人的能力范围内,可以预防的。

随着科学技术的发展,施工现场劳动条件的改善,机械设备的进一步完善,在造成事故的原因比例中,由人的不安全因素的比例还会有所增加。因此,我们就更应该重视人的因素,杜绝和预防出现人的不安全因素。

三、物的不安全状态

物的不安全状态是指能导致事故发生的物质条件,包括机械设备等物质或环境所存在的不安全因素,通常人们将此称之为物的不安全状态或称之为物的不安全条件,也有直接称其为不安全状态。

(一) 物的不安全状态的内容

(1) 物(包括机器、设备、工具、物质等)本身存在的缺陷。

(2) 防护保险方面的缺陷。

(3) 物的放置方法的缺陷。

(4) 作业环境场所的缺陷。

(5) 外部的和自然界的不安全状态。

(6) 作业方法导致的物的不安全状态。

(7) 保护器具信号、标志和个体防护用品的缺陷。

(二) 物的不安全状态的类型

(1) 防护等装置缺乏或有缺陷。

(2) 设备、设施、工具、附件有缺陷。

(3) 个人防护用品用具缺少或有缺陷。

(4) 生产(施工)场地环境不良。

四、管理上的不安全因素

管理上的不安全因素,通常也可称为管理上的缺陷,它也是事故潜在的不安全因素,作为间接的原因共有以下方面。

(1) 技术上的缺陷。

(2) 教育上的缺陷。

(3) 生理上的缺陷。

(4) 心理上的缺陷。

(5) 管理工作上的缺陷。

(6) 学校教育和社会、历史上的原因造成的缺陷。

第三节　建筑施工现场伤亡事故的预防

一、构成事故的主要原因

(一) 事故发生的结构

事故的直接原因是物的不安全状态和人的不安全行为;事故的间接原因是管理上的缺陷。事故发生的背景就是因为客观上存在着事故的条件,若能消除这些条件,事故是可以避免的。如已知的事故条件继续存在就会发生同类同种事故,尚且未知的事故条件也有存在的可能性,这是伤亡事故的一大特点。

（二）潜在危害性的存在

人类的任何活动都具有潜在的危害，所谓危害性，并非他一定会发展成为事故，但由于某些意外情况，它会使发生事故的可能性增加，在这种危害性中既存在着人的不安全行为，也存在着物质条件的缺陷。

事实上，重要的不仅是要知道潜在的危害，而且应了解存在危害性的劳动对象、生产工具、劳动产品、生产环境、工作过程、自然条件、人的劳动和行为。以此为基础，及时高效率地解决任何潜在危害的预测。在特定的生产条件下，消除不安全因素构成的危害和可能性具有根本意义。

二、安全生产的五条规律

（一）在一定的社会条件下生产的安全规律

这条规律的实质是，承认生产中的潜在危险，这为制订安全法规、制度、措施及其实施创造了原则上的可能性，这一规律的作用受到社会的基本经济规律的制约，在我国，安全生产和劳动保护是有组织、有系统的，应在有目的的活动中付诸实现。

（二）劳动条件适应人的特点的规律

人适应环境的可能性具有一定限度，这条规律则要求在策划、计划、组织劳动生产、构思新技术或设计新工艺、工序，以及解决其他任务时，必须树立以人为中心（即以人为本）的观点，必须以保证操作者能安全作业活动为出发点。要重点研究以人为主体的危险因素及其消除方法。

（三）不断地有计划地改善劳动条件的规律

随着我国社会主义现代化建设和生产方式的完善，应努力消除和降低生产中的不安全、不卫生因素。这一规律是我国在社会主义条件下有计划、按比例发展国民经济的具体体现。从国家、地方、行业乃至一个企业、一个工地，劳动条件应理所当然地应有所改善、好转，而不能有所恶化、倒退。劳动条件得不到改善而恶化、倒退，尤其是产生恶果的是我们国家的安全法规所不能允许的。

(四) 物质技术基础与劳动条件适应的规律

科学技术的进步可以从根本上改善劳动条件，但不能排除有新的、重要的危险因素的出现，或者有扩大其有害影响的可能性，如不重视这一规律，将导致新技术的效果的下降。这一规律的实质是劳动条件的改善在时间上要与物质技术基础的发展阶段相适应。

(五) 安全管理科学化的规律

事故防止科学是一门以经验为基础而建立起来的管理科学，经验是掌握客观事物所必须的。将个别的已经证明行之有效的经验加以科学总结，而形成的一门知识体系。安全的科学管理，其目的是以个人或集体作为一个系统，科学地探讨人的行为，排除妨碍完成安全生产任务的不安全因素，使之按计划地实现安全生产的目标。

安全生产的实现，必须是建立在安全管理是科学的有计划的、目标明确的、措施方法正确的基础之上，这一规律揭示，形成劳动安全计划指标是可能的，指标(目标)必须满足:现实对象明确，定量清楚，与客观条件相符，经济而有效，可以整体检查，并能显示以确保安全为目的作用的整体性。

三、伤亡事故预防原则

为了实现安全生产，预防伤亡事故的发生必须要有全面的综合性措施，实现系统安全，预防事故和控制受害程度的具体原则大致如下：

(1) 消除潜在危险的原则。

(2) 降低和控制潜在危险数值的原则。

(3) 提高安全系数增加安全余量的坚固原则。

(4) 闭锁原则(自动防止故障的互锁原则)。

(5) 代替作业者的原则。

(6) 屏障的原则。

(7) 距离防护的原则。

(8) 时间防护原则。

(9) 薄弱环节的原则(损失最小化原则)。

(10) 警告和禁止信息原则。

(11) 个人防护原则。

(12) 不予接近的原则。

(13) 避难、生存和救护原则。

四、伤亡事故预防措施

伤亡事故预防，就是要消除人和物的不安全因素，实现作业行为和作业条件安全化。

(一) 消除人的不安全行为，实现作业行为安全化

(1) 开展安全思想教育和安全规章制度教育。

(2) 进行安全知识岗位培训，提高职工的安全技术素质。

(3) 推广安全标准化管理操作和安全确认制度活动，严格按安全操作规程和程序进行各项作业。

(4) 加强重点要害设备、人员作业的安全管理和监控，搞好均衡生产。

(5) 注意劳逸结合，使作业人员保持充沛的精力，从而避免产生不安全行为。

(二) 消除物的不安全状态,实现作业条件安全化

(1) 采取新工艺、新技术、新设备,改善劳动条件。

(2) 加强安全技术的研究,采用安全防护装置,隔离危险部位。

(3) 采用安全适用的个人防护用具。

(4) 开展安全检查,及时发现和整改不安全隐患。

(5) 定期对作业条件(环境)进行安全评价,以便采取安全措施,保证符合作业的安全要求。

(三) 实现安全措施必须加强安全管理

加强安全管理是实现安全措施的重要保证。建立、完善和严格执行安全生产规章制度,开展经常性的安全教育、岗位培训和安全竞赛活动,通过安全检查制定和落实防范措施等安全管理工作,是消除事故隐患,搞好事故预防的基础工作。因此,应当采取有力措施,加强安全施工管理,保障安全生产。

第四节　施工现场安全生产管理的基本要求

一、施工现场安全管理的一般概念与要求

(一) 施工现场安全管理的一般概念

管理:即管辖、控制、处理的意思。安全:即在施工现场,凡不发生导致伤亡、职业病、设备或财产损失的生产、生活环境都可以认为是安全。安全在日常生活中是指不受威胁、没有危险和不出事故。安全总是与危险、事故及损害相对立的。施工现场安全管理就是在现场施工过程中采用现代管理的科学知识,防止危险、事故、损失进行安全目标要求的管辖、控制和处理。施工现场安全管理主要包括:施工现场作业管理、设

施设备管理和作业环境安全管理三个方面。

施工安全贯穿于现场的生产和生活的所有时间，从始至终的全过程。施工过程的每时每刻都可能会产生不安全因素，危及安全。施工生产贯穿于施工的每一项施工工艺、每一项分部分项作业、每一个工种、每一位成员的生产活动，涉及全方位、所有空间。在施工现场的每一项与生产相关的活动都可能会产生不安全因素，因此建筑施工现场的安全管理工作必须贯穿施工的全过程、全方位。

（二）施工现场安全管理的原则要求

施工现场的工地围档、道路、施工临时用电线路装置、排水、供水设施、构件材料堆放及场地、工棚、库房、办公生活等大临设施，各类施工设备设施，安全宣传图牌标志，安全防护装置设施和其他临时工程的设施和使用，均要在符合安全、消防、卫生、环境保护的前提下按国家和地方有关法规和要求加强过程的控制，做到合理有序，便利施工。

二、施工现场安全生产管理的任务

（1）正确贯彻执行国家的劳动保护安全生产方针政策、法规和上级对安全工作的要求、指示，使施工现场安全生产工作做到目标明确、组织落实、制度落实、措施落实保障现场的施工安全。

（2）建立和完善本工地的劳动保护、安全生产管理制度，制定汇集本工地有关施工生产有关的各工序施工安全要求、各工种和机械作业的安全技术操作规程，提出有针对性的安全生产技术措施。

（3）宣传和组织好安全教育，提高职工对劳动保护安全生产的认识，促使职工掌握生产技术知识，遵章守纪地进行施工生产。

(4) 努力运用现代管理的科学知识、技术、方法，对工地的安全目标的实现进行控制，经常调查工地的安全现状、动态，收集信息，并分析研究情况，选择并实施实现安全目标的具体方案。

(5) 对事故按“四不放过”的原则进行妥善处理并向上级汇报。

三、施工现场安全组织

(1) 建立和明确项目经理为安全生产的第一责任人，各级各岗位安全生产责任，应视工程的性质、规模和特点，配备合格的安全专(兼)职人员或安全机构。

(2) 建立以工地项目经理为组长，由各职能机构管理人员和分包单位负责人参加的安全生产管理小组，并组成自上到下覆盖各单位、各部门、各班组的安全管理网络。

(3) 要建立和落实由工地领导参加的包括施工员、安全员和其他管理人员在内的轮流值班制度。

(4) 建立健全各类人员的安全生产责任制、安全技术交底、安全宣传教育、安全检查、安全设施验收和事故报告等管理制度。

(5) 按工作和作业的岗位要求，落实持证上岗工作，并做好上岗前的教育交底。

(6) 工地的安全生产各项工作必须做到经常化、制度化。安全生产管理小组、安全管理网络和安全机构人员在施工生产过程中应努力发挥其在施工现场的安全管理、协调、监督方面的作用。

四、施工现场安全生产责任制

（一）什么是安全生产责任制

安全生产责任制是各项安全管理制度的核心，是企业岗位责任制的一个重要组成部分，是企业安全管理中最基本的制度，是保障安全生产的重要组织措施。

安全生产责任制是根据"管生产必须管安全"，"安全生产，人人有责"等原则，明确规定各级领导、各职能部门、岗位、各工种人员在生产活动中应负的安全职责的管理制度。

（二）建立和实施安全生产责任制的目的

建立和实施安全生产责任制，可以把安全与生产从组织领导上统一起来，把管生产必须管安全的原则从制度上固定下来，从而增强各级人员的安全责任，使安全管理纵向到底，横向到边，专管成线，群管成网，责任明确，协调配合，共同努力，真正把安全生产工作落到实处。

（三）安全生产责任制的制定和实施原则及要求

制定和实施安全生产责任制应贯彻"安全第一，预防为主"的安全生产方针，遵循"各级领导人员在管理生产的同时必须负责管理安全"原则。在计划、布置、检查、总结评比生产的同时，计划、布置、检查、总结评比安全。"安全生产，人人有责"和安全生产管理必须做到"纵向到底，横向到边"的原则按照国家颁发的"劳动法"、"建筑法"等法规和国家、地方、作业、安全主管部门下发的有关安全生产责任制的规定要求做到安全生产的职责、责任合法明确，覆盖全员、全方位。安全责任制符合"各级主管领导对本单位劳动保护和安全生产负全面责任，为本单位安全生产第一负责人。分管生产的领导对本单位劳动保护和安全生产负具体领导责任。具体组织生产施工的领导对本单位劳动保护和安全生产负直接管理责任。各级其他领导,各职能人员和各工种人员在各自的业务范围或生产岗位上对实现安全生产、劳动保护、文明生产的要求负责”的基本要求,职责责任必须具体细化,安全生产责任制应进行确认、颁布后再行实施。实施过程应加强检查和监督并将实施情况同责任制的奖惩考核挂钩,从而保证安全生产责任制的管理作用的发挥,保障生产施工的安全。

五、施工安全技术措施

(一) 什么是施工安全技术措施

施工安全技术措施,是保证施工现场安全和作业安全,防止事故和职业病的危害,从技术上采取的措施,是施工组织设计(施工方案)的重要组成部分。

(二) 施工安全技术措施编制的要求

1. 所有的建筑工程的施工组织设计(施工方案)都必须有安全技术措施。吊装、爆破、水下、深坑、支模、拆除等大型特殊工程,都要编制专项安全技术方案。

2. 施工安全技术措施,要在开工前编制,经过上级部门审批,并应有较充分的时间作准备,保证各种安全设施的落实。对于在施工过程中,由于工程更改等情况变化,安全技术措施也必须及时相应补充完善,并做好审批手续。

3. 施工安全技术措施,必须依据施工方法、劳动组织、场地环境、气候等主客观条件和安全法规、标准。每项工程的安全技术措施都应按下列要求做到有针对性。

(1) 针对不同工程的特点可能造成施工的危害,从技术上采取措施,消除危险,保证施工安全。

(2) 针对不同的施工方法,如立体交叉作业、滑模、网架整体提升吊装、大模板施工等，可能给施工带来不安全因素，从技术上采取措施，保证安全施工。

(3) 针对使用的各种机械设备、变配电设施给施工人员可能带来哪些危险因素，从安全保险装置等方面采取技术措施加以防范。

(4) 针对施工中有毒有害、易爆、易燃等作业，可能给施工人员造成的危害，从技术上采取防护措施，防止伤害事故。

(5) 针对施工场地及周围环境可能给施工人员或周围居民带来的危害，以及材料、设备运输带来的困难和不安全因素，从技术上采取措施，给予保证。

(6) 安全技术措施应贯彻于全部施工工序之中，力求细致全面、具体。

(三) 施工安全技术措施的主要内容

建设工程大致分为两种：一是结构共性较多的，称为一般工程；二是结构比较复杂、施工特点较多的，称为特殊工程。

1. 一般工程安全技术措施

(1) 桩基、土方、地下室工程防土方塌方、位移。

(2) 脚手架、吊篮、工具式脚手架等选用及设计搭设方案和安全防护措施。

(3) 高处作业的上下安全通道。

(4) 建筑围档封闭、安全网的架设措施方法。

(5) 垂直运输设备、位置搭设要求、稳定性、安全装置。

(6) 洞口及临边的防护方法和立体交叉施工作业区的隔离措施。

(7) 场内运输道路及人行通道的布置。

(8) 施工临时用电的组织设计和临时用电图：在建工程(包括脚手架)的外侧边缘与外电架空线路的间距没有达到最

小安全距离采取的防护。

(9) 防火、防毒、防爆、防雷等安全。

(10) 在建工程与周围人行通道及民房的防护隔离设置。

2. 特殊工程安全技术措施

对于结构复杂、危险性大、特性较多的特殊工程，应编制专项的安全措施。如爆破、起重吊装作业、沉箱、沉井、烟囱、水塔、各种特殊架设作业、脚手架工程、施工用电、基坑支护、模板工程、塔吊、物料提升机及其他垂直运输设备和拆除工程等均应编制专项的安全技术措施，要有设计依据，有计算、有详图、有文字要求。

3. 季节性施工安全技术措施

就是考虑不同季节的气候对施工生产带来的不安全因素，可能造成各种突发性事故，从防护上、技术上、管理上采取的措施。一般建筑工程可在施工组织设计或施工方案的安全技术措施中，编制季节性施工安全措施；危险性大、高温期长的建筑工程，应单独编制季节性的施工安全措施。季节性主要指夏季、雨季和冬季。季节性施工安全的主要内容是：

(1) 夏季施工安全措施。夏季气候炎热，高温时间持续较长，主要是做好防暑降温工作。

(2) 雨季施工安全措施。雨季进行作业，主要做好防触电、防雷、防坍塌和防台风的工作。

(3) 冬季施工安全措施。冬季进行作业，主要应做好防风、防火、防滑、防煤气等中毒的工作。

(四) 贯彻执行安全技术措施要求

(1) 经批准的安全技术措施具有技术法规的作用，必须认真贯彻执行。遇到因条件变化或考虑不周必须变更安全技术措施内容时，应由原编制、审批人员办理变更手续，否则不能擅自变更。

(2) 要认真进行安全技术措施的交底。工程开工前，由生产、技术负责人、编制人员将工程概况、施工方案和安全技术措施向参加施工的有关管理人员和职工进行安全技术交底。每个单项工程开始前，应进行单项工程的安全技术措施交底，使执行者了解掌握交底内容。安全交底应有书面材料，有双方的签字和交底日期。

(3) 安全技术措施中的各种安全防护设施、装置的实施应列入施工任务单，责任落实到班组或个人，并实行验收制度。

(4) 加强安全技术措施实施情况的检查。技术负责人、编制者和安全技术人员要经常深入工地，检查安全技术措施的实施情况，及时纠正违反安全技术措施的行为、问题，必要时要对其及时补充和修改，使之更加完善、有效。安全部门要以施工安全技术措施为依据，以安全法规和各项安全规章制度为准则，经常性地对工地实施情况进行检查，并监督各项安全措施的落实。

(5) 对安全技术措施的执行情况，除认真监督检查外，还应建立必要的与经济挂钩的奖罚制度。

六、施工现场安全检查

(一) 安全检查的目的

(1) 通过检查预知危险、清除危险，把伤亡事故频率和经济损失率降到低于社会容许的范围以及国际同行业先进水平。

(2) 通过安全检查对施工(生产)中存在的不安全因素进行预测、预报和预防。

(3) 通过检查,发现施工中的不安全、不卫生问题,从而采取对策,消除不安全因素,保障安全生产。

(4) 利用检查,进一步宣传、贯彻、落实安全生产方针、政策和各项安全生产规章制度。

(5) 增强领导和群众安全意识,纠正违章指挥,违章作业,提高搞好安全生产的自觉性和责任感。

(6) 可以互相学习、总结经验、吸取教训、取长补短、有利于进一步促进安全生产工作。

(7) 了解安全生产状态,为分析研究加强安全管理提供信息依据。

(二) 安全检查的内容

安全检查内容主要是查思想、查制度、查机械设备、查安全设施、查安全教育培训、查操作行为、查劳保用品使用、查伤亡事故处理等。

(三) 安全检查的主要形式

(1) 工地(项目)每周或每旬由主要负责人带队组织定期的安全大检查。

(2) 生产施工班组每天上班前由班组长和安全值日人员组织的班前安全检查。

(3) 季节更换前由安全生产管理小组和安全专职人员、安全值日人员等组织的季节劳动保护安全检查。

(4) 由安全管理小组、职能部门人员、专职安全员和专业技术人员组成对电气、机械设备、脚手、登高设施等专项设施设备、高处作业、用电安全、消防保卫等进行专项安全检查。

(5) 由安全管理小组成员、安全专兼职人员和安全值日人员进行日常的安全检查。

(6) 对塔机等起重设备、井架、龙门架、脚手架、电气设备、吊篮，现浇混凝土模板及支撑等设施设备在安装搭设完成后进行安全验收、检查。

(四) 安全检查的要求

(1) 应根据检查要求配备力量，特别是大范围、全面性安全检查，要明确检查负责人，抽调专业人员参加检查，并进行分工，明确检查内容、标准及要求。

(2) 每种安全检查都应有明确的检查目的和检查项目、内容及检查标准、重点、关键部位。对大面积或数量多的相同内容的项目可采取系统的观感和一定数量的测点相结合的检查方法。检查时尽量采用检测工具，用数据说话。对现场管理人员和操作工人不仅要检查是否有违章指挥和违章作业行为，还应进行"应知应会"的抽查，以便了解管理人员及操作工人的安全素质。

(3) 检查记录要认真、详细，特别是对隐患的记录必须具体，如隐患的部位、危险性程度及处理意见等。采用安全检查评分表的，应记录每项扣分的原因。

(4) 要尽可能认真地、全面地进行系统、定性、定量分析，进行安全评价。以利受检单位根据安全评价可以研究对策，进行整改和加强管理。

(5) 对检查出来的隐患进行处理。

(6) 检查中发现的隐患应该进行登记，作为整改的备查依据，提供安全动态分析，根据隐患记录和分析，制定、指导安全管理的决策。

(7) 安全检查中应发出隐患整改通知书，引起整改单位重视。对凡是有即发性事故危险的隐患，检查人员应责令其停工，被查单位必须立即整改。

(8) 对于违章指挥、违章作业行为，检查人员可以当场指出,进行纠正。

(9) 被检查单位领导对查出的隐患,应立即组织制订整改方案,按照“三定”(即定人、定期限、定措施),立即落实进行整改。

(10) 整改工作应包括:隐患登记、整改、复查、销案。即整改完成后要及时通知有关部门,派员进行复查,经复查整改合格后,进行销案。

第五节 施工现场人员和行为的安全基本要求

一、施工现场人员安全生产责任与要求

按照“自觉遵守安全生产规章制度,不进行违章作业,并且要随时制止他人违章作业,积极参加安全生产各种活动,主动提出改进安全工作的意见,爱护和正确使用机器设备,工具及个人防护用品”的要求,遵章守纪,做到“三不伤害”(即自已不伤害自已,自已不伤害他人,自已不被他人所伤害),确保施工安全和施工现场安全。

施工现场上岗作业人员的安全要求:

(1) 能掌握本工种安全技术操作规程。

(2) 能掌握安全“三宝”的正确使用方法。

(3) 能正确使用工种、岗位所涉及的工具和设备。

(4) 能对工具、设备、环境以及劳动用品穿戴情况进行自查。

(5) 能注意劳逸结合,搞好自身的劳动保护。

(6) 能使用常用的灭火器材设备。

(7) 能掌握防止高处坠落、物体打击,以及机械、电气等常见事故伤害的一般技术措施。

(8) 能应付常见事故的现场应急处理。

二、施工现场安全纪律

国家建设主管部门在 1983 年提出的“六项”安全纪律如下:

(1) 热爱本职工作,努力学习,提高政治、文化、业务水平和操作技能,积极参加安全生产的各种活动,提出改进安全工作的意见,搞好安全生产。

(2) 遵守劳动纪律,服从领导和安全检查人员的指挥,工作时集中思想,坚守岗位,未经许可不得从事非本工种作业,严禁酒后上班,不得到禁止烟火的地方吸烟、动火。

(3) 严格执行操作规程,不得违章指挥和违章作业,对违章作业的指令有权拒绝,并有责任制止他人违章作业。

(4) 按照作业要求正确穿戴个人防护用品,进入现场必须戴好安全帽,在没有防护设施的高空、悬崖和陡坡施工必须系好安全带,高处作业不得穿硬底和带钉易滑的鞋,不得往下投掷物料,严禁赤脚或穿高跟鞋、拖鞋进入施工现场。

(5) 在施工现场行走要注意安全,不得攀登脚手架、井字架、龙门架和随吊盘上下。

(6) 正确使用防护装置和防护设施,对各种防护装置、防护设施和警告、安全标志等不得随意拆除和随意挪动。

三、防止违章和事故的十项操作要求

即做到“十不盲目操作”:

(1) 新工人未经三级安全教育,复工换岗人员未经安全岗位教育,不盲目操作。

(2) 特殊工种人员、机械操作工未经专门安全培训,无有效安全上岗操作证,不盲目操作。

(3) 施工环境和作业对象情况不清,施工前无安全措施或作业安全交底不清,不盲目操作。

(4) 新技术、新工艺、新设备、新材料、新岗位无安全措施,未进行安全培训教育、交底,不盲目操作。

(5) 安全帽和作业所必须的个人防护用品不落实,不盲目操作。

(6) 脚手、吊篮、塔吊、井字架、龙门架、外用电梯、起重机械、电焊机、钢筋机械、木工平刨、圆盘锯、搅拌机、打桩机等设施设备和现浇混凝土模板支撑、搭设安装后,未经验收合格,不盲目操作。

(7) 作业场所安全防护措施不落实,安全隐患不排除,威胁人身和国家财产安全时,不盲目操作。

(8) 凡上级或管理干部违章指挥,有冒险作业情况时,不盲目操作。

(9) 高处作业、带电作业、禁火区作业、易燃易爆作业、爆破性作业、有中毒或窒息危险的作业和科研实验等其他危险作业的,均应由上级指派,并经安全交底;未经指派批准、未经安全交底和无安全防护措施,不盲目操作。

(10) 隐患未排除,有自己伤害自己,自己伤害他人,自己被他人伤害的不安全因素存在时,不盲目操作。

四、施工现场行走或上下的"十不准"要求

(1) 不准从正在起吊、运吊中的物件下通过。

(2) 不准从高处往下跳或奔跑作业。

(3) 不准在没有防护的外墙和外壁板等建筑物上行走。

(4) 不准站在小推车等不稳定的物体上操作。

(5) 不得攀登起重臂、绳索、脚手架、井字架、龙门架和随同运料的吊盘及吊装物上下。

(6) 不准进入挂有“禁止出入”或设有危险警示标志的区域、场所。

(7) 不准在重要的运输通道或上下行走通道上逗留。

(8) 未经允许不准私自进入非本单位作业区域或管理区域,尤其是存有易燃易爆物品的场所。

(9) 严禁在无照明设施,无足够采光条件的区域、场所内行走、逗留。

(10) 不准无关人员进入施工现场。

五、防止机械伤害的“一禁、二必须、三定、四不准”

(1) 不懂电器和机械的人员严禁使用和摆弄机电设备。

(2) 机电设备应完好,必须有可靠有效的安全防护装置。

(3) 机电设备停电、停工休息时必须拉闸关机,按要求上锁。

(4) 机电设备应做到定人操作,定人保养、检查。

(5) 机电设备应做到定机管理、定期保养。

(6) 机电设备应做到定岗位和岗位职责。

(7) 机电设备不准带病运转。

(8) 机电设备不准超负荷运转。

(9) 机电设备不准在运转时维修保养。

(10) 机电设备运行时,操作人员不准将头、手、身伸入运转的机械行程范围内。

六、防止高处坠落、物体打击的十项基本安全要求

(1) 高处作业人员必须着装整齐，严禁穿硬塑料底等易滑鞋、高跟鞋，工具应随手放入工具袋。

(2) 高处作业人员严禁相互打闹，以免失足发生坠落危险。

(3) 在进行攀登作业时，攀登用具结构必须牢固可靠，使用必须正确。

(4) 各类手持机具使用前应检查，确保安全牢靠。洞口临边作业应防止物件坠落。

(5) 施工人员应从规定的通道上下，不得攀爬脚手架、跨越阳台，在非规定通道进行攀登、行走。

(6) 进行悬空作业时，应有牢靠的立足点并正确系挂安全带；现场应视具体情况配置防护栏网、栏杆或其他安全设施。

(7) 高处作业时，所有物料应该堆放平稳，不可放置在临边或洞口附近，并不可妨碍通行。

(8) 高处拆除作业时，对拆卸下的物料、建筑垃圾都要加以清理和及时运走，不得在走道上任意乱置或向下丢弃，保持作业走道畅通。

(9) 高处作业时，不准往下或向上乱抛材料和工具等物件。

(10) 各施工作业场所内，凡有坠落可能的任何物料，都应先行撤除或加以固定，拆卸作业要在设禁区、有人监护的条件下进行。

七、防止触电伤害的十项基本安全操作要求

根据安全用电“装得安全、拆得彻底、用得正确、修得及时”的基本要求,为防止触电伤害的操作要求有:

(1) 非电工严禁拆接电气线路、插头、插座、电气设备、电灯等。

(2) 使用电气设备前必须要检查线路、插头、插座、漏电保护装置是否完好。

(3) 电气线路或机具发生故障时,应找电工处理,非电工不得自行修理或排除故障。

(4) 使用振捣器等手持电动机械和其他电动机械从事湿作业时,要由电工接好电源,安装上漏电保护器,操作者必须穿戴好绝缘鞋、绝缘手套后再进行作业。

(5) 搬迁或移动电气设备必须先切断电源。

(6) 搬运钢筋、钢管及其他金属物时,严禁触碰到电线。

(7) 禁止在电线上挂晒物料。

(8) 禁止使用照明器烘烤、取暖,禁止擅自使用电炉和其他电加热器。

(9) 在架空输电线路附近工作时,应停止输电,不能停电时,应有隔离措施,要保持安全距离,防止触碰。

(10) 电线必须架空,不得在地面、施工楼面随意乱拖,若必须通过地面、楼面时应有过路保护,物料、车、人不准压踏碾磨电线。

八、防止车辆伤害的十项基本安全要求

(1) 未经劳动、公安交通部门培训合格持证人员,不熟悉车辆性能者不得驾驶车辆。

(2) 应坚持做好例保工作,车辆制动器、喇叭、转向系统、灯光等影响安全的部件如作用不良不准出车。

(3) 严禁翻斗车、自卸车车厢乘人,严禁人货混装,车辆载货应不超载、超高、超宽,捆扎应牢固可靠、应防止车内物体失稳跌落伤人。

(4) 乘坐车辆应坐在安全处,头、手、身不得露出车厢外,要避免车辆启动制动时跌倒。

(5) 车辆进出施工现场,在场内掉头、倒车,在狭窄场地行驶时应有专人指挥。

(6) 现场行车进场要减速,并做到“四慢”,即:道路情况不明要慢,线路不良要慢,起步、会车、停车要慢,在狭路、桥梁弯路、坡路、叉道、行人拥挤地点及出入大门时要慢。

(7) 在临近机动车道的作业区和脚手架等设施,以及在道路中的路障应加设安全色标、安全标志和防护措施,并要确保夜间有充足的照明。

(8) 装卸车作业时,若车辆停在坡道上,应在车轮两侧用楔形木块加以固定。

(9) 人员在场内机动车道应避免右侧行走,并做到不平排结队有碍交通;避让车辆时,应不避让于两车交会之中,不站于旁有堆物无法退让的死角。

(10) 机动车辆不得牵引无制动装置的车辆,牵引物体时物体上不得有人,人不得进入正在牵引的物与车之间,坡道上牵引时,车和被牵引物下方不得有人作业和停留。

第六节　施工现场安全急救、应急处理和应急设施

一、急救概念和急救步骤

（一）急救概念

现场急救，就是应用急救知识和最简单的急救技术进行现场初级救生，最大程度上稳定伤病员的伤、病情、减少并发症，维持伤病员的最基本的生命体征，例如呼吸、脉搏、血压等，及时做好伤病员转送医院的工作，途中给予必须的监护，并将伤、病情，以及现场救治的经过，反映给接诊医生。这样，才能使急救保持连续性。现场急救是否及时和正确，关系到伤病员生命和创伤的结果，同时，现场急救工作又为下一步全面的医疗救治作了必要的处理和准备。不少严重工伤和疾病，只有现场先进行正确的急救，伤病员才有生命的希望。如果坐等救护车或直接把伤病员送入医院，则会由于浪费了最关键的抢救时间，而使伤病员的生命丧失。只有先在现场作必要的急救，才可望提高一些危重伤病员的生存率。

（二）急救步骤

急救是对伤病员提供紧急的监护和救治，给伤病员以最大的生存机会，急救一定要遵循下述四个急救步骤：

（1）调查事故现场，调查时要确保对你、伤病员或其他人无任何危险，迅速使伤病员脱离危险场所，尤其在工地、工厂大型事故现场，更是如此。

（2）初步检查伤病员，判断神志、气道、呼吸循环是否有问题，必要时立即进行现场急救和监护，使伤病员保持呼吸道

通畅，视情况采取有效的止血、止痛、防止休克、包扎伤口等措施，固定、保存好断离的器官或组织，预防感染。

(3) 呼救。应请人去呼叫救护车，你可继续施救，一直要坚持到救护人员或其他施救者到达现场接替为止。此时你还应反映伤病员的伤病情和简单的救治过程。

(4) 如果没有发现危及伤病员的体征，可作第二次检查，以免遗漏其他损伤、骨折和病变。这样有利于现场施行必要的急救和稳定病情，降低并发症和伤残率。

二、施工现场安全应急处理

(一) 施工现场的火警，火灾急救

1. 火灾急救

施工现场发生火警、火灾事故时，应立即了解起火部位及燃烧的物质，拨打“119”向消防部门报警同时组织撤离和扑救。

在消防部门到达前，对易引燃、易爆的物质采取正确有效的隔离。如切断电源，撤离火场内的人员和周围易燃易爆物及一切贵重物品，根据火场情况，机动灵活地选择灭火用具。

在扑救现场，应行动统一，如火势扩大，一般扑救不可能时，应及时组织撤退扑救人员，避免不必要的伤亡。

扑救火警、火灾可单独采用，也可几种同时采用。用破坏燃烧三条件(即可燃物、助燃物、火源)中的任一条件的灭火方法(冷却法、窒息法、隔离法、化学中断法)进行扑救，在扑救的同时要注意周围情况，防止中毒、倒塌、坠落、触电、物体打击，避免二次事故的发生。

在灭火后，应保护现场，以便日后调查起火原因。

2. 火灾现场自救注意事项

(1) 救火人应注意自我防护，使用灭火器材救火时应站在上风位置，以防因烈火、浓烟熏烤而受到伤害。

(2) 火灾袭来时要迅速疏散逃生，不要贪恋财物。

(3) 必须穿越浓烟逃走时，应尽量用浸湿的衣物披裹身体，用湿毛巾或湿布捂住口鼻，或贴近地面爬行。

(4) 身上着火时，可就地打滚，或用厚重衣物覆盖压灭火苗。

(5) 大火封门无法逃生时，可用浸湿的被褥衣物等堵塞门缝，泼水降温，呼救待援。

3. 烧伤人员现场救治

在出事现场，立即采取急救措施，使伤员尽快与致伤因素脱离接触，以免继续伤害深层组织。

(1) 伤员身上燃烧着的衣服一时难以脱下时，可让伤员躺在地上滚动，或用水洒扑灭火焰。切勿奔跑或用手拍打，以免助长火势，防止手的烧伤。如附近有河沟或水池，可让伤员跳入水中。如为肢体烧伤则可把肢体直接浸入冷水中灭火。

(2) 用清洁包布覆盖伤面做简单包扎，避免创面污染。自己不要随便把水疱弄破，更不要在创面上涂任何有刺激性的液体或不清洁的粉和油剂。因为这样既不能减轻疼痛，相反增加了感染机会，并为进一步创面处理增加了困难。

(3) 伤员口渴时可给适量饮水或含盐饮料。

(4) 经现场处理后的伤员要迅速转送医院救治，转送过程中要注意观察呼吸、脉搏、血压等的变化。

(二) 严重创伤出血伤员的现场救治

创伤性出血现场救治是根据现场现实条件及时地、正确地采取暂时性的止血，清洁包扎，固定和运送等方面措施。

1. 止血

(1) 压迫止血法:先抬高伤肢,然后用消毒纱布或棉垫覆盖在伤口表面,在现场可用清洁的手帕、毛巾或其他棉织品代替,再用绷带或布条加压包扎止血。

(2) 指压动脉出血近心端止血法:按出血部位分别采用指压面动脉、颈总动脉、锁骨下动脉、颞动脉、股动脉、胫前后动脉止血法。方法简便、迅速有效,但不持久。

(3) 弹性止血带止血法:当肢体动脉创伤出血时,一般的止血包扎达不到理想的止血效果而采用之。如当肱骨上 1/3 段或股骨中段严重创伤骨折时,常伴有动脉出血,伤情紧急,这时,就先抬高肢体,使静脉血充分回流,然后在创伤部位的近心端放上弹性止血带,在止血带与皮肤间垫上消毒纱布棉垫,以免扎紧止血带时损伤局部皮肤。止血带必须扎紧,要加压扎紧到切实将该处动脉压闭。同时记录上止血带的具体、时间,争取在上止血带后 2h 以内尽快将伤员转送带医院救治,若途中时间过长,则应暂时松开止血带数分钟,同时观察伤口出血情况。若伤口出血已停止,可暂勿再扎止血带。若伤口仍继续出血,则再重新扎紧止血带加压止血。要注意过长时间使用止血带,肢体会因严重缺血而坏死。

2. 包扎、固定

创伤处用消毒的敷料或清洁的棉纺制品覆盖,再用绷带或布条包扎,既可以保护创口预防感染,又可减少出血帮助止血。在肢体骨折时,又可借助绷带包扎夹板来固定受伤部位上下二个关节,减少损伤,减少疼痛,预防休克。

3. 搬运

经现场止血、包扎、固定后的伤员,应尽快正确地搬运转送医院抢救。不正确的搬运,可导致继发性的创伤,加重病痛,甚至威胁生命。搬运伤员时应注意:

(1) 在肢体受伤后局部出现疼痛、肿胀、功能障碍或畸形变化，就表示有骨折存在。宜在止血包扎固定后再搬运，防止骨折断端因搬运振动而移位，加重疼痛，再继发损伤附近的血管神经，使创伤加重。

(2) 在搬运严重创伤伴有大出血或已有休克的伤员时，要平卧运输伤员，头部可放置冰袋或带冰帽，路途中要尽量避免震荡。

(3) 在搬运高处坠落伤员时，因疑有脊椎受伤可能，一定要使伤员平卧在硬板上搬运，切忌只抬伤员的两肩与两腿或单肩背运伤员。因为这样会使伤员的躯干过分屈曲或过分伸展，而使已受伤了的脊椎移动，甚至断裂造成截瘫，招致死亡。

4. 创伤救护的注意事项

(1) 护送伤员的人员，应向医生详细介绍受伤经过。如受伤时间、地点，受伤时所受暴力的大小，现场场地情况。凡属高处坠落致伤时还要介绍坠落高度，伤员最先着落地部位或间接击伤的部位，坠落过程中是否有其他阻挡或转折。

(2) 高处坠落的伤员，在已诊有颅骨骨折时，即使当时神志清楚，但若伴有头痛、头晕、恶心、呕吐等症状，仍应劝留医院严密观察。

(3) 在房屋倒塌、土方陷落、交通事故中，在肢体受到严重挤压后，局部软组织因缺血而呈苍白，皮肤温度降低，感觉麻木，肌肉无力。一般在解除肢体压迫后，应马上用弹性绷带绕伤肢，以免发生组织肿胀，还要给以固定少动，以减少和延缓毒性分解产物的释放和吸收。这种情况下的伤肢就不应该抬高，不应该局部按摩，不应该施行热敷，不应该继续活动。

(4) 胸部受损的伤员，实际损伤常较胸壁表面所显示的为严重，有时甚至完全表里分离。例如伤员胸壁皮肤完好无伤痕，但已有肋骨骨折存在，甚至还伴有外伤性气胸和血胸，要高度提高警惕，以免误诊，影响救治。在下胸部受伤时，要想到腹腔内脏受击伤引起内出血的可能。例如左侧常可招致脾脏破裂出血，右侧又可能招致肝脏破裂出血，后背力量致伤可能引起肾脏损伤出血。

(5) 人体创伤时，尤其在严重创伤时，常常是多种性质外伤复合存在。例如软组织外伤出血时，可伴有神经、肌腱或骨的损伤。肋骨骨折同时可伴有内脏损伤以致休克等应提醒医院全面考虑，综合分析诊断，往往会造成误诊、漏诊而错失抢救时机，断送伤员生命，终生内疚遗憾。有的伤员年轻力壮，耐受性强，即使遭受严重创伤休克时，也较安静低声呻吟，而且能正确回答问题，甚至在血压已降到零时，还一直神志清楚而被断送生命。

(6) 引起创伤性休克的主要原因是创伤后的剧烈疼痛，失血引起的休克以及软组织坏死后的分解产物被吸收而中毒。处于休克状态的伤员要让其安静、保暖、平卧、少动，并将下肢抬高约 20°左右，及时止血、包扎、固定伤肢减少创伤疼痛，尽快送到医院进行抢救治疗。

(三) 急性中毒的现场抢救

急性中毒是指在短时间内，人体接触、吸入、食入毒物，大量毒物进入人体后，突然发生的病变，是威胁生命的急诊。在施工现场如一旦发生，应争取尽快确诊，并迅速给予紧急的处理。积极而因地制宜、分秒必争地给予妥善的现场处理和及时转送医院。这对提高中毒人员的抢救成效率，十分重要。

1. 急性中毒现场救治原则

(1) 不论是轻度还是严重中毒人员，不论是自救还是互救、外来救护工作，均应设法尽快使中毒人员脱离中毒现场、中毒物源，排除吸收的和未吸收的毒物。

(2) 根据中毒的不同途径，采取以下相应措施：

1) 皮肤污染、体表接触毒物：如在施工现场接触油漆、涂料、沥青、外渗剂、添加剂、化学制品等有毒物品中毒时，应脱去污染的衣物并用大量的微温水清洗污染的皮肤、头发以及指甲等，对不溶于水的毒物用适宜的溶剂进行清洗。

2) 吸入毒物(有毒的气体)：如进入下水道、地下管道、地下的或密封的仓库、化粪池等密闭不通风的地方施工；环境中有毒有害气体以及氧焊割作业、乙炔(电石)气中的磷化氢、硫化氢、煤气(一氧化碳)泄漏；二氧化碳过量；油漆、涂料、保温、粘合等施工时；苯气体、铅蒸气等作业产生的有毒有害的气体的吸入造成中毒时。应立即使中毒人员脱离现场，在抢救和救治时应加强通风及吸氧。

3) 食入毒物：如误食腐蚀性毒物河豚鱼、发芽土豆、未熟扁豆等动植物毒素及变质食物、混凝土添加剂中的亚硝酸钠、硫酸钠等和酒精中毒，对一般神清者应设法催吐：喝微温水300～500mL，用压舌板等刺激咽后壁或舌根部以催吐，如此反复，直到吐出物为清亮物体为止。对催涂无效或神智不清者，则可给予洗胃，洗胃一般宜在送医院后进行。

2. 急性中毒急救注意事项

(1) 救护人员在将中毒人员脱离中毒现场的急救时，应注意自身的保护，在有毒有害气体发生场所，应视情况，采用加强通风或用湿毛巾等捂着口、鼻，腰系安全绳有场外人控制、应急，如有条件要使用防毒面具。

(2) 常见食入性中毒的解救，一般在医院进行，吸入毒物中毒人员尽可能送往有高压氧舱的医院救治。

(3) 在施工现场如已发现心跳、呼吸不规则或停止呼吸、心跳的时间不长，则应把中毒人员移到空气新鲜处立即施行口对口(口对鼻)呼吸法和体外心脏挤压法进行抢救。

(四) 伤病员心跳骤停的急救

在施工现场的伤病员心跳呼吸骤停，即突然意识丧失、脉搏消失、呼吸停止，在颈部、喉头两侧摸不到大动脉搏动时的急救方法如下：

1. 口对口(口对鼻)人工呼吸法

(1) 伤员取平卧位，冬季要保暖，解开衣领，松开围巾或紧身衣着，解松裤带，以利呼吸时胸廓的自然扩张，可以在伤员的肩背下方垫以软物，使伤员的头部充分后仰，呼吸道尽量畅通，减少气流时阻力，确保有效通气量，以防舌根陷落而堵塞气流通道。然后将病人嘴巴掰开，用手指清除口腔中的异物(如假牙、分泌物、血块、呕吐物等)，使呼吸道畅通。

(2) 抢救者跪卧在伤员的一侧，以近其头部的一手紧捏伤员的鼻子(避免漏气)，并将手掌外缘压住额部，另一只手托在伤员颌后，将面部上抬，头部充分后仰，呈鼻孔朝天位，使嘴巴张开准备接受吹气。

(3) 急救者先深吸一口气，然后用嘴紧贴伤员的嘴巴大口吹气，一般先连续、快速向伤病员口内吹气四次，同时观察其胸部是否膨胀隆起，以确定吹气是否有效和吹气适度是否恰当。

(4) 吹气停止后，急救者头稍侧转，并立即放松捏紧鼻孔的手，让气体从伤员肺部排出。此时应注意胸部复原情况，倾听呼气声，观察有无呼吸道梗阻。

(5) 如此反复而有节律地人工呼吸，不可中断，每分钟吹气频率应掌握在 12～16 次。

(6) 注意事项：

1）口对口吹气时的压力需掌握好，刚开始时可略大些，频率也可稍快一些，经 10～20 次人工吹气后逐步减小吹气压力，只要维持胸部轻度升起即可。对幼儿吹气时，不必捏紧鼻孔，应让其自然漏气，为防止压力过高，急救者仅用颊部力量即可。

2）如遇到口嘴紧闭者，则可改用口对鼻吹气，吹气时可改捏紧伤员嘴唇，急救者用嘴紧贴鼻孔吹气，吹气时压力应稍大，时间也应稍长写，效果相仿。

3）整个动作要正确，力量要恰当，节律要均匀，不可中断，当伤员出现自主呼吸，方可停止人工呼吸，但仍需严密观察伤员，以防呼吸再次停止。

2. 体外心脏挤压法

体外心脏挤压是指通过人工方法，有节律地对心脏挤压，来代替心脏的自然收缩，从而达到维持血液循环的目的，进而以求恢复心脏的自主节律，挽救伤员生命。

体外心脏挤压法简单易学，效果好，不需设备，也不增加创伤，便于推广普及。

操作方法：

(1) 使伤员就近仰卧于硬板上或地上，以保证挤压效果。注意保暖，解开伤员衣领，使头部后仰侧偏。

(2) 抢救者站在伤员左侧或跪跨在病人的腰部。

(3) 抢救者以一手掌根部置于伤员胸骨下 1/3 段，即中指对准其颈部凹陷的下缘，当胸一手掌，另一手掌交叉重叠于该手背上，肘关节伸直，依靠体重和臂、肩部肌肉的力量，垂直用力，向脊柱方向冲击性地用施压胸骨下段，使胸骨下段与其相连的肋骨下陷 3～4cm，间接压迫心脏使心脏内血液搏出。

(4) 挤压后突然放松(要注意掌根不能离开胸壁)依靠胸

廓的弹性使胸骨复位。此时心脏舒张,大静脉的血液就回流到心脏。

(5) 注意事项:

1) 操作时定位要准确,用力要垂直适当,要有节奏地反复进行,要注意防止因用力过猛而造成继发性组织器官的损伤或肋骨骨折。

2) 挤压频率一般控制在 60~80 次/min 左右但有时为了提高效果可增加挤压频率到 100 次/min。

3) 抢救时必须同时兼顾心跳和呼吸,即使只有一个人,也必须同时进行口对口人工呼吸和体外心脏挤压,此时可以先吸二口气,再挤压,如此反复交替进行。

4) 抢救工作一般需要很长时间,必须耐心地持续进行,任何时刻都不能中止,即使在送往医院途中,也一定要继续进行抢救,边救边送。

5) 如果发现伤员嘴唇稍有启合,眼皮活动或吞咽动作时,应注意伤员是否已有自动心跳和呼吸。

6) 如果伤员经抢救后,出现面色好转,口唇转红,瞳孔缩小,大动脉搏动触及,血压上升,自主心跳和呼吸恢复时,才可暂停数秒进行观察。如果停止抢救后,伤员不能维持正常的心跳和呼吸,则必须继续进行体外心脏挤压,直到伤员身上出现尸斑或身体僵冷等生物死亡征象时,或接到医生通知伤员已死亡时,方可停止抢救。一般在心肺同时复苏抢救 30min 后,若心跳自主跳动不恢复,瞳孔仍散大且光反射仍消失,说明伤员已进入组织死亡,可以停止抢救。

(6) 心脏胸外挤压的适应症:

体外心脏挤压通常适用于因电击引起的心跳骤停抢救,而且在日常生活中很多情况都可引起心跳骤停,都可使用体外心脏挤压法来进行心脏复苏抢救，如雷击、溺水、呼吸窘迫、窒息、自缢、休克、过敏反映，煤气中毒，麻醉意外，某些药物使用不当，胸腔手术或导管等特殊检查的意外，以及心脏本身的疾病如心肌梗塞、病毒性心肌炎等引起心跳骤停等。但在高处坠落和交通事故等损伤性挤压伤时，伤员伤势复杂，往往同时伴有多种外伤存在，如肢体骨折、颅脑外伤、胸腹部外伤伴有内脏损伤、内出血、肋骨骨折等。这种情况下心跳停止的伤员就忌用体外心脏挤压。

此外，对于触电同时发生内伤，应分别情况酌情处理，如不危及生命的外伤，可放在急救之后处理；而若伴有出血者，还应先行止血防止伤口感染，并予以清理包扎。

三、施工现场的应急处理设备和设施

(一) 应急电话

1. 电话通讯在事故应急处理中的作用意义

随着信息时代的到来，从事任何一项事业通讯保障都是不可缺少的，建筑施工也不例外。从施工所用材料、设备的采购到对外相关部门的联络，都离不开电话等通讯手段。通讯畅通是确保施工顺利的条件。为合理安排施工，事先了解气候情况拔打电话 121 或 221，掌握近期和中长期气候以便采取针对性措施组织施工，既有利于生产又有利于工程质量和安全。在安全生产方面进行现场事故的应急处理电话、通讯的畅通和正确应用，对事故的及时急救、控制事故的严重度具有很大的作用，发生事故和情况向远程有关单位部门发报救电话。工伤事故现场重病人抢救报救拨打 120 救护电话，请医疗单位急救。火警、火灾事故报救拨打 119 火警电话，请消防部门急救。发生抢劫、偷盗、斗殴等情况拨打匪警电话

110,向公安部门报警救助。煤气管道设备急修,自来水报修、供电报修,以及向上级单位汇报情况争取支持,都可以通过电话通讯达到方便快捷的目的。因此在施工过程中保证电话通讯的畅通,以及正确利用好电话通讯工具,为现场事故应急处理发挥作用有很大的实用意义。

2. 保证电话在事故发生时能应用和畅通

工地应安装电话装置,没有条件安装电话的工地应配置移动电话。电话可安装于办公室、值班室、警卫室内。在室外附近张贴119电话的安全提示标志,以便现场人员了解,在应急时快捷地找到电话拨打报警报救。电话一般应放在室内临现场通道的窗扇附近,以便节假日、夜间等,房内无人、上锁,有紧急情况无法开锁时击碎窗玻璃,就可向有关部门、单位、人员拨打电话报警报救。电话机旁应张贴常用紧急急用查询电话和工地主要负责人和上级单位的联络电话。

3. 电话报救须知

上海市救护电话号码为"120",火警报警电话为"119",拨打电话时要尽量说清楚以下几件事:

(1) 说明伤情(病情、火情、案情)和已经采取了些什么措施,好让救护人员事先做好急救的准备。

(2) 讲清楚伤者(事故)在什么地方,什么路几号、什么路口、附近有什么特征。

(3) 说明报救者单位、姓名(或事故地)的电话或传呼机或传呼电话号码以便救护车(消防车、警车)找不到所报地方时,随时用电话通讯联系。基本打完报救电话后,应问接报人员还有什么问题不清楚,如无问题才能挂断电话,通完电话后,应派人在现场外等候接应救护车,同时把救护车进工地现场的路上障碍及时给予清除,以利救护到达后,能及时进行抢救。

(二) 急救箱

1. 急救箱的配备

急救箱的配备应以简单和适用为原则,保证现场急救的基本需要,并可根据不同情况予以增减,定期检查补充,确保随时可供急救使用。

(1) 器械敷料类:

消毒注射器(或一次性针筒)、静脉输液器、心内注射针头两个、血压计、听诊器、体温计、气管切开用具(包括大、小银制气管套管)、张口器及舌钳、针灸针、止血带、止血钳、(大、小)剪刀、手术刀、氧气瓶(便携式)及流量计、无菌橡皮手套、无菌敷料、棉球、棉签、三角巾、绷带、胶布、夹板、别针、手电筒(电池)、保险刀、绷带剪刀、镊子、病史记录、处方。

(2) 药物:

肾上腺素、异丙基肾上素、阿托品、毒毛旋花子苷水、慢心律、异搏定、硝酸甘油、亚硝酸戊烷、西地兰、氨茶碱、洛贝林回苏灵咖啡因、尼可刹米、安定、异戊巴比妥钠、苯妥英钠、碳酸氢钠、乳酸钠、10%葡萄糖酸钙、维生素、止血敏、安洛血、10%葡萄糖、25%葡萄糖、生理盐水、氨水、乙醚、酒精、碘酒、0.1%新吉尔灭酊、高锰酸钾等。

2. 急救箱使用注意事项

(1) 有专人保管,但不要上锁。

(2) 定期更换超过消毒期的敷料和过期药品,每次急救后要及时补充。

(3) 放置要有一定的合适位置,使现场人员知道。

(三) 其他应急设备和设施

由于在现场经常会出现一些不安全情况,甚至发生事故,由于采光和照明情况不好，在应急处理时就需配备有应急照明，如可充电工作灯、电筒、油灯等设备。

由于现场有危险情况，在应急处理时就需有用于危险区域隔离的警戒带、安全禁止、警告、指令、提示标志牌。

有时为了安全逃生、救生需要，最好还能配置安全带、安全绳、担架等专用应急设备和设施工具。

第五章　文明施工

第一节　概　述

一、文明施工的重要意义

改革开放以来,上海城市建设规模空前大发展,建筑业的管理水平也得到很大提高。文明施工在80年代中期抓施工现场标准化管理的基础上,得到了循序渐进,逐步深化。施工现场的文明施工是以安全生产为突破口,以质量为基础、以科技进步为重点,狠抓“窗口”达标,把静态的工地和动态的管理有机结合起来,突破了传统的管理模式,注入新的内容,使施工现场纳入现代化企业制度的管理。

文明施工主要是指工程建设实施阶段中,有序、规范、标准、整洁、科学的建设施工生产活动。它是改善人的劳动条件,适应新的环境,提高施工效益,消除城市环境污染,提高人的文明程度和自身素质,确保安全生产和工程质量的有效途径。它是施工企业落实社会主义两个文明建设的最佳结合点,是广大建设者几十年心血的结晶。文明施工对施工现场贯彻“安全第一、预防为主”的指导方针,坚持“管生产必须管安全”的原则起到保证作用。

文明施工对企业增加效益,提高在社会的知名度,促进生产发展,增强市场竞争能力起到积极的推动作用。文明施工已经成为企业的一个有效的无形资产，已被广大建设者认可，对建筑业的发展发挥其应有的作用。

二、充分肯定文明施工在建设工程施工中的重要地位

实践证明，文明施工在建设工程施工中的重要地位，得到了建设系统各级领导机关的充分肯定。建设部修改后新颁布的中华人民共和国行业标准《建筑施工安全检查标准》(JGJ 59—99)中，增加了文明施工检查评分这一内容。它对文明施工检查的标准、规范提出了要求，施工现场文明施工必须做好现场围档、封闭管理、施工场地、材料堆放、现场宿舍、现场防火、治安综合治理、现场标牌、生活设施、保健急救、社区服务等十一项内容，把文明施工作为考核安全目标的重要内容之一。建设部颁布的《建筑施工安全检查标准》(JGJ 59—99)，把几年来上海建筑业文明施工的经验，总结归纳，按照167号国际劳工公约《施工安全与卫生公约》的要求，制定了文明施工标准，施工现场不但应该做到安全生产不发生事故，同时还应做到文明施工，整齐有序，把过去建筑施工以“脏、乱、差”为主要特征的工地，改变为城市文明的“窗口”。针对我们建筑工地存在的管理问题，诸如工地围档不规范，现场布局不执行总平面布置、垃圾乱堆乱倒、污水横流、施工人员住宿在施工的建筑物内，既混乱又不安全以及高层建筑施工中的消防问题等。为此，文明施工检查评分表中将现场围档、封闭管理、施工场地、材料堆放、现场住宿、现场防火列为保证项目作为检查重点。对必要的生活卫生设施如食堂、厕所、饮水、保健急救和施工现场标牌、治安综合治理、社区服务等项也是文明施工的重要工作，列为检查表的一般项目。因此，国家对建设单位的文明施工非常重视，在建设工程施工现场中占据重要

的地位。

上海市人民政府建设委员会总结了自改革开放以来，建设工程中文明施工的经验，为了更好地推动这项工作，在1999年7月7日制定了《文明工地、场站（基地）评选管理规定》。从组织上、内容上、对象上、措施上、工作方法上加大了文明施工的管理力度。使文明施工更加规范化、标准化、正常化、科学化管理。该管理规定七章二十五条，从总则称号设置和公布机关、申报、推荐、检查与评选、检查评选的内容和标准、表彰与处罚、附则等详尽地表达了创文明工地中的有关文明施工情况，对下一步上海建设工程施工中的文明施工提出了高标准、严要求，把上海的文明施工推向更高的层次，为上海建设系统社会主义两个文明建设作出新的贡献。

自改革开放以来，上海建设工程文明施工有了突破性的进展。上海市建筑业管理办公室、市建筑工程安全监督总站做了大量行之有效的工作，对文明施工提出了许多切合实际的要求和措施，使上海建设工程文明施工上了一个新台阶。上海建设工程文明施工出台了不少文件，如《上海市建设工程文明施工管理暂行规定》、《关于本市建设工程工地实行围档封闭施工的通知》、《关于在本市中山环路范围内建设工程钻孔灌注桩全面推行硬地坪施工法的暂行规定》、《关于加强市区工程施工管理的若干规定（试行）》、《上海市建设工程工地卫生管理若干规定（试行）》、《关于加强建设工地环境卫生管理的通告》、《上海市房屋拆除工程施工安全管理规定（试行）》、《上海市城市道路与地下管线施工管理暂行办法》，还有这项办法的实施细则、补充规定等等。这些文件，使施工现场的文明施工针对性强，容易操作，效果明显，更加规范化、标准化、科学化。

各施工企业把文明施工放到工作的议事日程上，作为企业施工的一项重要工作来抓，企业内部对文明施工管理有组织、有制度、有目标、有具体计划和措施，责任职责明确，党、政、工形成合力，齐抓共管，主管部门牵头，各责能部门都有考核目标，上下一致，形成了企业文明施工总体的网络系统，使施工现场的文明施工落到实处。

三、建设行政主管部门把文明施工纳入对企业考评内容之一

文明施工纳入对施工企业的综合业绩考评，安全资质考核、文明单位评选内容之一。从实测试出该施工企业的综合能力、管理水准、员工的总体素质。上海市建设系统各级主管部门，基本上形成了文明施工管理的网络体系，逐步完善了组织保证机制。

上海市建设系统还组织了一批文明施工管理社会督察员和专业技术人员一起日常监督检查施工现场的文明施工，进行打分考评。凡文明施工达到标准的工地，由各施工企业申报，各专业文明施工管理块检查、推荐，市建设工程文明施工管理领导小组办公室审核，市建设工程文明施工管理领导小组讨论批准，授于上海市文明工地(基地)荣誉称号。凡取得文明工地(基地)荣誉称号的工地，在施工企业综合考评、安全资质考核中加分奖励。在各专业文明施工管理块、各区、县文明施工管理领导小组的工作中，同样也评选出块一级，区、县一级的文明工地，在对施工企业的考评、考核中同样加分。同时，各施工企业也评选出自己单位的文明工地。在评选各单位文明单位时，施工现场必须达到文明施工标准，必须有文明工地的工程项目。从而推动建设系统文明施工管理工作，使

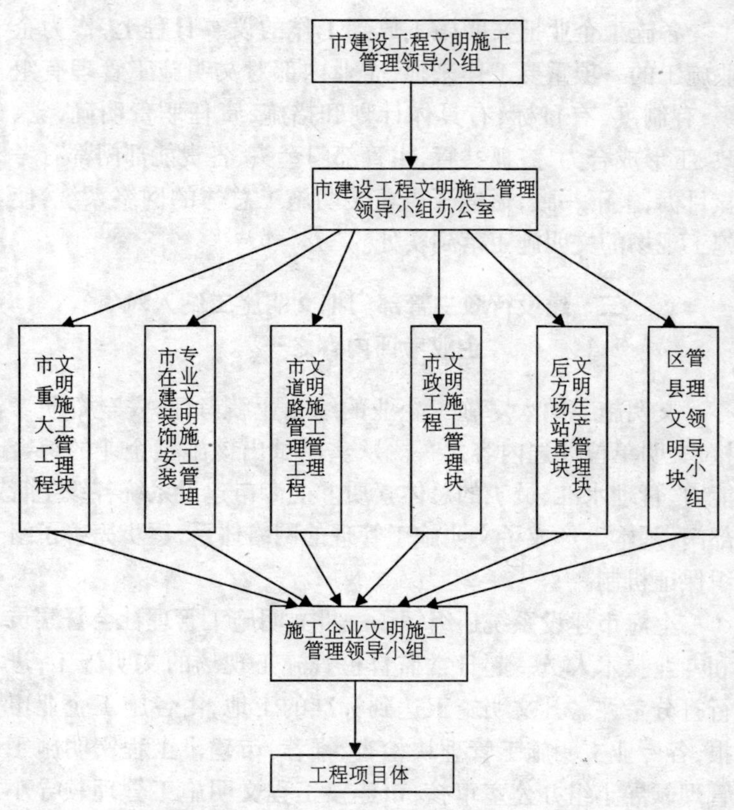

创建文明工地活动健康持续的发展。

第二节　文明施工内容

上海市建设系统推行文明施工管理，是适应上海城市建设发展的形势，维护城市市容整洁和城市安全。凡在上海市范围内的各项建设工程必须实行文明施工的管理。上海市建设委员会是建设工程文明施工的行政主管部门；市重大工程建设办公室负责重大建设工程文明施工的管理工作；各区、县政府和浦东新区管委会是所管辖区域内建设工程文明施工的建设行政主管部门；市政、水利、市容、环卫、公安、卫生、园林、环保等有关部门应按照各自职责，对建设工程文明施工进行监督、检查。

一、文明施工的责任制

建设工程工地文明施工实行建设单位监督检查下的总包单位负责制。总包单位贯彻文明施工规定的有关要求，定期向市建设行政主管部门报告有关实施情况。

文明施工对建设单位的要求，在施工方案确定前，它应会同设计、施工单位和市政、防汛、公用、房管、邮电、电力及其他有关部门，对可能造成周围建筑物、构筑物、防汛设施、地下管线损坏或堵塞的建设工程工地，进行现场检查，并制定相应的技术措施，在施工组织设计中必须要有文明施工的内容，保证施工的安全进行。

文明施工对施工单位的要求，它应该将文明施工、环境卫生和安全设施纳入施工组织设计中，制定工地环境卫生制度及文明施工制度，并由项目经理(负责人)组织实施。施工单位要积极采取措施，降低施工中产生的噪声。要加强对建筑材料、土方、混凝土、石灰膏、砂浆等在生产和运输中造成扬尘、滴漏的管理，对施工中产生的泥浆等必须经过沉淀达到要求后再排放。施工单位在同操作人员明确任务、抓施工进度、质量、安全生产的同时，必须向操作人员明确文明施工的要求，严禁野蛮施工。对施工区域或危险区域，施工单位必须设立醒目的警示标志，并采取警戒措施；它还要运用各种其他有效方式，减少施工对市容、绿化和环境的不良影响。

文明施工对施工人员提出了应按照工地文明施工的要求进行作业，对施工中产生的泥浆和其他浑浊废弃物，未经沉淀不得排放；对施工中产生的各类垃圾应堆置在规定的地点，不得倒入河道和居民生活垃圾容器；不得随意抛掷建筑材料、残土、废料和其他杂物。

文明施工对集团总公司一级的施工企业要求是负责督促、检查本单位所属施工企业在建项目的工地贯彻执行市文明施工的规定，做好文明施工的各项工作。各施工工地均应接受所在区、县建设主管部门的文明施工监督检查。

二、文明施工对工地施工现场的要求

建设工程工地应严格按防汛要求，设置连续、通畅的排水设施和其他应急设施，防止泥浆、污水、废水外流或堵塞下水道和排水河道。运输建筑材料、垃圾和工程渣土的车辆，应采取有效措施，防止建筑材料、垃圾和工程渣土飞扬、洒落或流溢，保证行驶途中不污染道路和环境。因建设工程施工造成沿线单位、居民出入口障碍和道路交通堵塞，施工单位应采取有效措施，确保出入口和道路的畅通。

建设工程工地四周应按规定设置连续、密闭的围档；建造多层、高层建筑的，还应设置安全防护设施。在本市主要路段和市容景观道路及机场、码头、车站广场设置的围档其高度不得低于2.5m，使用的材料应保证围栏稳固、整洁、美观。在其他路段设置的围档，其高度不得低于1.8m，使用的材料应保证围档稳固、整洁。市政工程项目工地，可按工程进度分段设置围档，或按规定使用统一的连续性护栏设施。施工单位不得在工地围档外堆放建筑材料、垃圾和工程渣土。在经批准临时占用的区域，应严格按批准的占地范围和使用性质存放、堆卸建筑材料或机具设备，临时区域四周应设置高于 1m 的围档。

按照文明施工的管理规定，施工工地应设置施工标牌、标牌的内容：

(1) 工程项目名称、工地的范围和面积，工程结构或层数、开竣工日期和监督电话。

(2) 建设单位、设计单位和施工单位的名称及工程项目负责人姓名。

(3) 安全和管线保护方面重大事故的统计表(安全生产计数牌)。

(4) 工地总平面图(场布图)。

(5) 安全六大纪律牌。

(6) 防火须知牌。

(7) 十项安全技术措施。

(8) 卫生须知牌(图)。

施工现场工地的门头、大门、旗杆，各企业须统一标准。施工企业可根据各自的特色，标明集团、企业的规范简称，工地内还须立旗杆，升挂集团、企业等旗帜。

建设工程工地其他临时设施也要符合文明施工的要求，区域分布要清楚，施工区域与非施工区域(生活、办公区域)严格分隔，场容场貌整齐、整洁、有序、文明；施工区域或危险区域有醒目的警示标志，并采取安全保护措施。建筑材料在固定地点整齐堆放，施工现场道路畅通，场地平整，无大面积积水，基础工程按硬地坪要求施工。

三、文明施工对工地环境卫生的规定

建设工程工地内应设置醒目的环境卫生宣传标牌和责任

区包干图。按照卫生标准和环境卫生作业要求，要设置生活“五有”设施，即食堂、宿舍（更衣室）、厕所、医务室（医药急救箱）、茶水供应点（茶水桶），冬季应注意保温，茶桶必须有盖加锁，夏季施工应有防暑降温措施，生活垃圾容器及时清运，生活“五有”设施须制订责任制、落实责任人。

宿舍应统一使用 36V 低压电、日常生产用品力求统一，现场办公室、更衣室、厕所、浴室要有专人管理、定期清扫，保持整齐清洁。

落实各项除四害措施，控制四害孳生；自行落实除四害措施有困难的，可委托有关服务单位代为处理。

有条件设置食堂的，须符合本市职工食堂管理的有关规定。食堂内应整齐清洁，食堂四周应做到场地平整、清洁、没有积水；有条件的食堂要设密封间和配置纱罩。食物盛器要有生熟标志；每年 5 月到 10 月底，中、夜两餐加工的食品都要留样，量不少于 50g，保持 24h，并做好记录；食具要严格消毒，使用的代价券必须每天消毒，防止交叉污染。炊事员必须每年体检，持有健康证和卫生上岗证持证上岗；炊事人员必须做到“四勤”、“三白”保持良好的个人卫生习惯；达不到地区卫生防疫站标准的食堂，一律不准供应冷面、冷馄饨、冷菜、改刀菜等。

文明施工中的保健卫生内容，主要是指医务室的工作要求。如果没有医务室的工地，要设巡回医疗点，确定现场巡回医疗的时间。做好对职工卫生防病的宣传教育工作，针对季节性流行病、传染病等，要利用板报等形式向职工介绍防病的知识和方法。医务人员对生活卫生要起到监督作用、定期检查食堂饮食等卫生情况。

四、文明施工对工地的文明建设要求

施工现场工地的宣传工作。在有条件的工地,四周围墙、宿舍外墙以及其他地方,必须反映企业精神、时代风貌的醒目宣传标语。工地内须设置宣传栏、黑板报或读报栏等宣传阵地,及时反映工地内外各类动态,用字须规范。施工人员应遵守上海市民“七不”规范。

文明施工须加强班组建设,有三上岗一讲评的安全记录,有良好的班容班貌,工地项目体向班组提供必要的活动场所,提高班组素质,加强对外包队伍与民工的管理,使用外来民工应按规定必须有五证,即身份证、劳工证、住宿证(居住证)、健康证、上岗证等,做到对外包队伍,情况明,点数清,建立档卡,加强教育。

文明施工的工地,要加强治安综合治理,做到目标管理、制度落实、责任到人。施工现场治安防范措施有力、重点要害部位防范设施到位。与施工现场的外包队伍须签订治安、防火协议书,加强法制教育。

文明施工中做好社区服务工作很重要,工地施工期间与地区合作,开展共建文明活动,为民着想,采取各种措施,努力做到施工不扰民,降低施工过程中产生的噪声等等,创造条件,使建设工程成为爱民工程,便民工程。

根据上海地区的特点,气候变化,建设工程在文明施工中,应严格按照市政府防台防汛领导小组的要求和有关文件规定,及时做好防台防汛工作。一是工地须成立防台防汛领导小组;二是要组织防台防汛抢险救灾队;三是要配备足够的防台防汛物资、车辆、器材。同样,防火安全工作中,也要建立防火安全组织,义务消防队和健全防火档案,明确项目负责人、管理人员及各操作岗位的防火安全职责。按规定配置消防器材,24m以上工程须有水泵、水管与工程总体相适应,有专人管理,落实防火制度和措施。按施工区域、层次划分动火级别,动火必须具有“二证一器一监护”,严格管理易燃、易爆物品,设置专门仓库放存。

文明施工要求建设工程竣工后,施工单位应按规定在一个月内(市政道路建设工程在通车前半个月内)拆除工地围档、安全防护设施和其他临时设施,并将工地及四周环境清理整洁。做到工完、料净、场地清。

第三节 文明施工的常见病

一、处 罚

施工企业在建设工程未能按文明施工规定和要求进行施工,发生重大事故或使居民财产受到损失,造成社会恶劣影响等,应按规定给予一定的处罚。如施工单位在施工中造成下水道和其他地下管线堵塞或损坏的,应立即疏浚或修复;对工地周围的单位和居民财产造成损失的,应承担经济赔偿责任。各主管机关和有关部门应按照各自的职能,依据法规、规章的规定,对违反文明施工规定的单位和责任人进行处罚。文明施工社会督查员检查工地时,发现的问题或隐患,立即开具整改单、指令书或罚款单,施工现场工地须立即整改。如建设工程工地未按规定要求设置围档、安全防护设施和其他临时设施的,应责令限期改正,并对施工单位处1~3万元的罚款,对项目负责人处1000~4000元的罚款。对违反文明施工管理规定情节严重的,在规定期限内仍不改正的施工单位,市建行政主管部门可对其作出降低资质等级或注销资质证书的处理。在建设工程中,凡未正式领到施工执照而擅自动工的,或不按照施工执照的要求和核准的施工图纸施工的,或没有按照经过审查和认可的施工组织设计(或施工方案)而进行施工的,均属违章建筑。对违章建筑,各级城建管理部门有权责令其停工,限期拆除,并对违章单位照章罚款,情节严重者要追究其法律责任。但紧急抢险工程可先施工后补照,以确保人民生命和财产的安全。

二、文明施工中产生的通病

1. 常见通病是施工现场文明施工方案不齐全。一般为缺乏“四性”,即规范性、技术性、针对性、可行性。有的项目文明施工只是在施工组织方案中提一句“要加强文明施工”,简单应付性的现象时有发生,必须认真克服。在当前的形势下,建设工程文明施工尤为重要、文明施工方案在施工中起着指导性作用。因此,应该重组施工组织设计中有关文明施工方案的实施。

2. 文明施工突击应付检查现象还不少。有些工程项目体对文明施工的工作管理时紧时松,抢进度、赶工期就忽视文明施工。有些工地平时马马虎虎,没有总体设想,不注意文明施工、劳动安全、卫生要“三同时”的原则,而是地区、市行政主管部门或上级主管等有关部门来检查前,突击整改、清扫。不能把文明施工作为施工过程中的全控制性施工。

3. 重视硬件设施建设,轻视软件资料管理的现象较为普遍。有些工程的施工现场硬件设施基本上达到了文明施工的要求,但台账资料中留下的工作业绩太少,有的台账记录过于简单,不善于归纳总结,缺乏资料的积累,忙过一阵子,以求太平为目的。万一有什么问题或事故,对分析问题、原因带来困难,不利于提高文明施工管理水平。

4. 对文明施工认识上的差距,使建设工程施工项目的施工发展不平衡。这认识差距有几种情况,一是口头承认,认为文明施工的重要性,但一到抢进度、赶工期时就把文明施工放到一边去;二是强调客观,不从主观上去努力干,使文明施工流于形式;三是搞花架子,不注重实效,使文明施工同实际施工现场工作脱节;四是为应付上级或地区、市的检查,被迫搞文明施工;五是责任职责分不清,一拥而上,大搞文明施工,事倍功半,效果不理想;六是文明施工阶段性目标差,在建设工程的基础阶段、结构阶段文明施工有条不紊,到了装饰阶段文明施工程序就明显差了。这问题归结到一点就是对文明施工的认识不足,没有解决好认识上的问题。文明施工同抢进度、赶工期不存在矛盾,而是起到促进作用的,文明施工好的单位解决了材料浪费现象,充分利用人力资源,加大了管理力度,强化了安全生产,提高了工程质量和工作效率,提高经济效益和企业社会知名度。因此,文明施工的认识高低,是搞好文明施工的关键问题所在。

5. 文明施工中注重科技含量不够。文明施工中一般的项目体忙于应付日常的施工,如何发挥技术专业人员的聪明才智,发挥群体的力量方面的工作做得不够。尤其是智能型的开发,利用电脑、机械减轻施工人员的劳动强度,提高工效,使管理水准上一个新阶台,没有得到贯彻实施。有少数的项目体把文明施工形成了网络体系、管理有序、减少了重复劳动,降本节支,减少浪费,取得可喜的成绩。

6. 全市文明施工的总体水准发展不平衡。通常的情况是,市区建设工程文明施工水准比郊县的建设工程高;基础、结构工程阶段文明施工比装饰工程阶段好；著名工程文明施工投入的力量比一般工程多；大企业文明施工的状况比郊县队伍或资质低的企业好。近几年来，市建设行政主管部门对这项工作抓的紧，出台了不少规范性的文件、规定、标准、实施意见，加大了文明施工的力度，逐步缩小这方面的差距。

7. 文明施工的全员培训工作还有薄弱的环节。文明施工总体水准的高低，最终取决于人的素质高低，有的企业每年对全员文明施工培训投入的力量是少的，有的单位甚至等于零。只有少数单位在文明施工的全员培训工作中有计划、步骤、实施意见和最终目标。文明施工培训的内容，须方方面面的配合，需要各有关职能部门的大力支持，是企业的党政工齐抓共管的一项工作，也是企业的经济效益和社会信誉的需要，是一项有利于企业发展的重要工作。

8. 有的单位把文明施工仅作为一个部门工作来抓，使这项工作只落实在少数人身上。文明施工是一项系统工程，包函的内容很广、涉及到方方面面，它是一项综合性的管理工作，是施工企业在生产过程中一项重要的工作。凡文明施工搞得好的单位，它有一个强有力的领导班子，党、政、工齐抓共管，有关职能部门牵头，汇聚了各方精英，有目标、有计划、有实施方案，责职明确、责任落实、制度齐全、人员到位，工作有成效。企业施工中对各个环节实行全方位控制，文明施工安全生产得到保证，工程质量上乘，企业社会信誉高，市场竞争能力强，施工一个项目，占领一片市场，企业有良好精神面貌，全体员工的素质不断提高。成为建设战线上的一支主力军。

改革开放以来上海的城市建设，取得了突飞猛进的成就，广大建设者在市委、市政府领导的关怀下，市建设委员会的直接领导下，在建设工程文明施工方面已经初具规模，有了一套比较完善的管理体系。按照文明施工的规定,实施意见以及其他有关标准,使建设工程在施工过程中,不安全因素、不文明现象得到了有效的控制。文明施工的科学化、标准化、规范化、现实性得到很大的发展。上海建设系统的广大建设者,以开拓创新的精神,在文明施工方面踊做全国建设业同行的排头兵,使文明施工再上一个新阶台,为上海的城市建设作出应有的贡献。

第六章 拆房安全

随着社会主义市场经济的发展和旧城区改造的加速，上海市需要拆除的建筑物和构筑物也逐年递增，平均每年拆除各类建筑物和构筑物的面积约在 500 万 m^2 左右，1999 年达 574 万 m^2；拆除物的结构也从砖木结构发展到混合结构、框架结构、板式结构；从房屋拆除发展到烟囱、水塔、桥梁、码头等建（构）筑物的拆除。因而建（构）筑物的拆除施工近年来已形成了一个社会的行业。

第一节 建（构）筑物拆除施工的特点

建（构）筑物的拆除施工程序从某种角度来说是建筑施工、安装的逆程序，然而从拆除物的对象、拆除工期、人员的素质等方面来看，却有它自己的特点。

（一）作业流动性大

由于拆除施工作业面不很大，拆除的速度要比新建快得多，使用的机械也要比施工建筑机械少得多，如果采用爆破拆除，一幢大楼可在顷刻之间化为平地，因而对一个拆除施工企业来说，只要有任务、拆除作业可以在短期内从一个工地转移到第二、第三个工地。这样对拆除施工管理，尤其是拆除施工的现场安全管理带来了困难。

（二）拆除作业人员的素质较差

一般的拆除施工企业，其施工工人通常是由一批刚放下锄头的农民工组成，他们不懂得房屋的基本结构，不懂得拆除的规范顺序，一心求快、多挣钱，采用自下而上的拆除楼板，大片拉倒墙体等违章拆除，不顾周围建筑物和人员的安全，更忘记了自身的生命价值。由于盲目拆除、野蛮施工，因而前几年死亡事故不断发生，拆除死亡事故最多的一年是 1994 年达 36 人，给社会、企业、家庭带来了不安定因素。

（三）拆除过程中的潜在危险

（1）由于拆除物往往是年代已久的旧建（构）筑物，拆除委托方（甲方），往往很难交出原建（构）筑物结构图纸和设备安装图纸，给拆除施工企业在制定拆除施工方案时带来很多困难，有时不得不作局部破坏性检查。即使这样，有时也难免由于判断错误而造成事故。如 1994 年初某工地在拆除一幢四层过街楼时把貌似现浇板的实心预制板当现浇板拆除，造成一人从高空坠落身亡。

（2）由于多次加层改建，改变了原承载系统的受力状态，因而在拆除中往往因拆除了某一构件造成原建（构）筑物的力学平衡体系受到破坏而造成部分构件产生倾覆压伤施工人员。

第二节　全方位加强拆除施工安全管理力度

建（构）筑物的拆除施工的确存在很多不安全的因素，市政府、市建委早在 1993 年前就意识到这个问题的潜在危险。为了使上海市的旧城区、旧道路的改造迅速、平稳地进行，93 年市建委委托市房地局组建专门管理机构并要求在短期内，无论在企业资质的标准制定或拆除施工规范上，还是在施工安全管理和拆除施工人员的素质上，全方位地管起来。为此采取如下措施。

(一) 建立市、区两级管理网络

1993年成立了“上海市房屋拆除技术安全管理办公室，各区成立了相应的管理站，制定了市、区两级建(构)筑物拆除管理的岗位责任制，共同实施申报审查、认可监督、检查的责能。

(二) 建立建(构)筑物拆除规章

(1) 1995年推出了“上海市建(构)筑物拆除施工企业资质标准”，对上海市的拆除施工企业按专业技术力量、管理水平、设备实力，划分为一、二、三级企业资质，明确了不同资质的企业从事拆除工程的额定范围。

(2) 1997年制定了上海市《建筑物、构筑物拆除定额》要求各拆除施工企业在制定施工方案时，要参考拆除定额，额定工时。

(3) 1998年制定了上海市《建筑物、构筑物拆除技术规程(试行)》，强调各拆除施工企业必须严格按拆除技术规程进行拆除施工，凡因违反拆除技术规程而引起的伤亡事故，企业要负全部责任。

(4) 1994年，要求上海市所有从事建(构)筑物拆除的人员，无论是项目经理、施工现场管理员，还是直接从事拆除工作的工人必须参加技术培训，经考试合格后，持有“上海市拆除施工管理员上岗证”、“上海市建设工人(拆除工)上岗资格证”的人员，方能从事拆除工作。

一系列的政策、规范、要求的出台，大大加强了上海市建(构)筑物拆除管理力度，拆除企业的管理水平提高了，人员的素质提高了，伤亡事故降低了，年死亡人数从最高1994年36

人,以后逐年降低,到1998年降为零人。说明上述有关规章制度是行之有效的。

第三节　从事拆除施工的企业必须遵守的一般原则

1. 从事拆除施工的企业,必须持有政府主管部门核发的资质证书,并按相应的等级规定承接工程作业,严格杜绝越级承包工程和转包工程。

2. 任何拆除工程,施工前必须编制施工组织设计,施工组织设计必须贯彻安全、快速、经济、扰民少的原则,编制时必须做好三方面工作:

(1) 通过查阅图纸,踏看现场,全面掌握拆除工程第一手资料。

(2) 制定组织有序的、符合安全的施工顺序。

(3) 制定针对性强的安全技术措施。

在施工过程中,如果必须改变施工方法,调整施工顺序,必须先修改、补充施工组织设计,并以书面形式将修改、补充意见通知施工部门。

3. 有下列情况之一的拆除工程施工组织设计必须通过专家论证。

(1) 在市区主要地段或临近公共场所等人流稠密的地方,可能影响行人、交通和其他建筑物构筑物安全的。

(2) 结构复杂、坚固、拆除技术性很强的。

(3) 地处文物保护建筑或优秀近代保护建筑控制范围的。

(4) 临近地下构筑物及影响面大的煤气管道,上、下水管道，重要电缆、电讯网。

(5) 高层建筑、码头、桥梁或有毒有害、易燃易爆等有其他特殊安全要求的。

(6) 配合市属重点工程的。

(7) 其他拆除施工管理机构认为有必要进行技术论证的。

技术论证的重点是：施工方法、施工程序、安全措施等是否合理可行，并形成论证意见供施工单位参照执行。

4．在拆除方法选择上，为了减少伤亡事故、减少噪声、粉尘对市民的危害，应尽量减少人工拆除范围，改用机械拆除和爆破拆除。

5．拆除施工企业的技术人员、项目负责人、安全员及从事拆除施工的操作人员，必须经过行业主管部门指定的培训机构培训，并取得《拆除施工管理人员上岗证》或《建筑工人(拆除工)上岗证》后，方可上岗。

6．施工人员进入施工现场，必须戴安全帽，扣紧帽带；高空作业必须系安全带、安全带应高挂低用，挂点牢靠。

7．施工现场危险区域必须设置醒目的警示标志，采取警戒措施。

8．拆除现场防火措施应符合市建委、市公安局《施工现场防火规定(试行)》的规定。

9．拆除施工噪声应符合国家《建筑施工场界噪音限值》的规定，住宅区域夜间不得进行拆除施工，市政重大工程或采用爆破拆除必须夜间施工的，应向当地有关部门提出申请，获准后方可施工。

10．拆除施工应控制扬尘，对扬尘较大的施工环节应采用湿式作业法。

11. 位于主要路段或临近文化娱乐等公共场所、人流稠密的拆除施工工地，要采用夹板、瓦楞板等轻质材料围栏，如用砖砌围栏，必须按规定砌筑，并作刷白处理，必要时在人行道上方搭设隔离棚，以确保行人安全。

12. 施工用脚手架，必须请有资质的专业单位搭设，拉攀牢靠，经验收合格后方可使用，并随建筑物拆除进度及时同步拆除。

13. 拆除施工影响范围内的建(构)筑物和管线的保护，应符合下列要求：

(1) 相邻建(构)筑物应作事先检查，采取必要的技术措施，并实行全过程动态监护。

(2) 相邻管线必须先经管线管理单位采取切断、移位或其他保护措施。

(3) 机械设备在施工作业时必须与架空线路保持安全距离，如无法保持安全距离时必须对线路进行特殊防护后方可施工。

14. 拆除管道、容器时，应首先查清管道、容器中介质的化学性质，对影响施工安全的必须采取中和、清洗。

15. 拆除项目竣工后，必须有验收手续，达到工完、料清、场地净，并确保周围环境整洁和相邻建筑、管线的安全。

第四节　建(构)筑物拆除施工的技术要求

一、拆除施工方法、特点和适用范围

(一) 人工拆除方法

依靠手工加上一些简单工具如风镐、钢钎、锄头、手动葫

芦、钢丝绳等,对建(构)筑物实施解体和破碎的方法。它的特点是:

(1) 人员必须亲临拆除点操作,因此,不可避免地要进行高空作业,危险性大。

(2) 劳动强度大、拆除速度慢。

(3) 受天气影响大:刮风、下雨、结冰、下霜、打雷、下雾均不可登高作业。

(4) 可以精雕细刻,易于保留部分建筑物。

它的适用范围是:

它适合用来拆除砖木结构、混合结构以及上述结构的分离和部分保留拆除项目。

(二) 机械拆除方法

指使用大型机械如挖掘机、镐头机、重锤机等对建筑物、构筑物实施解体和破碎的方法。它的特点是:

(1) 无需人员直接接触作业点,故安全性好。

(2) 施工速度快,可以缩短工期,减少扰民时间。

(3) 作业时扬尘较大,必须采取湿式作业法。

(4) 还需要部分保留的建筑物不可直接拆除,必须先用人工分离后方可拆除。

适用范围:它适用于拆除混合结构、框架结构、板式结构等高度不超过 30m 的建筑物及各类基础和地下构筑物。

(三) 爆破拆除方法

利用炸药在爆炸瞬间产生高温高压气体对外做功,借此来解体和破碎建(构)筑物的方法。它的特点是:

(1) 由于爆破前施工人员不进行有损建筑物整体结构和稳定性的操作,所以人身安全最有保障。

(2) 由于爆破拆除是一次性解体,所以是扬尘、扰民较少的施工方法。

(3) 对高耸坚固建筑物和构筑物,其拆除效率最高。

(4) 对周边环境要求较高,对临近交通要道、保护性建筑、公共场所、过路管线的建筑物和构筑物必须作特殊防护后方可实施爆破。

适用范围:适合拆除除砖木结构以外的任何建筑物、构筑物、各类基础和地下、水下构筑物。

二、建(构)筑物拆除技术及安全措施

(一) 人工拆除

人工拆除方法是拆除施工方法中最不安全的一种,然而只要严格遵循拆除规范、制定施工方案、加强现场安全管理,是可以防止事故的发生的。

1. 人工拆除的拆除顺序

建筑物的拆除顺序原则上按建造的逆程序进行,即先造的后拆,后造的先拆;具体可以归纳成"自上而下,先次后主"。所谓"自上而下"指从上往下层层拆除,"先次后主"是指在同一层面上的拆除顺序,先拆次要的部件,后拆主要的部件。所谓次要部件就是不承重的部件如阳台、屋檐、外楼梯、广告牌和内部的门、窗等,以及在拆除过程中原为承重部件去掉荷载后的部件。所谓主要部件就是承重部件,或者在拆除过程中暂时还承重的部件。

2. 不同结构的拆除技术和注意事项

由于房屋的结构不同,拆除方法也各有差异,下面主要叙述砖木结构、框架结构(或者混合结构)的拆除技术和注意事项。

(1) 坡屋面的砖木结构房屋:

1）揭瓦：

上海地区通常用小瓦、平瓦、玻璃钢瓦、石棉瓦。

A．小瓦揭法：小瓦通常是纵向搭接、横向正反相间铺在屋面板上或屋面砖上，拆除时先拆屋脊瓦（搭接形式），再拆屋面瓦，从上向下，一片一片叠起来，传接至地面堆放整齐。

注意事项：

a．拆除时人要斜坐在屋面板上向前拆以防打滑。对屋面坡度大于30°的要系安全带，安全带要固定在屋脊梁上；或者搭脚手架拆除。

b．检查屋面板有无腐烂，对腐烂的屋面板，人要坐在对应梁的位置上操作，防止屋面板断裂、掉落。

B．平瓦揭法：平瓦通常是纵向搭接铺压在屋面板上或直接挂在瓦条上，对于前一种铺法的平瓦，拆除方法和注意事项同小瓦。后一种铺法虽然拆法大体相同，但注意事项如下：

a．安全带要系在梁上，不可系在挂瓦条上，拆除时人不可站在瓦上揭瓦，一定要斜坐在檩条对应梁的位置上。

b．揭瓦时房内不得有人，以防碎片伤人。

C．石棉瓦揭法：石棉瓦通常是纵横搭接铺在屋面板上，特殊简易房，石棉瓦直接固定在钢架上，而钢架的跨度与石棉瓦的长度相当，对这种结构的石棉瓦的拆除注意事项如下：

a．不可站在石棉瓦上拆固定钉，应在室内搭好脚手架，人站在脚手架上拆固定钉；然后用手顶起石棉瓦叠在下一块上，依次往下叠，在最后一块上回收。

b．瓦可通过室内传下，拆瓦、传瓦必须有统一指挥，以防伤人。

2）屋面板拆除：

拆屋面板时人应站在屋面板上，先用直头撬杠撬开一个缺口，再用弯头带起钉槽的撬杠，从缺口处向后撬，待板撬松后，拔掉铁钉，将板从室内传下。

注意事项：

A. 撬板时人要站在对应桁条的位置上。

B. 对于大于30°的陡屋面，拆除时要系安全带或搭设脚手架。

3) 桁条拆除：

桁条与支撑体的连接通常有三种：

A. 直接搁在承重墙上；

B. 搁在人字梁上；

C. 搁在支撑立柱上。

拆除桁条时用撬杠将两头固定钉撬掉，两头系上绳子，慢慢下放至下层楼面上作进一步处理。

4) 人字梁拆除：

拆除桁条前在人字梁的顶端系两根可两面拉的绳子，桁条拆除后，将绳两面拉紧，用撬杠或气割轮将两端的固定钉拆除，使其自由，再拉一边绳、松另一边绳，使人字梁向一边倾斜，直至倒置，然后在两端系上绳子，慢慢放至下层楼面上作进一步解体或者整体运走。

(2) 框架结构(或砖混结构)的房屋：

1) 屋面板拆除：

屋面板分预制板和现浇板两种。

A. 预制板拆除方法：预制板通常直接搁在梁上或承重墙上，它与梁或墙体之间没有纵横方向的连接，一旦预制板折断，就会下落。因此，拆除时在预制板的中间位置打一条横向切槽，将预制板拦腰切断，让预制板自由下落即可。

注意事项：

a. 开槽要用风镐，由前向后退打，保证人站在没有破坏的预制板上。

b. 打断一块及时下放一块，因有粉刷层的关系，单靠预制板的重量有时不足以克服粉刷层与预制板之间的粘接力而自由下落，这时需用锤子将打断的预制板粉刷层敲松即可下落。

B. 现浇板拆除方法：现浇板是由纵横正交单层钢筋混凝土组成，板厚为10mm左右，它与梁或圈梁之间有钢筋连接组成整体。拆除时用风镐或锤子将混凝土打碎即可，不需考虑拆除顺序和方向。

2）梁的拆除：

梁分承重梁和联系梁（圈梁）两种，当屋面板（楼板）拆除后，联系梁不再承重了，属于次要部件，可以拆除。拆除时用风镐将梁的两端各打开一个缺口，露出所有纵向钢筋，然后气割一端钢筋使其自然下垂，再割另一端钢筋使其脱离主梁，放至下层楼面作进一步处理。

承重梁（主梁）拆除方法大体上同联系梁。但因承重梁通常较大，不可直接气割钢筋让其自由下落，必须用吊具吊住大梁后，方可气割两端钢筋，然后吊至下层楼面或地面作进一步解体。

3）墙体拆除：

墙分砖墙和混凝土墙两种。

A. 砖墙拆除方法：用锤子或撬杠将砖块打（撬）松，自上而下作粉碎性拆除，对于边墙除了自上而下外还应由外向内作粉碎性拆除。

B. 混凝土墙拆除方法：用风镐沿梁、柱将墙的左、上、右三面开通槽，再沿地板面墙的背面打掉钢筋保护层，露出纵向

钢筋,系好拉绳,气割钢筋,将墙拉倒,再破碎。

注意事项:

a. 拆墙:室内要搭可移动的脚手架或脚手凳,临人行道的外墙要搭外脚手架并加密网封闭,人流稠密的地方还要加搭过街防护棚。

b. 气割钢筋顺序为:先割沿地面一侧的纵向钢筋,其次为上方沿梁的纵向钢筋,最后是两侧的横向钢筋。

c. 严禁站在墙体或被拆梁上作业。

4) 立柱拆除:

立柱拆除采用先拉倒再解体破碎的方法。打掉立柱根部背面的钢筋保护层,露出纵向钢筋,在立柱顶端系好向内拉的绳子,气割钢筋,向内拉倒立柱,进一步破碎。

注意事项:

A. 立柱倾倒方向应选在下层梁或墙的位置上。

B. 撞击点应设置缓冲防振措施。

5) 清理层面垃圾:

垃圾从预先设置的垃圾井道下放至地面。垃圾井道的要求如下:

A. 垃圾井道的口径大小:对现浇板结构层面,道口直径为1.2～1.5m;对预制结构屋面,打掉两块预制板。上下对齐。

B. 垃圾井道数量原则上每跨不得多于 1 只,对进深很大的建筑可适当增加,但要分布合理。

C. 井道周围要作密封性防护,防止灰尘飞扬。

(二) 机械拆除

机械拆除地面以上建筑物是 90 年代新发展起来的拆除方法,因它具有快速、安全的优点,被越来越多的拆除企业所使用,逐步代替了部分人工拆除和爆破拆除,是当前使用最多的一种拆除方法。

机械拆除的程序为解体→破碎→翻渣→归堆待运。

根据被拆建筑物、构筑物高度不同又分为镐头机拆除和重锤机拆除两种方法。

1. 镐头机拆除方法

镐头机可拆除高度不超过 15m 的建(构)筑物。

(1) 拆除顺序:自上而下、逐层、逐跨拆除。

(2) 工作面选择:对框架结构房选择与承重梁平行的面作施工面。对混合结构房选择与承重墙平行的面作施工面。

(3) 停机位置选择:设备机身距建筑物垂直距离约 3~5m,机身行走方向与承重梁(墙)平行,大臂与承重梁(墙)成 45°~60°角。

(4) 打击点选择:打击顶层立柱的中下部,让顶板、承重梁自然下塌,打断一根立柱后向后退,再打下一根,直至最后。对于承重墙要打顶层的上部,防止碎块下落砸坏设备。

(5) 清理工作面:用挖掘机将解体的碎块运至后方空地作进一步破碎,空出镐头机作业通道,进行下一跨作业。

2. 重锤机拆除方法

重锤机通常用 50t 吊机改装而成、锤重 3t,拔杆高 30~52m,有效作业高度可达 30m,锤体侧向设置可快速释放的拉绳,因此,重锤机既可以纵向打击楼板,又可以横向撞击立柱、墙体,是一个比较好的拆除设备。

(1) 拆除顺序:从上向下层层拆除,拆除一跨后清除悬挂物,移动机身再拆下一跨。

(2) 工作面选择:同镐头机。

(3) 打击点选择:侧向打击顶层承重立柱(墙),使顶板、梁自然下塌。拆除一层以后,放低重锤以同样方法拆下一层。

(4) 拔杆长度选择:拔杆长度为最高打击点高度加15~18m,但最短不得短于30m。

(5) 停机位置选择:对于50t吊机、锤重为3t,停机位置距打击点所在的拆除面的距离最大为26m。机身垂直拆除面。

(6) 清理悬挂物:用重锤侧向撞击悬挂物使其破碎,或将重锤改成吊篮,人站在吊篮内气割悬挂物,让其自由落下。

(7) 清理工作面:拆除一跨以后,用挖机清理工作面,移动机身拆除下一跨。

3. 机械拆除注意事项

(1) 根据被拆除物高度选择拆除机械,不可超高作业,打击点必须选在顶层,不可选在次顶层甚至以下。

(2) 镐头机作业高度不够,可以用建筑垃圾垫高机身以满足高度需要,但垫层高度不得超过3m,其宽度不得小于3.5m,两侧坡度不得大于60°。

(3) 机械解体作业时应设专职指挥员,监视被拆除物的动向,及时用对讲机指挥机械操作员进退。

(4) 人、机不可立体交叉作业,机械作业时,在其回旋半径内不得有人工作业。

(5) 机械严禁在有地下管线处作业,如果一定要作业,必须在地面垫2~3cm的整块钢板或走道板,保护地下管线安全。

(6) 在地下管线两侧严禁开挖深沟,如一定要挖深沟,必须在有管线的一侧先打钢板桩,钢板桩的长度为沟深的2~2.5倍,当沟深超过1.5m时,必须设内支撑以防塌方,伤害管线。

(三) 爆破拆除

爆破拆除属于特殊行业,从事爆破拆除的企业,不但需要精堪的技术,还必须有严格的管理和严密的组织。

1. 爆破拆除企业的注册

从事爆破拆除的企业,必须经当地公安主管部门审查、批准,发给火工品使用许可证后,方可到工商管理部门登记注册。

2. 爆破拆除企业的分级

公安管理部门根据爆破拆除企业的技术力量,将企业分为A、B两级资质:

A级爆破拆除企业,必须具有从事爆破作业三年以上的两名高级职称和四名中级职称的技术人员。

B级爆破拆除企业,必须具有从事爆破作业三年以上的一名高级职称和两名中级职称的技术人员。

3. 爆破拆除必须符合下列原则

(1) 爆破拆除设计、施工,火工品运输、保管、使用必须遵守国家制定的《爆破安全规程》,《拆除爆破安全规程》及上海市《建筑物、构筑物拆除技术规程》。

(2) 从事爆破拆除方案设计、审核的技术人员,必须经过公安部组织的技术培训,经考试合格,发给"中华人民共和国爆破工程技术人员安全作业证"。安全作业证分高级和中级两种,分别对应高级职称和中级职称。持证设计、审核。

(3) 爆破拆除设计方案必须经所在地区公安管理部门和拆房安全管理部门审批、备案方可实施。

(4) 爆破作业人员,火工品保管员、押运员必须经过当地公安管理部门组织的技术培训,并经考试合格后分别发给"爆破员证"、"火工品保管员证"、"火工品押运员证",持证上岗。

(5) 爆破拆除施工必须在确保周围建筑物、构筑物、管线、设备仪器和人身安全的前提下进行。

4. 爆破作业程序

(1) 编写施工组织设计：

1) 根据结构图纸(或实地踏看)、周围环境、解体要求，确定倒塌方式和防护措施。

2) 根据结构参数和布筋情况，决定爆破参数和布孔参数。

(2) 组织爆前施工：

按设计的布孔参数钻孔；按倒塌方式拆除非承重结构，由技术员和施工负责人二级验收。

(3) 组织装药接线：

1) 由爆破负责人根据设计的单孔药量组织制作药包，并将药包编号。

2) 对号装药、堵塞。

3) 根据设计的起爆网络接线联网。

4) 由项目经理、设计负责人、爆破负责人联合检查验收。

(4) 安全防护：

由施工负责人指挥工人根据防护设计进行防护，由设计负责人检查验收。

(5) 警戒起爆：

1) 由安全员根据设计的警戒点、警戒内容、组织警戒人员。

2) 由项目经理指挥，安全员协助清场，警戒人员到位。

3) 零前五分钟发预备警报，开始警戒，起爆员接雷管，各警戒点汇报警戒情况。

4) 零前1分钟发起爆警报、起爆器充电。

5）零时发令起爆。

(6) 检查爆破效果：

由爆破负责人率领爆破员对爆破部位进行检查，发现哑炮立即按《拆除爆破安全规程》规定的方法和程序排除哑炮，待确定无哑炮后，解除警报。

(7) 破碎清运：

用镐头机对解体不充分的梁、柱作进一步破碎，回收旧材料，垃圾归堆待运。

5. 爆破拆除应重点注意的问题

从施工全过程来讲，爆破拆除是最安全的，但在爆破瞬间有三个不安全因素，必须在设计、施工中作严密的控制方能确保安全。

(1) 爆破飞散物(称飞石)的防护：

飞散物是爆破拆除中不可避免的东西，这是因为：

1）在计算药量时，为了确保建筑物解体充分需留有余量；

2）结构不对称、爆前施工偏差、混凝土浇铸不均匀性等都可造成飞石；

3）装药堵塞牢紧程度及堵塞物的质量等偏差。

以上这些偏差都有可能给介体的碎片以飞行的能量，形成飞石。为了确保安全需要采取两个措施：

A. 在爆破部位、危险的方向上对建筑物进行多层复合防护，把飞石控制在允许范围内。

B. 对危险区域实行警戒，保证在飞石飞行范围内没有人和重要设备。

(2) 爆破振动的防护：

爆破在瞬间产生近十万大气压的冲击，根据作用反作用的原理，必然要对地表产生震动，控制不当，严重时可能影响地面爆点附近某些建筑物的安全，尤其是地下构筑物的安全。控制措施如下：

1）分散爆点以减少震动。

2）分段延时起爆，使一次齐爆药量控制在允许范围内。

3）隔离起爆，先用少量药量炸开一个缺口，使以后起爆的药量不与地面接触，以此隔震。

（3）爆破扬尘的控制：

爆破瞬间使大量建筑物解体，高压气流的冲击，在破碎面上产生大量的粉尘，控制扬尘的措施是：

1）爆前对待爆建筑物用水冲洗，清除表面浮尘。

2）爆破区域内设置若干"水炮"同时起爆，形成迷漫整个空间的水雾，吸收大部分粉尘。

3）在上风方向设置空压水枪，起爆时打开水枪开关，造成局部人造雨，消除因解体塌落时产生的部分粉尘。

第七章　基坑支护

第一节　概　　述

随着城市建设的发展，大批高层和超高层建筑像雨后春笋拔地而起。为了解决城市用地和建筑密集的矛盾，也为了满足规划和建筑物本身功能和结构的需要，在建造大量地上高层或超高层建筑的同时，开发地下空间（如地下室、地下停车库、地下商业及娱乐设施等）已成为一种趋势，因此高层及超高层建筑的基础工程越来越深。基础工程（包括其施工技术措施）已成为影响工程总工期和总造价的重要因素。与此同时，这一趋势也推动着深基础施工技术的发展。

然而，在深基础施工技术迅速发展的同时，也曾经由于对软土地区基坑工程的有关技术缺乏全面的认识及管理上的滞后，部分工程基坑施工时，支护结构的设计和施工均出现过不少严重失误而发生事故：有的导致工程桩严重位移，影响工期和造价；有的使周围道路严重塌陷、周围建筑物沉降开裂、地下管线断裂等，影响居民正常生活和正常供水、供电、供气，造成严重的经济损失及社会危害。这些事故告诉我们，深基础施工时，基坑支护的设计与施工是十分重要的，必须引起高度重视，决不能掉以轻心。

基坑工程是工程建设的重要组成部分。基坑工程的设计与施工，必须确保基坑、支护结构和主体结构基础的安全以及邻近建筑物、构筑物、地下管线等不受损害。

一、基坑工程级别

1. 符合下列情况之一时，属一级基坑工程

（1）支护结构作为主体结构的一部分时。

（2）基坑开挖深度大于、等于 10m 时。

（3）距基坑边两倍开挖深度范围内有历史文物、近代优秀建筑、重要管线等需严加保护时。

2. 开挖深度小于 7m，且周围环境无特别要求时，属三级基坑工程。

3. 除一级和三级以外的均属二级基坑工程。

二、基坑工程的主要述语

基坑——房屋建筑和市政工程结构的基础或地下建筑物施工时开挖的地坑。

基坑工程——为保护基坑施工、主体地下结构的安全和周围环境不受损害而采取的支护结构、降水和土方开挖与回填的工程总称，包括勘察、设计、施工、监测等。

支护结构——基坑工程中采用的围护墙、支撑（或土层锚杆）、围檩、防渗帷幕等结构体系的总称。

围护墙——安全承受坑侧水、土压力和坑外一定范围内固定或临时荷载作用的墙体。

支撑体系——由围檩、支撑（或土层锚杆）、立柱等结构组成的体系。

水泥土围护体系——用搅拌机械将水泥和土强行搅拌，形成以一定方式连续搭接的水泥土围护墙体所构成的防水挡土体系。

水、土压力——作用于围护墙体与土体界面上的水压力和土压力。

板式支护体系——由桩排式围护墙或板墙式围护墙、支撑体系、防渗结构所构成的防水挡土体系。

第二节　基坑工程的事故类型

在改革开放，开发浦东，一年一个样，三年大变样的发展形势下，高层或超高层建筑像雨后春笋，随之深基础工程增多增深。另一方面人们对软土地区深基坑工程的施工技术尚未引起足够的重视，加之管理上的滞后，曾有段时间，深基坑工程的设计与施工出现过不少失误，造成重大工程事故。有的工程的工程桩被挤压严重位移，处理这些工程桩花费了巨大的财力物力，并延误了工期；有的使周围建筑物沉降开裂，影响居民的正常生活；有的使周围道路塌陷，地下管线裂断，影响正常的供水、供电、供气，造成严重的经济损失和社会危害。

这些事故大致有以下几种类型。

1. 水泥土围护结构失稳

某基坑工程围护结构设计采用水泥土围护体系，由于设计的水泥土围护墙的宽度和插入深度都较小，当土方开挖时，基坑东侧水泥土围护结构整体向坑内滑移，造成基坑内侧 8m 范围的土体向上隆起 1m 左右；工程桩被挤压位移；坑外土体裂陷，致使附近临时用房严重开裂，不能使用，不得不全部拆除。这一事故造成的经济损失约 100 多万元，影响工期一个多月(图 7-1)。

2. 支撑折断

由于支撑强度不够，施工质量又差，造成支撑折断，围护

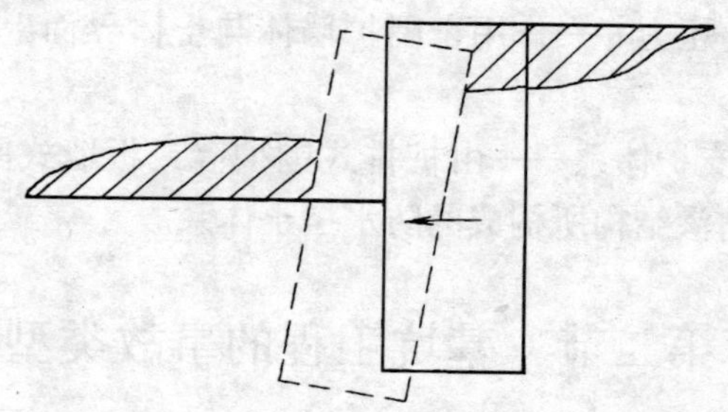

图 7-1 水泥土围护墙失稳图

体整体向坑内倾斜。

某基坑工程的支护结构，由于设计不合理，且钢管支撑节点连接处施工质量又差，结果在土方开挖时，支撑受力后节点接头处焊缝撕裂，支撑被折断，造成坑外土体严重塌陷（图 7-2）。

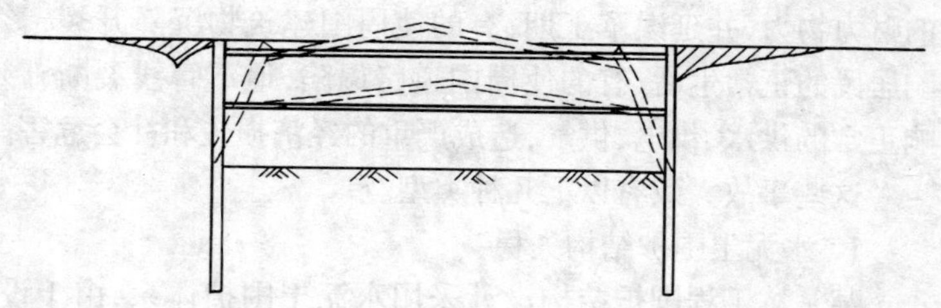

图 7-2 支撑折断示意图

3．挡土结构强度不足

挡土结构强度不足，产生严重裂缝，工程出现险情。

4．挡土结构位移

挡土结构严重位移，造成坑外地表严重下陷，影响周围建筑物、道路和管线的安全（图 7-3）。

某地铁车站施工时，由于土方开挖没有按设计工况要求

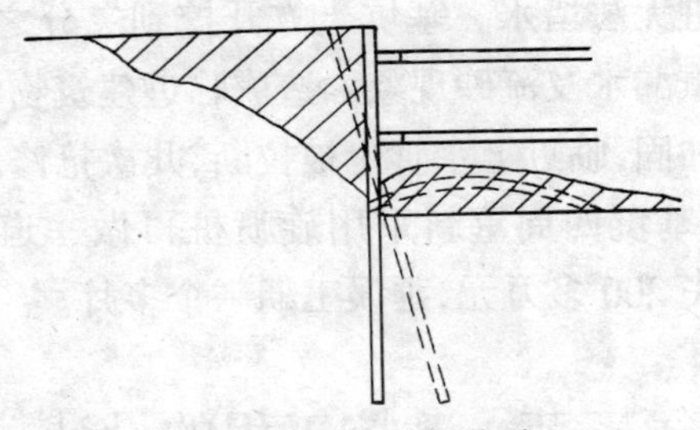

图 7-3　挡土结构位移

先撑后挖，而是一次开挖深度大大超过设计规定，致使地下连续墙向坑内位移 600mm 多，坑外土体严重沉陷，造成周围房屋严重开裂。

5．围护结构整体失稳

因设计不合理，施工时卸载太快，且没有及时支撑，造成围护结构整体失稳。

某工程围护设计时，支撑体系设计整体性差，土方开挖时速度太快，开挖处又没有及时按要求安装支撑，造成挡土结构中大片地下连续墙倾覆，坑外道路向坑内坍塌，管线受损，经济损失超过 1000 万。

6．隔水帷幕选用不当

由于隔水帷幕选用不当，或围护结构施工质量不能得到保证，造成围护结构漏水，并出现严重流砂现象，使周围建筑物、道路产生裂缝，管线裂断。

某基坑工程设计时，对地质条件没有认真分析，在设计围护结构时，由于周围环境不允许做双排水泥土搅拌桩做隔水帷幕，而轻意改用在二根钻孔灌注桩间设一树根桩，以此隔水。由于钻孔灌注桩施工质量差，严重扩颈。钻孔灌注桩间净距离原为 150mm，实际个别桩间净距离扩大到 900mm，使得桩间树根桩无法堵水。基坑土方开挖到二分之一深度时，坑内出现严重漏水及流砂现象。造成临近建筑物出现严重裂缝而不得不加固，临近上水管也被拉断，几次抢修。为使工程能继续进行，基坑四周重新采用旋喷桩再做一道隔水帷幕。直接经济损失 200 多万元，延误工期一个多月。

第三节　基坑工程的设计

基坑工程设计属深基础施工技术措施范畴，除与主体地下结构相结合的支护结构外，它不是建(构)筑物设计，而是施工组织设计中的重要内容之一，其目的是为深基础工程施工设计一个安全、良好的作业环境。一个好的合理的基坑工程设计，应该是在充分调查建设基地周围环境，充分研究准备采用的施工工艺及其辅助措施后，运用岩土力学及其他结构计算理论与方法进行综合设计的结果。

1. 支护结构的作用

(1) 为深基础施工创造一个安全的、良好的作业环境，保证基础工程施工能按期保质完成。

(2) 保证基坑开挖时，最大限度地减小对周围建(构)筑物、道路及管线的影响，确保其安全。

(3) 同时还应控制支护结构的变形或位移对本工程桩的影响。

2. 基坑工程设计应具备的资料

(1) 岩土工程勘察报告。

(2) 邻近建筑物和地下设施的类型、分布情况和结构质量的检测资料。

(3) 用地退界线及红线范围图、场地周围地下管线图、建筑总平面图、地下结构平面和剖面图。

3. 基坑工程设计的基本原则

(1) 安全可靠。支护结构设计必须在强度、变形、整体稳定和其他需要验算的项目符合有关规范的要求,确保基坑自身安全及周围建(构)筑物、道路和管线的安全。

(2) 方便施工。支护结构设计的目的是为基础工程施工作业创造良好的作业环境,当然应在满足安全的前提下,尽量方便施工。

(3) 经济合理。当前深基础工程支护结构及其辅助措施费占工程总造价的比例较大,而它又毕竟是临时性的技术措施,在很短时间内就要拆除,因此过分的可靠就没有必要,在满足阶段性的安全前提下,应尽量考虑经济的合理性。

4. 基坑工程设计的主要内容

(1) 支护结构的方案比较和选型。

(2) 支护结构的强度与变形计算。

(3) 基坑内外土体的稳定性验算。

(4) 围护墙的抗渗验算。

(5) 提出降水要求,进行降水方案设计。

(6) 确定挖土工况,进行土方施工方案设计。

(7) 提出监测要求,进行监测方案设计。

(8) 基坑工程支护结构的计算可按《基坑工程设计规程》(DBJ 08—61—97)有关章节进行。

第四节　基坑工程支护体系常见形式及有关规定

一、水泥土围护体系

水泥土围护体系是用搅拌机械将水泥和土强行搅拌，形成以一定方式连续搭接的水泥土围护墙所构成的防水挡土体系。目前最常用的是水泥土搅拌桩以格构形式组成的挡墙(图 7-4)。它既能挡土，也能隔水，且施工方便，无噪声无振动，对周围环境影响相对较小，同时能创造较好的土方开挖作业空间。此种形式一般用于基坑开挖深度 7m 以内的工程。若周围环境较好，对围护体变形或位移要求不敏感的地方，经采取一些特殊措施后，也有用于 9m 左右开挖深度的基坑做围护。

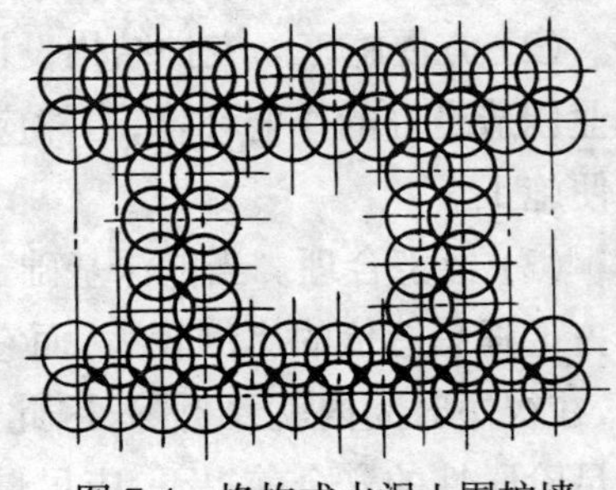

图 7-4　格构式水泥土围护墙

(一) 水泥土围护结构设计的一般规定

1．水泥土围护结构是采用搅拌和将水泥和土强行搅拌，形成连续搭接的水泥土柱状加固体挡墙。水泥土加固体的渗透系数不大于 10^{-7}cm/s，水泥土围护墙兼作隔水帷幕。

2．格栅形水泥土挡墙，其载面置换率通常为 0.6～0.8，相邻桩搭接长度小于 20cm。为增加墙体的整体性，宜在前后两排桩体中插毛竹。墙顶设厚度不小于 150mm 的封闭混凝土路面。

3. 水泥土围护结构应采用湿法(喷浆)施工,开挖深度一般不超过 7m。采用干法(喷粉)施工时,开挖深度不宜超过 5m。水泥土围护结构应有可靠的质检措施,以确保有效桩长范围内桩体强度的均匀性。

4. 基坑开挖深度 h_0 不大于 5m 时,墙体宽度和深度可按经验确定:墙宽 $B=(0.6\sim0.8)h_0$,插入深度 $D=(0.8\sim1.2)h_0$。确定 B、D 时,应考虑土层分布的特性,周围环境条件和地面荷载情况。

5. 加固体的强度取决于水泥掺合量和龄期。水泥掺合量以每立方米加固体所拌和的水泥重量计,常用掺合量为 200~250kg/m^3,常用的水泥为强度等级 42.5 普通硅酸盐水泥。水泥土围护体的强度以龄期一个月的无侧限抗压强度 Q_u 为标准,Q_u 应不低于 0.8MPa。水泥土未达到设计强度前不得开挖基坑。

为改善水泥土加固的性能和提高早期强度,宜掺加外掺剂。经常使用的外掺剂有碳酸钠、氯化钙、三乙醇胺、木质素磺酸钙等。

(二) 水泥土围护结构的施工要点

1. 根据设计要求、场地和地质条件、施工机械性能制订周密的施工组织设计和操作大纲,确保水泥掺合的均匀度和水泥与土体的搅拌均匀性。

2. 围护墙体应采用连续搭接的施工方法,严格控制桩位和桩身的垂直度,并确保足够的搭接长度和形成连续的墙体。

3. 水泥土围护结构湿法施工应符合下列要求

(1) 各类施工机械的性能应由专业部门进行鉴定,并作试桩、桩身强度和施工工艺的检验。湿法施工宜采用双轴搅拌机。

(2) 施工桩位偏差不超过 5cm，桩身垂直度误差不超过1%。

(3) 水泥浆液的水灰比应控制在 0.45～0.50 范围内。

(4) 成桩应采用二次搅拌工艺，喷浆搅拌时钻头的提升(或下沉)速度不宜大于 0.5m/min，钻头每转一圈的提升(或下沉)量以 1.0～1.5cm 为宜。

(5) 搭接施工的相邻桩的施工间歇时间应不超出 10～16h。

(6) 压浆速度应和提升(或下沉)速度相配合，确保额定浆量在桩身长度范围内均匀分布。

4. 水泥土围护结构干法施工应符合下列要求

(1) 粉体发送器必须有计量装置，在喷粉成桩过程中应能随时监测其喷粉量。粉体发送器和整套喷粉机械的特性指标应经专业部门鉴定。

(2) 桩中心偏差位应不大于 5cm，桩身垂直度误差不超过1%。

(3) 应采用干燥、新鲜水泥，严禁用受潮结块水泥。

(4) 成桩应采用二次搅拌工艺，喷粉搅拌时，钻头每转一圈的上提(或下沉)量以 1.0～1.5cm 为宜，确保有效桩长范围内桩体强度的均匀性。

(5) 搭接施工的相邻桩的施工间歇时间不超过 2h。

(6) 离地表 1m 时应有防止水泥粉外扬的屏蔽装置。

5. 质量检验

水泥土围护结构的质量检验应按成桩施工期、开挖前和开挖期三个阶段进行。

(1) 成桩施工期质量检验包括机械性能、材料质量、掺合比试验等资料的验证，以及逐根检查桩位、桩长、桩顶高度、桩身垂直度、桩身水泥掺量、上提喷浆(喷粉)速度、外掺剂掺量、水灰比、搅拌和喷浆起止时间、喷浆(喷粉)量的均匀度、搭接桩施工间歇时间等。

(2) 基坑开挖前的质量检测应在围护结构路面浇筑之前进行。检测包括桩身强度的验证和桩位、桩数的复核。对开挖深度超过 5m 的基坑应采用钻取桩芯或静力触探的方法检验桩长和桩身强度。

1) 钻取桩芯宜采用 ϕ110 钻头,连续钻取全桩长范围内的桩芯,桩芯应呈硬塑状态并无明显的夹泥、夹砂断层。有效桩长范围内的桩身强度应符合设计要求。

2) 静力触探应在成桩后第三天(喷粉搅拌)或第七天(喷浆搅拌)进行,所测得的比贯阻力应不低于原状土指标的 2 倍。

(3) 基坑开挖期的质量检测主要通过直观检验开挖面桩体的质量以及墙体和坑底渗漏水情况,如不符合设计要求应立即采取必要的补救措施,防止出现工程事故。

二、板式支护体系

板式支护体系是由桩排式围护墙或板墙式围护墙支撑体系、防渗结构所构成的防水挡土体系。

(一) 板式支护体系的一般规定

1. 板式支护体系由围护墙结构、支撑与围檩体系,以及防渗与止水结构等组成。板式围护墙支护结构的常用形式有板桩墙支护结构、钻孔灌注桩围护墙支护结构、SMW 工法围护墙支护结构和地下连续墙做围护墙支护结构。

2. 桩排式围护墙连续排桩的常用桩型有钻孔灌注桩、钢板桩、钢筋混凝土板桩,以及 SMW 工法围护墙等结构形式。

板墙式围护墙的常用结构有现浇和预制钢筋混凝土地下连续墙结构。

3．板式支护基坑应有稳定可靠的支撑与围檩结构体系。采用坑内支撑和围檩结构体系时，支撑和围檩结构的常用形式有钢结构和钢筋混凝土结构。支撑立柱在基坑开挖面以上的结构形式有组合型钢格构式立柱、型钢立柱和钢管立柱等。基坑开挖面以下的立柱桩常用钻孔灌注桩和预制桩。

4．板式支护基坑在环境条件允许和满足设计要求时，也可采用有围檩的坑外锚拉结构体系。坑外锚拉结构的形式有水平拉杆与锚碇结构和土层斜锚杆结构等。

5．板式支护基坑应有可靠的防渗与止水结构。坑外防渗结构的常用形式有连续搭接的水泥土搅拌桩帷幕、高压喷射注浆帷幕和注浆帷幕等防渗帷幕墙结构。

6．板式支护体系的结构造型，应根据工程地质与水文地质条件、环境条件、施工条件，以及基坑使用要求与基坑规模等因素，通过技术和经济比较确定。

7．板式支护体系的设计计算，应根据支护结构的特性、基坑使用要求，以及环境要求与施工条件等因素，正确选择和确定地基土的物理力学性质指标与设计计算方法。设计计算工况应完整，包括基坑分层开挖与设置支撑的施工期和地下主体结构分层施工与换撑施工期的各种工况条件。

8．板式支护体系的设计与验算内容

(1) 基坑底部土体的抗隆起稳定性和抗渗流或抗管涌稳定性验算。

(2) 围护墙结构的抗倾覆稳定性验算。

(3) 围护墙结构和地基的整体抗滑动稳定性验算。

(4) 围护墙结构的内力和变形计算。

(5) 支撑或锚碇与围檩体系的结构内力、变形和稳定性计算。

(6) 支撑竖向立柱的结构内力、变形和稳定性计算。

(7) 支护结构的构件截面强度和节点构造设计与计算。

(8) 基坑外地表变形和土体移动的验算。

(9) 围护墙结构兼作工程主体结构时,尚应按照主体结构设计所遵循的规范,验算长期荷载作用时的结构内力和变形等。

(二) 板桩墙支护结构

1. 板桩墙围护结构中,常用的板桩形式有等截面 U 形(图 7-5)、H 型钢板桩、矩形截面的钢筋混凝土板桩(图 7-6),以及型钢(图 7-7)或组合板桩等。

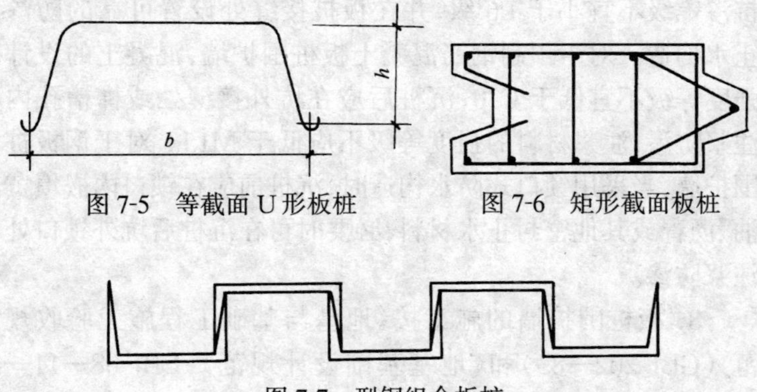

图 7-5 等截面 U 形板桩

图 7-6 矩形截面板桩

图 7-7 型钢组合板桩

2. 板桩墙结构围檩的分段位置应设在锚碇或支撑水平间距的 1/3 处,围檩结构的内力按刚性支座连续梁计算。

3. 确定 U 型钢板桩构件的惯性矩和弹性抵抗矩时,应根据锁口状态,分别乘以折减系数 α 和 β。当桩顶设有整体圈梁及支撑点或锚头设有整体围檩时,取 $\alpha=\beta=1$;桩顶不设圈梁或围檩分段设置时取 $\alpha=0.6,\beta=0.7$。

4. 采用坑外单道锚碇式结构的板桩围护墙,在确定锚碇拉杆标高和锚碇结构时,应考虑板桩墙受力的合理性和施工的方便性,以及对环境的影响。

5. 锚碇钢拉杆宜采用 3 号钢或焊接性能好、延伸率不低于 18% 的高强度钢。拉杆间距取板桩宽度的整倍数,当采用 U 型钢板桩和钢围檩、且围檩与钢拉杆连接时,拉杆的间距宜取桩宽的偶数倍。

6. 基坑转角处的围护板桩,应根据转角的平面形状做相应的异形转角板桩,且转角桩和定位桩的桩长宜适当加长,通常比围护桩长 0.5~1.0m。

7. 板桩支护结构的基坑采用墙体自防渗时,墙体结构的抗渗等级不宜小于 P6 级,并在板桩接缝处设置可靠的防渗止水构造。对于预制钢筋混凝土板桩围护墙,混凝土的设计强度等级不宜低于 C30,沉桩后应在坑外接缝处或榫槽孔内注浆防渗,注浆材料的强度等级不应低于 M15。对于钢板桩围护墙,当采用锁口式防水构造时,沉桩前应在锁口内嵌填黄油、沥青或其他密封止水材料,必要时可在沉桩后坑外锁口处注浆防渗。

8. 板桩围护墙的施工按《地基与基础工程施工验收规范》(GBJ 202—83)和《地基基础设计规范》(DBJ 08—11—1999)的规定执行。

(三) 钻孔灌注桩围护墙支护结构

1. 钻孔灌注桩排桩一般与防渗帷幕结合组成隔水挡土结构,坑内设支撑形成的支护结构(图 7-8)。

2. 钻孔灌注排桩支护结构的内力和变形按《基坑工程设计规程》(DBJ 08—61—97)中 7.1.15 计算。单桩断面和配筋

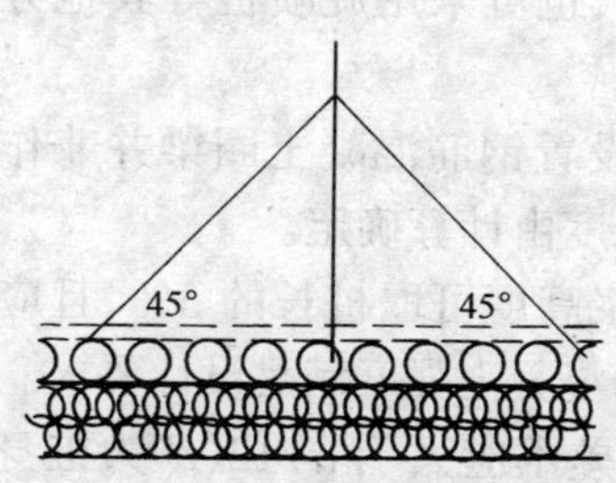

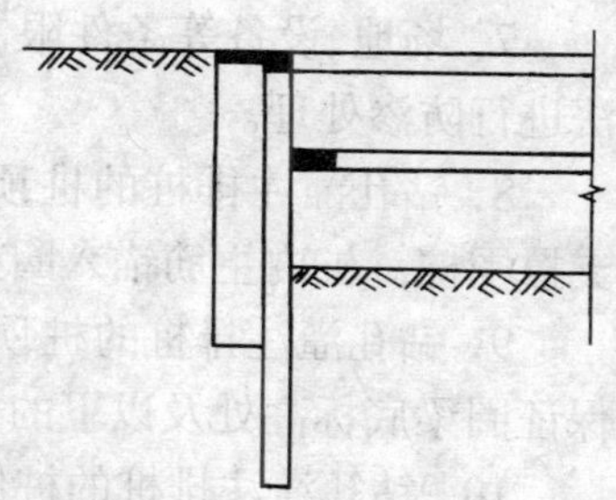

图 7-8 钻孔灌注桩围护墙支护形式

按圆形受弯杆件设计，桩径不宜小于 500mm，一般为 ϕ650～1100mm。连续排抗间的净距宜采用 100～150mm，也可根据需要调整。

3．钻孔灌注排桩墙的单桩纵向受力钢筋宜沿截面均匀对称布置，按受力大小沿深度分段配置。钢筋笼的箍筋宜采用直径 6～8mm 的螺旋箍筋，间距 200～300mm，加强箍应焊接封闭，间距宜取 2.0m 直径 12～14mm。

4．钻孔灌注排桩的混凝土设计强度等级不应小于 C20，主筋混凝土保护层厚度不宜小于 50mm。

5．钻孔灌注排桩的外侧应设置防渗帷幕。防渗帷幕应贴近围护桩，其净距离不宜大于 150mm。防渗帷幕的深度按坑底垂直抗渗流稳定性验算确定，其底部宜进入不透水土层。

6．灌注桩外侧的防渗帷幕宜采用连续搭接的水泥土搅拌桩，其搭接长度不宜小于 200mm。防渗帷幕厚度根据基坑开挖深度、土层条件、环境保护要求等综合考虑确定，顶部宜设置厚度不小于 150mm 的混凝土面层，并与桩顶圈梁整浇成一体。当土层渗透性大或环境保护要求较严时，宜在搅拌桩与灌注桩之间注浆，浅部地层有较厚的砂土或粉性土等，可采用灌注桩套打在搅拌桩里的措施，提高成桩质量和防渗性能。

7. 场地、设备等条件限制时，也可采用旋喷桩等其他方法进行防渗处理。

8. 钻孔灌注排桩的桩顶宜设置钢筋混凝土圈梁并兼作支撑围檩。桩内主筋锚入圈梁长度由计算确定。

9. 钻孔灌注排桩的桩顶泛浆高度可取桩长的5%，且应保证圈梁底标高处及以下的桩身混凝土强度满足设计要求。

10. 钻孔灌注排桩的桩位偏差不应大于 $d/12$（d 为桩身设计直径）；桩身垂直偏差不应超过1/200；桩身因扩颈造成局部突起不应大于100mm。

11. 钻孔灌注排桩的施工尚应符合《钻孔灌注桩施工规程》(DBJ 08—202—92)和《安全员》第三章第3.2.3的有关规定。

(四) SMW工法围护墙的支护结构

SMW工法是在水泥土搅拌桩施工后水泥尚未结硬前，插入H型钢或其他形式的型钢，作为应力加强材，直至水泥硬化，共同工作。它利用水泥土搅拌桩形成的挡墙本身具有良好的抗渗性、刚度，与高强度材料相结合，形成能承受较大的土压力和水压力的围护墙(图7-9)。它具有对周围环境影响较小，止水性好，工期较短，无须泥浆处理等优点。

(五) 地下连续墙做围护墙的支护结构

1. 地下连续墙做围护墙，内设支撑体系所形成的支护结构是常见的一种基坑支护形式。

2. 地下连续墙单元槽段的平面形状，有一字形、L型、T型以及多边形等。单元槽段的平面形状和成槽长度，根据墙段的结构受力特性，槽壁稳定性、环境条件和施工条件等因素，由计算确定。现浇钢筋混凝土一字形槽段的成槽长度通常为6～8m。

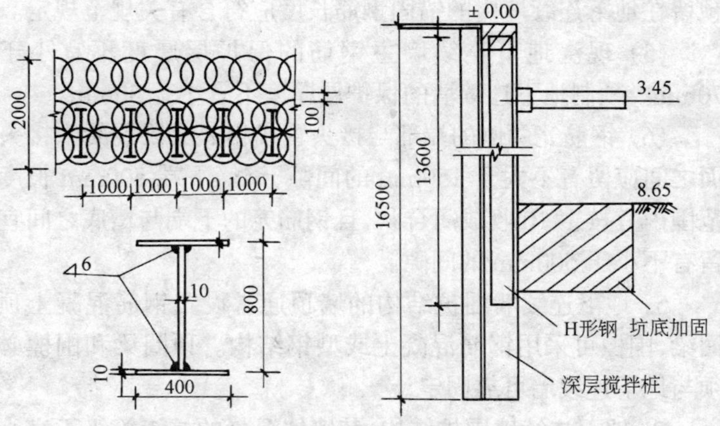

图 7-9　SMW 工法围护墙支护结构

3．地下连续墙的墙厚和墙深度按《基坑工程设计规程》(DBJ 08—61—97)中 7.1 的有关规定，由设计计算确定。现浇钢筋混凝土的常用墙厚为 600～800mm，预制钢筋混凝土的墙厚不宜大于 500mm。

4．钢筋混凝土地下连续墙的构造要求

(1) 现浇混凝土的设计强度等级不应低于 C20，预制混凝土的设计强度等级不应低于 C30。

(2) 受力钢筋应采用Ⅱ级钢筋，直径不宜小于 16mm；构造钢筋可采用Ⅰ级钢筋，直径不宜小于 12mm。

(3) 单元槽段的钢筋笼应装配成一整体。必须分段时，宜采用焊接或机械连接，接头位置宜选在受力较小处，并相互错开。当采用搭接接头时，接头的最小搭接长度不宜小于 45 倍主筋直径，且不小于 1.50m。

(4) 地下连续墙与主体结构连接或作为主体结构的一部分时，应按主体结构要求设计，并满足围护结构的受力要求。

预留在地下连续墙内的锚固钢筋长度应符合有关规范规定。

(5) 现浇地下连续墙主钢筋的保护层厚度不宜小于70mm。预制地下连续墙的保护层厚度不宜小于30mm。

(6) 钢筋笼两侧的端部与接头管或相邻墙段混凝土接头面之间应留有不大于150mm的间隙，钢筋下端500mm长度范围内宜按1:10收成闭合状，且钢筋笼的下端与槽底之间宜留有不小于500mm的间隙。

5. 地下连续墙围护结构的墙顶通常设置钢筋混凝土顶圈梁，围檩可采用钢筋混凝土或型钢结构。顶圈梁和围檩必须与地下连续墙可靠固定。

6. 地下连续墙围护结构，其墙体混凝的抗渗等级不宜小于P6级，当墙段之间的接缝不设止水带时，应选用锁口圆弧形、槽形或V形等可靠的防渗止水接头，其接头面必须严格清刷，不得存有夹泥或沉渣。

7. 地下连续墙围护结构的施工按《地基与基础工程施工及验收规范》(GBJ 202—83)和《地基基础设计规范》(BJ 08—11—89)的规定执行。

三、多层地下室结构逆作法基坑支护

1. 多层地下室结构施工时，利用地下连续墙作基坑的围护墙，围护墙与主体地下室结构的外墙相结合，并利用主体地下室结构的梁板作为围护结构的内支撑，主体地下室结构采用逆作法施工(图7-10)。

2. 按逆作法施工的基坑支护设计应与主体工程设计密切配合，除具备《基坑工程设计规程》(DBJ 08—61—97)中3.0.4规定所需的资料外，还应具备下列资料：

(1) 完整的工程设计资料，包括完整的建筑设计和结构

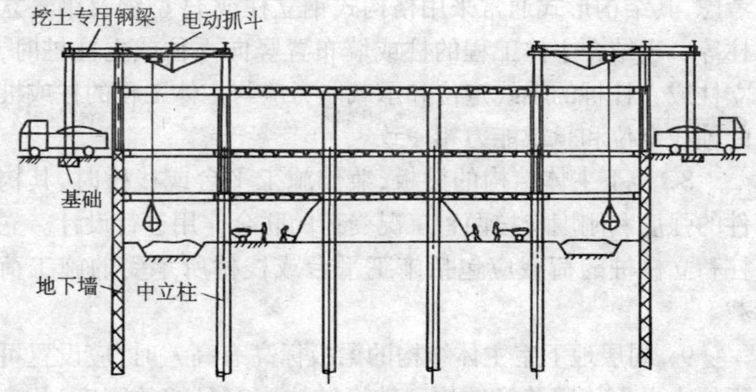

图 7-10　多层地下室结构逆作法基坑支护

设计文件和图纸。

(2) 地下主体结构的使用及防水或排水要求。

(3) 逆作法的工程范围,包括地下结构逆作法的同时,地上主体建筑的施工要求等。

3. 坑外土压力采用静止土压力计算。

4. 支护体系的设计计算工况,应按地下主体结构的受力体系和相应的基坑开挖深度等不同条件分别确定。

5. 逆作法基坑支护体系的设计内容和方法,应遵照《基坑工程设计规程》(DBJ 08—61—97)中第 7 章"板式支护体系"和第 9 章"支撑及土层锚杆结构的设计与施工"的有关规定进行。

6. 地下主体工程的设计应按逆作法基坑支护体系设计计算成果,验算其强度、变形和稳定性,并同时满足两种荷载状况的设计要求。

7. 支撑立柱体系的设计,应结合主体工程的结构布置,地上部分和地下部分同时施工的要求,以及受荷大小等综合考虑,其结构形式通常采用格构式钢立柱或H型钢及钢管立柱等。当结合主体工程的柱或墙布置竖向立柱或立柱桩时,立柱或立柱桩的轴线定位和承载能力应与主体工程的柱或桩的轴线定位和承载能力相一致。

8. 地下主体结构的梁板,兼作施工平台或栈桥时,其构件的强度和刚度应按两种工况受荷的联合作用进行设计。立柱和立柱桩的荷载应包括施工平台或栈桥所承受的施工荷载。

9. 同层地下室主体结构的梁板标高有高差时,应设置可靠的水平力传递转换结构。转换结构应有足够的刚度,并满足抗剪和抗扭承载能力的要求。

10. 竖向立柱的沉降,应满足主体结构的受力和变形要求。在主体结构底板施工之前,立柱桩间,以及立柱桩与基坑围护墙之间的差异沉降不宜大于20mm,且不宜大于1/400柱距。

11. 围护墙为主体结构的外墙时,墙的沉降和结构强度应同时满足施工和使用两种不同功能的受力和使用要求。墙与地下结构梁板的连接,应满足主体结构的受力要求。底板应采用整体连接,接头钢筋采用焊接或机械连接。

12. 地下主体结构楼板上的预留孔(包括设备预留孔、立柱预留孔、施工预留孔等)应验算开口处的应力和变形。必要时宜设置孔口边梁或临时钢支撑等传力构件。立柱预留孔尚应考虑替换结构及主体结构的施工要求。

13. 主体结构底板与围护结构的连接,以及立柱穿过底板的连接,除满足受力和变形要求,应设置可靠的止水构造(见图7-11)。

14. 主体地下结构的施工,应在围护结构、防渗结构、竖

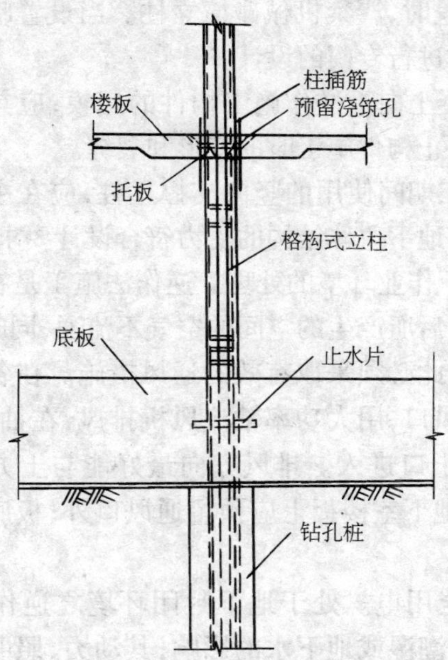

图 7-11　立柱穿过底板处的止水构造

向支撑立柱，以及基坑降水施工完毕，并达到设计要求后进行。

15．逆作法施工应严格按照设计要求，编制详细的施工组织设计，作为围护墙支撑与围檩体系的地下主体结构的内墙和楼层梁板，应待混凝土达到设计强度后，才能进行其下的土方开挖。

16．施工程序和施工工况应与设计工况相一致。土方开挖应严格按照均匀、分层的原则进行，严禁超挖。当与地面主体结构平行施工时，应均衡协调，主体结构与立柱的受力和沉降应符合设计要求。

17．按设计要求合理确定土方开挖和运输方式。当采用机械下坑开挖时，严禁机械碰撞立柱。当设置临时施工栈桥和平台时，应进行专门的设计。

18. 混凝土向下逆作施工构件的底模，应具有足够的强度和刚度，防止构件施工时的变形和裂缝。

19. 施工期间使用的竖向支撑立柱，应在主体地下结构形成整体，待地下主体结构的受力符合设计要求后才能拆除。

20. 地下作业环境的处理。逆作法施工是在封闭的环境中进行，挖土后所产生的空间的空气不流通，同时有可能出现有害气体，因此必须采取有效的通风措施。在各层地下室楼板上预留通风口，用大功率轴流风机排风，在抽排的同时，新鲜空气由取土口进入。排风方向最好能与土方掘进方向一致，因此，除地下室楼板上应预留通风口外，板底尚应留通风沟。

21. 安全用电。处于地下封闭环境之逆作法的施工用电，必须考虑潮湿或地下水的影响，其动力、照明线路应是专用的防水线路，并利用楼面结构，在楼板混凝土中预埋电线管，再与操作面的防水电箱连接。电箱与各使用的电器设备的线路采用双绝缘电线，并架空在楼板底下。

四、结构中心岛法基坑支护

结构中心岛法是在施工完围护墙后，采用盆式挖土和留置反压土，使围护墙在自立(悬臂状态)的状况下保持稳定，为中心岛部分的土方开挖和结构施工创造条件，待中心岛结构完成后，再利用中心岛结构作为传力体(或作支承点)，用某种形式的传力结构将围护墙所受的土压力、水压力传递到对边围护墙上(或传递到中心岛结构上)，最后采用正筑法或半逆作法施工完其余部分(非中心岛结构)的基础结构(图 7-12)。

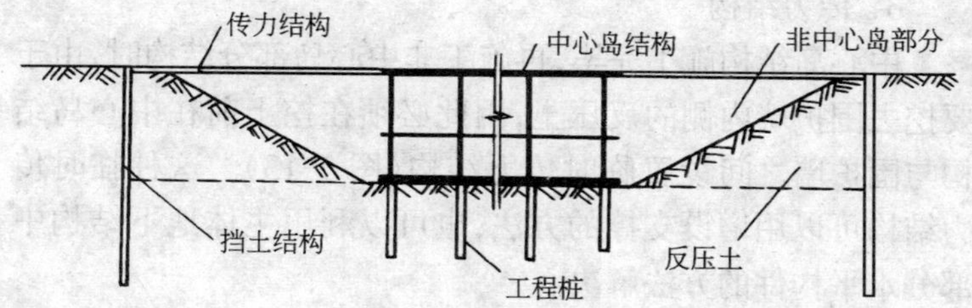

图 7-12　中心岛法基坑支护

1. 中心岛法中的围护墙宜采用地下连续墙。当选用地下连续墙做围护墙时，宜与主体地下结构的外墙合二为一考虑。此时中心岛法基坑支护设计应与主体工程设计密切配合。

2. 中心岛结构范围的确定应符合以下要求

(1) 中心岛结构是主体地下结构中的一部分。先行施工完毕的这部分结构必须能临时独立存在，又不影响它在原主体地下结构设计中的受力状态。

(2) 留设的施工缝必须符合规范要求和设计要求，并且要采取必要的保证质量措施，确保以后地下主体结构的整体性。对有防水要求的部位，其施工缝处必须采取可靠的止水措施，通常设置 1～2 道止水带。

(3) 保证反压土边坡有足够的范围。

3. 中心岛部分的土方开挖必须待围护墙的强度达到设计要求后才能进行。

4. 反压土的范围和边坡坡度大小的确定，一方面必须满足围护墙计算时的稳定要求，另一方面又必须使边坡稳定验算满足要求，以确保反压土边坡稳定。

5. 周边边坡应用钢筋网细石混凝土或其他材料进行护坡。

6. 传力结构

中心岛结构施工完毕，再施工非中心岛部分结构时，由于要挖去围护墙内侧的反压土，因此必须在挖土前在中心岛结构与围护墙之间设置临时传力结构(图 7-13)。这种临时传力结构可以用增设支撑的方法，也可以利用主体地下结构中部分水平构件的方法解决。

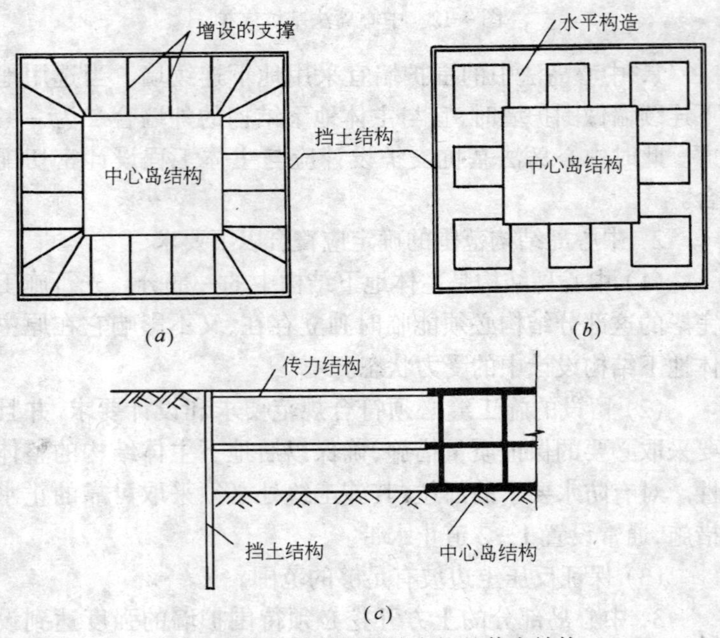

图 7-13 中心岛与围护墙之间的传力结构

当采用支撑方法时，宜选用钢支撑。支撑安装时要处理好支撑端部与中心岛结构中伸出钢筋的关系，采取措施保证伸出钢筋有足够的长度。

当利用主体地下结构中部分水平构件时，应预先考虑此部分水平构件下面竖向承重构件的设置并预先施工。

传力结构设置时,中心岛结构的强度必须经验算符合要求,同时应保证中心岛结构两侧的传力结构对称同时设置。

7. 非中心岛部位结构施工

非中心岛部位结构施工,可以采用正筑法或半逆作法。

(1) 正筑法。中心岛结构完成后,在中心岛结构与围护墙间应按先撑后挖的原则逐道完成传力结构的设置,自上而下逐层开挖反压土,直至挖至基坑底(设计标高),然后开始底板结构施工直至完成顶板结构(图 7-14)。

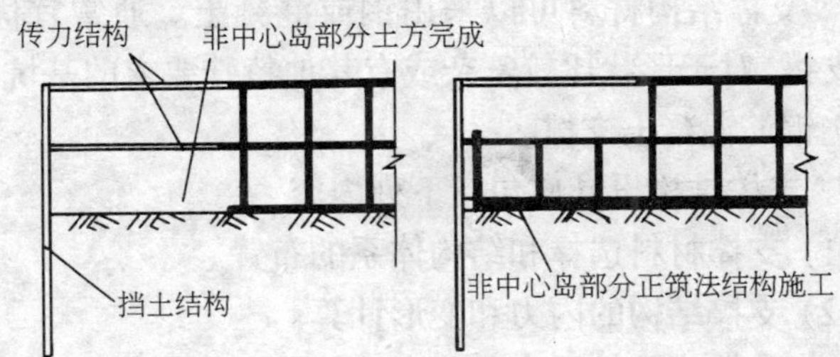

图 7-14　正筑法施工

(2) 半逆作法。中心岛结构完成后,利用主体地下结构设计中的楼面梁板作为传力结构,采取自上而下完成一层结构再挖一层反压土。直至非中心岛部位结构全部完成(图 7-15)。

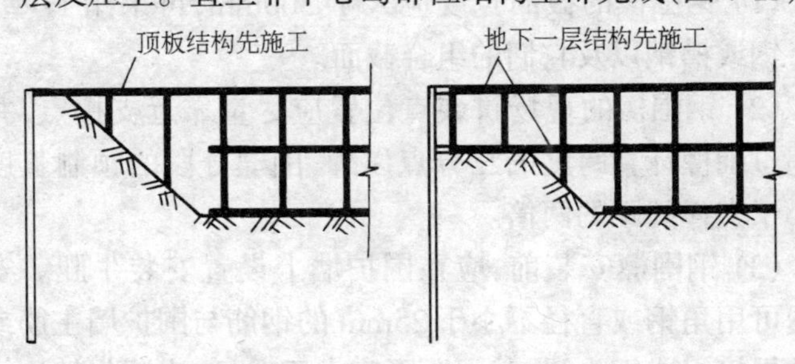

图 7-15　半逆作法施工

五、支撑结构的设计与施工

1. 支撑结构必须采用稳定的结构体系和可靠的连接构造,同时应具有足够的刚度。对于安全等级为一级的基坑,支撑构件除必须满足承载力的要求外,还应满足变形要求。

2. 一般情况下,在支撑结构上不考虑运行施工机械和堆放材料。

3. 当必须利用支撑构件兼作施工平台或栈桥时,应进行专门的设计。

4. 支撑结构材料可以采用钢或混凝土。通常宜优先采用钢支撑,对于形状比较复杂或有其他特殊要求的基坑,可采用现浇钢筋混凝土支撑。

5. 支撑结构设计应包括下列内容

(1) 支撑材料选择和结构体系的布置。

(2) 支撑结构的内力和变形计算。

(3) 支撑构件的强度和稳定验算。

(4) 支撑构件的节点设计。

(5) 支撑结构的安装和拆除设计(包括换撑)。

6. 钢围檩的构造应符合下列规定

(1) 钢围檩的截面宽度应大于 300mm,可采用 H 型钢、工字钢或槽钢以及它们的组合截面。

(2) 钢围檩的现场拼装点位置应尽量靠近支撑点,并不应超过围檩计算跨度的三分点以外,围檩分段的预制长度不应小于支撑间距的两倍。

(3) 钢围檩安装前,应在围护墙上设置安装牛腿。安装牛腿可用角钢或直径不小于 25mm 的钢筋与围护墙主筋或预埋件焊接组成钢牛腿,其间距不宜大于 2m。牛腿焊缝应由计算确定。

(4) 钢围檩与围护墙之间的空隙用强度等级不低于 C30 的细石混凝土填嵌。

(5) 支撑与围檩斜交时，在围檩与围护墙之间应设置由计算确定的剪力传递构造。

(6) 基坑平面的转角处，当纵横向围檩不在同一平面相交时，其节点构件应满足两个方向围檩端部的支承要求。

7. 钢支撑的构造应符合下列规定

(1) 钢支撑的截面可以采用 H 型钢、钢管、工字钢或槽钢，以及它们的组合截面。

(2) 水平支撑的现场安装节点应尽量设置在纵横向支撑的交汇点附近。

(3) 纵向和横向支撑的交汇点宜在同一标高上连接。当纵横向支撑采用重叠连接时，其连接构造及连接件的强度应满足支撑在平面内的强度和稳定要求。

8. 钢支撑与钢围檩的连接可采用焊接或螺栓连接。节点处支撑与围檩的翼缘和腹板均应加焊加劲板，加劲板的厚度不小于 10mm，焊缝高度不小于 6mm。

9. 现浇钢筋混凝土支撑和围檩的构造应符合下列规定

(1) 钢筋混凝土支撑体系应在同一平台内整浇。基坑平面转角处的纵、横向围檩应按刚节点处理。

(2) 支撑和围檩的纵向钢筋直径不宜小于 16mm，沿截面四周纵向钢筋的最大间距应不大于 200mm。箍筋直径不应小于 8mm，间距不应大于 250mm。支撑的纵向钢筋在围檩内的锚固长度不宜小于 30 倍钢筋的直径。

(3) 混凝土围檩与围护墙之间不应留水平间隙。在竖向平面内围檩可采用吊筋与围护墙连接，吊筋的间距和直径由计算确定。

(4) 当混凝土围檩与围护墙之间需要传递水平剪力时，应在围护墙上沿围檩位置预留由计算确定的剪力钢筋或剪力槽。

10. 立柱的构造应符合下列规定

(1) 基坑开挖面以上的立柱宜采用格构式钢柱，或钢管及H型钢立柱。

(2) 基坑开挖面以下的立柱宜采用直径不小于650mm的钻孔灌注桩(可利用工程桩)，或与开挖面以上立柱截面相同的钢管或H型钢柱。当为钻孔灌注桩时，其上部钢立柱在桩内的插入长度应不小于钢立柱长边的4倍，并与桩内钢筋笼焊接。

(3) 立柱桩在基坑开挖面以下的埋入长度除符合《基坑工程设计规程》(DBJ 08—61—97)中9.2.5.7的要求外，并宜大于基坑开挖深度的2倍，且穿过淤泥或淤泥质土层。

(4) 立柱与水平支撑的连接可采用铰接构造，但连接件在竖向和水平方向的连接强度应大于支撑轴向力的1/50。当采用钢牛腿连接时，钢牛腿的强度和稳定由计算确定。

11. 支撑结构的安装与拆除顺序，应同基坑支护结构的设计工况相一致。

12. 支撑安装宜采用开槽架设。当支撑顶面需运行挖土机械时，支撑顶面的安装标高宜低于坑内土面200～300mm，并在挖土机及土力车辆的通道处架设道板。

13. 现浇钢筋混凝土支撑必须在混凝土强度达到设计强度80%以上，才能开挖支撑以下的土方。

14. 立柱穿过主体结构底板以及支撑结构穿越主体结构地下室外墙的部位，必须采取可靠的止水构造措施。

15. 钢支撑预加压力的施工应符合下列要求

(1) 千斤顶必须有计量装置。

(2) 施加预压力的机具设备及仪表应由专人使用和管理,并定期维护校验。

(3) 支撑安装完毕后,应及时检查各节点的连接状况,经确认符合要求后方可施加预压力,预压力的施加宜在支撑的两端同步对称进行。

(4) 预压力应分级施加,重复进行。一般情况下,预压力控制值不宜小于支撑设计轴力的 50%,但也不宜过高。

(5) 预压力加至设计要求的额定值后,应再次检查各连接点的情况,必要时对节点进行加固,待额定压力稳定后予以锁定。

(6) 支撑端部的八字撑可在主支撑施加压力后安装。

16. 支撑安装的允许偏差应符合下列规定

(1) 钢筋混凝土支撑截面尺寸:+8mm,-5mm。

(2) 支撑中心标高及同层支撑顶面的标高差:±30mm。

(3) 支撑两端的标高差:不大于 20mm 及支撑长度的 1/600。

(4) 支撑挠曲度:不大于支撑长度的 1/1000。

(5) 立柱垂直度:不大于基坑开挖深度的 1/300。

(6) 支撑与立柱的轴线偏差:不大于 50mm。

(7) 支撑水平轴线偏差:不大于 30mm。

第五节　降低地下水位

降低地下水位是基坑工程施工技术中一项非常重要的技术措施。降低地下水位的目的:一是为了疏干坑内土体,改善土方施工条件；二是可固结基坑底土体，有利于提高支护结构的安全度。根据施工及测试结果表明，降水效果好的基坑，其土的 C、ϕ 值可提高25%～30%左右。

一、基坑降水的一般原则

(1) 粘性土地基中，基坑开挖深度小于3m时，可采用重力排水，开挖深度超过3m时，宜采用井点降水。

(2) 砂性土地基中，基坑开挖深度超过2.5m，宜采用井点降水。

(3) 降水深度超过6m时，宜采用多级轻型井点或喷射井点降水，也可采用深井井点降水，或在紧井井点中加设真空泵的综合降水方法。

(4) 放坡开挖或无隔水帷幕围护的基坑，降水井点宜设置在基坑外，有隔水帷幕围护的基坑，降水井点宜设置在基坑内。降水深度应不大于隔水帷幕的设置深度。

(5) 基坑内降水，其降水深度应在基坑底以下0.5～1.0m之间，且宜设置在透水性较好的土层中。

(6) 井点降水应确保砂滤层施工质量，以保证抽水效果，且做到出水常清。

(7) 坑外降水，为减少井点降水对周围环境的影响，可在降水管与受保护对象之间设置回灌井点或回灌砂井、砂沟。

二、井点降水设计应包括的内容

(1) 确定井点类型。

(2) 降水系统设计及泵房平面布置。

(3) 基坑纵、横剖面降水曲线设计。

(4) 确定降水观测要求，布置观测孔。

(5) 设置回灌井点时,降水系统设计应包括回灌系统。

三、轻型井点降水

轻型井点是将直径较细的井点管沉入坑底的蓄水层内,井点管上部与总管连接,通过总管利用抽水设备的工作所产生的真空作用,将地下水从井点管内不断抽水,使原有的地下水位降低到坑底以下。轻型井点降水深度一般可达 7m(图 7-16)。

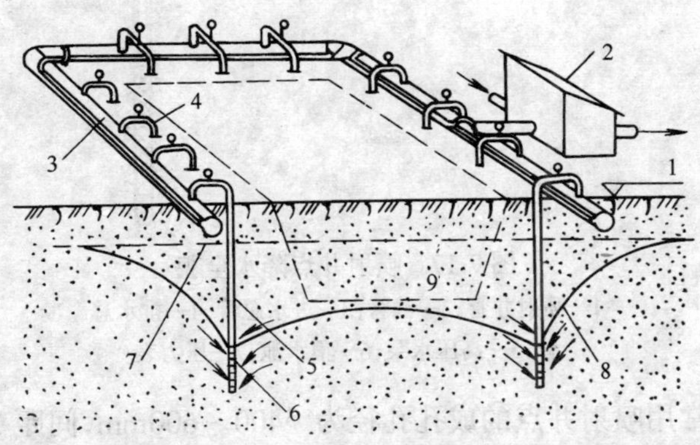

图 7-16 轻型井点降低地下水位全貌

1—地面;2—水泵房;3—总管;4—弯联管;5—井点管;6—滤管;7—原有地下水位线;8—降低后地下水位线;9—基坑

常用轻型井点的成孔孔径应根据土质条件和成孔深度确定,孔径常用 ϕ250～300mm,间距 1.2～2.0m。冲孔深度应超过滤管管底 0.5m。

四、喷射井点降水

喷射井点由喷射井管、高压水泵和管线系统组成,其降水深度一般为 8～20m(图 7-17)。

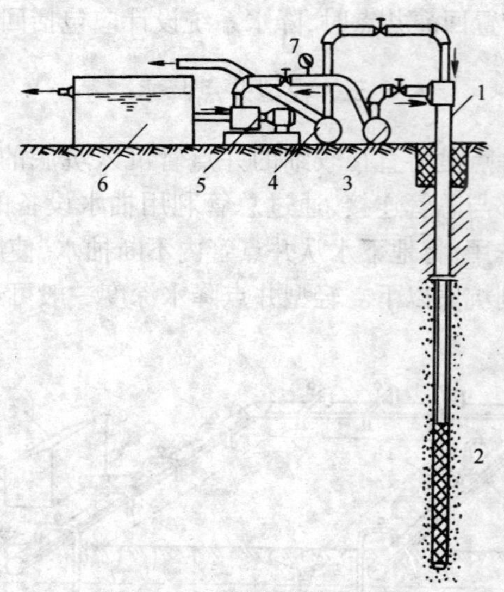

图 7-17 喷射井点降水全貌

1—喷射井管;2—滤管;3—进水总管;4—排水总管;5—高压水泵;6—集水池;7—压力表

常用喷射井点的成孔孔径为 ϕ400～600mm,间距 3.0～6.0m,孔深宜超过滤管管底 1.0m。成孔和清孔要认真仔细,保证质量。

喷射井点孔内宜加护筒。护筒与孔壁间,以及喷射井点管与护筒之间均需填粗砂。

护筒与孔壁间的上口要用粘土封堵严密。喷射井点管与护筒间的上口也要采取严密的封堵措施。

要经常检查压力表,一般应控制在 0.06～0.09MPa 间。当小于 0.04MPa 时,要将该支管重新整修。

喷射井点的降水效果深层好于浅层,因此,若预降水时间短,可同时考虑浅层加设轻型井点,共同抽水。

五、深井井点降水

深井井点若利用真空原理，综合形成真空深井井点，则其降水效果更佳。自控真空深井井点就是当深井打设安装完毕后，由改造后的真空泵对全封闭的管井井点施加真空，以加快孔内透水速度。当水位达到设定的水位控制电极处时，水泵自动开泵抽水，直至水位落到原处，水泵自停，如此反复，以达到降水的目的。

深井井点的降水深度大于10m。

深井井点的间距为14～18m，深井泵吸水口宜高于井底1.0m以上。

六、降水过程应注意的问题

(1) 土方开挖前，必须保证一定的预抽水时间，一般轻型井点不少于7～10d，喷射井点或真空深井井点不少于20d。

(2) 井点降水设备的排水口应与坑边保持一定距离，防止排出的水回渗入坑内。

(3) 降水过程必须与坑外水位观测密切配合，注意可能由于隔水帷幕渗漏在降水时影响周围环境。

(4) 坑外降水，为减少井点降水对周围环境的影响，应采取在降水管与受保护对象之间设置回灌井点或回灌砂井、砂沟等措施。

(5) 拔除井点管后的孔洞，应立即用砂土(或其他代用材料)填实。对于穿过不透水层进入承压含水层的井管，拔除后应用粘土球填衬封死，杜绝井管位置发生管涌。

第六节　基坑工程土方开挖

基坑土方开挖是基础工程中的重要分项工程，也是基坑工程设计的主要内容之一。当有支护结构时，一般情况下，支护结构设计先行完成，而对土方开挖方案提出一些限制条件。也有些情况，土方开挖方案会影响支护结构设计的工况，是支护结构设计应考虑的条件。但无论何种情况，一旦支护结构设计确定并已施工，土方开挖必须符合支护结构设计的工况要求。

基坑开挖前，应根据基坑设计和场地条件，编写土方开挖施工组织设计。挖土机械的通道布置，挖土顺序、土方驳运等，都应避免引起对围护结构、基坑内的工程桩、支撑立柱和周围环境等的不利影响。

施工机械进场前必须经过验收，合格后方能使用。

机械挖土，应严格控制开挖面坡度和分层厚度，防止边坡和挖机下的土体滑动。挖土机作业半径内不得有人进入。司机必须持证作业。

当基坑开挖深度较大，坑底土层的垂直渗透系数也相应较大时，应验算坑底土体的抗隆起、抗管涌和抗承压水的稳定性。当承压含水层埋藏较浅时，应设置减压井，降低承压水头或采取其他有效的坑底加固措施。

一、放　坡　开　挖

1．开挖深度不超过 4.0m 的基坑，当场地条件允许，并经验算能保证土坡稳定性时，可采用放坡开挖。

2．开挖深度超过 4.0m 的基坑，有条件采用放坡开挖时，宜设置多级平台分层开挖，每级平台的宽度不宜小于1.5m。

3. 放坡开挖的基坑，尚应符合下列要求

(1) 坡顶或坑边不宜堆土或堆载，遇有不可避免的附加荷载时，稳定性验算应计入附加荷载的影响。

(2) 基坑边坡必须经过验算，保证边坡稳定。

(3) 土方开挖应在降水达到要求后，采用分层开挖的方法施工，分层厚度不宜超过2.5m。

(4) 土质较差且施工期较长的基坑，边坡宜采用钢丝网水泥或其他材料进行护坡。

(5) 放坡开挖应采取有效措施降低坑内水位和排除地表水，严禁地表水或基坑排出的水倒流回渗入基坑。

二、有支护结构的基坑开挖

(1) 土方开挖的顺序、方法必须与设计工况相一致，并遵循“开槽支撑、先撑后挖、分层开挖、严禁超挖”的原则。

(2) 除设计允许外，挖土机械和车辆不得直接在支撑上行走操作。

(3) 采用机械挖土方式时，严禁挖土机械碰撞支撑、立柱、井点管、围护墙和工程桩。

(4) 应尽量缩短基坑无支撑暴露时间。对一、二级基坑，每一工况下挖至设计标高后，钢支撑的安装周期不宜超过一昼夜，钢筋混凝土支撑的完成时间不宜超过两昼夜。

(5) 采用机械挖土，坑底应保留200～300mm厚基土，用人工挖除整平，并防止坑底土体扰动。

(6) 对面积较大的一级基坑，土方宜采用分块、分区对称开挖和分区安装支撑的施工方法，土方挖至设计标高后，立即浇筑垫层。

(7) 基坑中有局部加深的电梯井、水池等，土方开挖前应对其边坡作必要的加固处理。

第七节 基坑工程监测

基坑工程监测是基坑工程设计的必要部分。无数工程实践证明，基坑支护结构的设计与施工实际情况是有差异的，这是由于工程地质土层的复杂性和离散性，勘察所得数据往往难以准确代表全部土质的实际；设计人员在设计计算时选用有关参数和假设也各有差异；施工工况与设计工况也不完全相符，因此就造成设计结果与施工实际有差异，此时监测信息就显示其重要性。因此，基坑工程必须进行监测。

1. 基坑工程监测的目的

(1) 收集施工过程中的信息，确保基坑工程的安全和质量。

(2) 收集施工过程中的信息，对基坑周围环境进行有效的保护。

(3) 根据监测成果，检查设计所采取的各种假设和参数的正确性，并为改进设计、提高工程整体水平提供依据。

2. 监测单位应按设计要求制定监测大纲，其内容应包括

(1) 按设计要求确定的监测项目。

(2) 各测点布置的平面、立面图。

(3) 各监测项目所使用的仪器设备型号及其精度要求，以及观测方法。

(4) 各监测项目按提供信息的需要确定观测频率(即 x 次/d，或次/xd)。

(5) 根据施工的不同进度，明确各项目观测的起止日期，

或按形象进度的节点确定起止点。注意收取正确的初始数据。

(6) 各监测项目的报警值。

3. 基坑工程监测项目

(1) 围护墙顶水平位移。用经纬仪和前视固定点形成测量基线,测量墙顶各测点和基线距离变化,精度为1mm。

(2) 孔隙水压力。用埋设孔隙水压力计的方法监测,精度不低于1kPa。

(3) 土体侧向变形。用测斜仪测试,精度1mm。放坡开挖时监测土坡稳定;有支护开挖时监测墙后土体水平位移和土体稳定性。

(4) 墙体变形。在墙体内预埋测斜管,用侧斜仪监测墙体变形,精度为1mm。

(5) 围护墙体土压力。用预埋在围护墙后和墙前入土段围护墙上的土压力计测试,精度不低于1/100($F \cdot S$),分辨率不低于5kPa。

(6) 支撑轴力。用安装在支撑端部的轴力计测试,精度不低于1/100($F \cdot S$)。

(7) 坑底隆起。埋设分层沉降管,用沉降仪监测不同深度土体在开挖过程中的隆起变形,精度不低于1mm。

(8) 地下水位测试。用设置水位管的方法测试,水位计的标尺最小读数为1mm。

(9) 锚杆拉力。在锚杆上安装钢筋计,精度不低于1/100($F \cdot S$)。

(10) 基坑周边地面建筑的沉降和倾斜度。用经纬仪和水准仪测量,沉降测量精度不低于1mm。

(11) 基坑周围地下管线的垂直和水平位移,通常在管线接头位置安装测点，用经纬仪和水准仪测量，测试精度不低于1mm。

(12) 围护墙顶和立柱沉降监测。用水准仪监测，精度不低于1mm。

4. 监测资料的收集和传递要求

(1) 使用正规的监测记录表格，数据应及时计算整理，并由记录人、校核人签字后上报现场监理和有关单位。

(2) 监测记录必须有相应的工况描述。

(3) 对监测值的发展及变化情况应有评述，当接近报警值时应及时通报现场监理，提请有关单位关注。

(4) 工程结束时应有完整的监测报告，报告应包括全部监测项目、监测值全过程的发展和变化情况、监测期相应的工况、监测最终结果及评述。

第八节　基坑工程的其他安全问题

1. 基坑周边的安全

基坑周边安全除支护结构设计时应充分考虑外，施工中也要特别注意。尤其是工程处于闹市中心的较多，且房地产开发商追术较高的效益，尽量利用建设基地开发地下空间，使基坑周边留给施工用的空地较少，建筑材料(如钢筋等)的进场堆放非常困难，这时更要特别注意基坑周边的堆载，千万不能超过基坑工程设计时所考虑的允许附加荷载，大型机械设备若要行至坑边或停放在坑边必须征得基坑工程设计者的同意，否则是不允许的。

深度超过2m的基坑周边还应设置不低于1.2m高的固定防护栏杆。

2. 行人支撑上的护栏设置

由于工程建设规模越来越大，基坑面积也越来越大。为图方便，不少操作者或行人往往在支撑上行走。若支撑上无任何措施，容易发生事故。因此，应合理选择部分支撑，采取一定的防护措施，作为坑内架空便道。其他支撑上一律不得行人，并采取措施将其封堵。

3. 基坑内扶梯的合理设置

为方便施工，保证施工人员的安全，有利于特殊情况下采取应急措施，基坑内必须合理设置上、下行人扶梯或其他形式的通道，其平面应考虑不同位置的作业人员上下方便。扶梯结构应尽可能是平稳的踏步式，这种形式有利于作业人员随身携带工具或少量材料。

4. 大体积混凝土施工措施中的防火安全

由于高层或超高层建筑基础底板厚度多数大于1.0m，使基础底板多属于大体积混凝土施工。为避免大体积混凝土产生温差裂缝，在所采取的技术措施中，有一项措施就是用蓄热法来使混凝土表面与中心的温差控制在25℃范围内，也就是通常采用的混凝土表面先铺盖一层塑料薄膜，再覆盖2～3层干草包。因此，要特别注意对大面积干草包的防火工作，不得用碘钨灯烘烤混凝土表面，同时周围严禁烟火，并配备一定数量的灭火器材。

5. 钢筋混凝土支撑爆破时的安全措施

在基坑工程支护结构设计中，不少设计采用钢筋混凝土支撑。钢筋混凝土支撑固然有它的不少优越性，但它的最大缺点是形成有效受力体系速度较慢及拆除时费时费工。因而不少工程的钢筋混凝土支撑采用爆破的方法拆除。钢筋混凝土支撑的爆破施工必须由取得消防主管部门批准的资质的企业承担,其爆破拆除方案必须经消防主管部门的审批。爆破施工除按有关规范执行外,施工现场必须采取一定的防护措施,这些措施主要有:

(1) 支撑量大时,要合理分块分批施爆,以减少一次爆破时使用的药量,减小噪声和振动。

(2) 在所要爆破的支撑范围内搭设防护棚。

(3) 在所要爆破的支撑三面覆盖几层湿草包或湿麻袋。

(4) 必要时在基坑周边搭设防护挡板。

(5) 选择适当的爆破时间,减轻其噪声对周围居民或过往行人的影响。

第八章　安全用电

第一节　外电防护、接地与接零

一、概　述

（一）电的用处和特点

1．用电概况

在建筑施工现场，电能是不可缺少的能源，随着建筑业的迅猛发展，施工中涉及用电的各种电气装置和建筑机械设备也日益增多。而现场用电的临时性和环境的特殊性、复杂性，使得众多的电气设备的工作条件大大变坏，从而使发生电气事故，特别是因漏电引起的人身触电伤害事故的概率也就随之增加。

2．电的特殊性

（1）电的传递速度特别快（约 3×10^5km/s）即 30 万 km/s，与光速一样。

（2）电的形态特殊，只能用仪表可测得电流、电压和波形等，它具有看不见、听不到、闻不着、摸不得的特性。

（3）电的能量转换方式简单，电能可以及时转化为光、热、磁、化学、机械能等多种形式。

（4）电的网路性强，电力系统是由发电厂、电力网和用电设备组成的一个统一整体，局部故障会波及到整个电网。

(二) 触电危险与触电急救

1. 触电的危险

电流通过人体，能使肌肉收缩产生运动，造成机械性损伤，其热效应和化学反应也可引起一系列急剧的病理变化，使肌体遭受严重伤害。特别是电流流经心脏，对心脏的损坏极为严重，极小的电流(50mA)可引起心室纤维颤动，使心脏起不到有力压缩血液的泵浦作用，不能使新鲜血液及时输送到大脑，几秒钟内可使人休克而很快造成死亡。从医学上讲50mA以上即可造成死亡(用狗做实验无一幸免)，人即使侥幸抢救过来，也极可能造成因大脑缺氧而留下严重后遗症。

根据电流公式 $I=P/U$ 可知这致人死命的50mA电流，只是一只普通的100W电灯流过电流的1/9，即：$I=100W/220V=450mA$。

由于电的特殊性，人一旦触电，其身体就成为一个带电体，因此要求抢救时切不能盲目用手直接去拉人，否则必将造成接二连三的多人伤亡事故。

为此，要求末级漏电保护开关的动作电流不大于30mA，动作时间不大于0.1s，而家用插座的漏电保护开关为保护小孩应为6mA。

2. 触电急救

据国内外一些统计资料表明，触电后1min开始救治者，90%有良好的效果；触电后6min开始救治者，50%可能复苏；但若在触电后12min再开始救治，很少有存活的。因此，就地进行及时、正确、有效的抢救是触电急救成败的关键。所以，当发现有人触电时，应首先立即切断电源(不能盲目用手拉伤者，应先关开关，或用绝缘材料挑开电线等)，其次迅速诊断与急救。

(1) 查有无呼吸(用脸贴近其口鼻处，因脸部感觉比较灵敏)。

(2) 查有无心跳(用手搭其颈动脉或股动脉),接着立即进行抢救。如无心跳用胸外心脏挤压法(见图 8-1),需用力下压,使胸骨下段和使其相连的肋骨下陷 3～4cm,成人每分钟约 60 次。如无呼吸,用口对口人工呼吸(见图 8-2),先清除

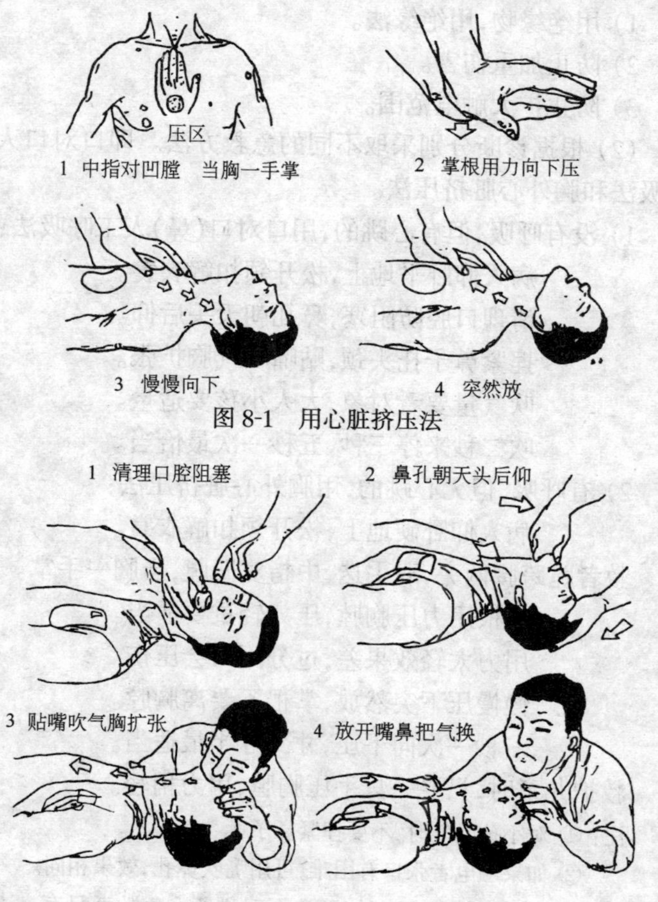

图 8-1 用心脏挤压法

图 8-2 口对口人工呼吸法

口内杂物，每分钟约 12 次。如呼吸心跳均无，用两法同时进行，注意必须抢救至医务人员来接替为止，不能半途而废，否则易造成后遗症或抢救失败。

3．现场触电抢救方法要诀

(1) 立即解脱电源。

1) 用绝缘物，用绝缘法。

2) 防止加重伤害。

3) 防止扩大触电范围。

(2) 根据诊断分别采取不同的急救方法。即口对口人工呼吸法和胸外心脏挤压法。

1) 没有呼吸，但有心跳的，用口对口(鼻)人工呼吸法：

病人仰卧平地上，松开领扣解衣裳。
清理口腔防阻塞，鼻孔朝天头后仰。
捏紧鼻子托头颈，贴嘴吹气胸扩张。
吹气量要看对象，大人小孩要适量。
吹二秒来停三秒，五秒一次最恰当。

2) 有呼吸，但无心跳的，用胸外心脏挤压法：

病人仰卧硬地上，松开领扣解衣裳。
救者跪跨腰两旁，双手迭，中指对凹膛，当胸一手掌。
掌根用力压胸膛，压力轻重要适当。
用力太轻效果差，过分用力会压伤。
慢慢压下突然放，掌根不要离胸膛。
一秒一次向下压，寸到寸半最适当。
救护儿童时，只要一只手压胸膛，用力稍轻。

注：① 对小孩吹气时，不要捏紧鼻子。

② 如果触电者张口有困难，可用嘴吹鼻孔，效果相同。

③ 呼吸心跳都没有的，两法同时进行。急救者只有一人时，

可先吹二次气，立即进行挤压15次，反复进行，不能停止。

④ 群众抢救直到医务人员来接替抢救为止。

（三）现场电工的要求

（1）必须持证上岗，有高度的安全用电责任心和对工作极端负责的精神，操作中要装得安全、拆得彻底、修得及时、用的正确。

（2）团结互助协作，有较强的集体意识，互相监督服从统一指挥。

（3）坚持制度的严肃性，各项用电制度均是用伤亡的代价换取，所以各项制度必须自觉严格遵守。

（4）掌握事故的规律，积累经验，找出季节性、工程队伍素质、施工环境等易发事故规律，提出相应的技术措施，做到预防在先。

（5）及时消除隐患，勤检查、勤维修、勤宣传。

（6）掌握技术、精益求精，防止不懂装懂、害人害己。

（四）对各类用电人员的要求：

（1）掌握安全用电的基本知识和所用设备的性能。

（2）使用设备前必须按规定穿戴和设备相应的劳动保护用品，检查安全装置和防护设施是否完好，严禁设备带“病”运转。

（3）停用的设备必须拉闸断电锁好开关箱。

（4）负责保护所用的开关箱、负载线和保护零线，发现问题及时报告解决。

（5）搬迁或移动电器设备必须经电工切断电源，并做妥善处理后进行。

二、外 电 防 护

1. 操作安全距离

操作安全距离按《施工现场临时用电安全技术规范》(JGJ 46—88)规定选择。

2. 防护措施

(1) 要有醒目的警告标志。

(2) 防护设施要有一定的安全距离(查表 8-1)、使用非导电材料、并考虑到防护棚本身的安全(防风、防大雨、防雪等)。

在建筑工程(含脚手架具)的外侧边缘与外电架空线路的边线之间的最小安全操作距离　　表 8-1

外电线路电压	1kV 以下	1～10 kV	35～110 kV	154～220 kV	330～500 kV
最小安全操作距离(m)	4	6	8	10	15

(3) 搭设前应与供电部门联系,请他们监护、验收,以保证安全和符合规范。

(4) 特殊的情况采取特殊的措施,如停电、线路改道等,并在施工组织设计中考虑周到,避免在施工过程中遇到危险造成损失。

三、接地与接零保护系统

(一) 接地保护(TT 系统)

如图 8-3 设备无接地保护,则万一设备漏电(如电线碰壳、绝缘损坏电线老化时),人触及设备外壳或使用手持工具时,电流只有流经人体的一条通道,其电流达 270mA,人必死无疑。

$$I_{人} = U/R_{人} + r_0 = 220\text{V}/(800+4)\Omega = 0.27\text{A}$$
$$= 270\text{mA} >> 50\text{mA}$$

如设备有了保护接地(图 8-4)。即设备预先做好 4Ω 的

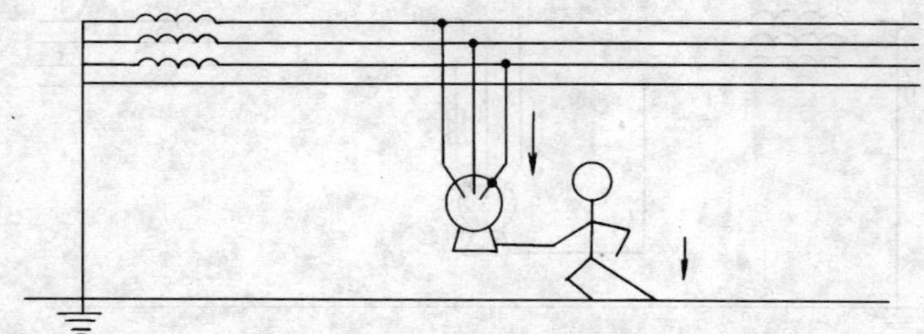

图 8-3　设备无接地保护

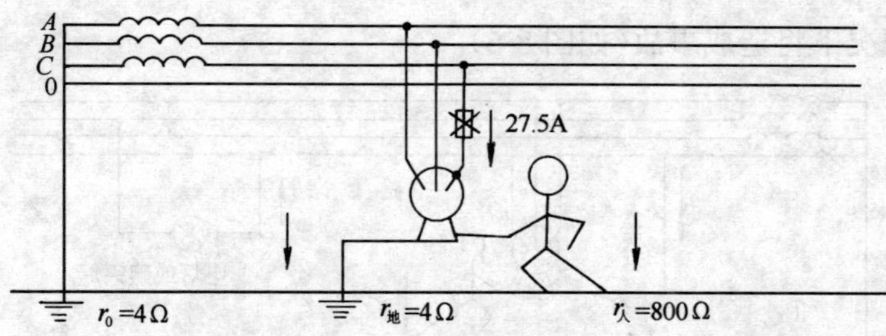

图 8-4　设备有接地保护

接地保护,则人与接地体接地电阻为 800 比 4,即极大部分电流经接地体流入大地,流经人体的电流将大大减少。同时:

$I_{地}=U/r_{地}+r_0=220V/(4+4)\Omega=27.5A$,即可熔断 27.5A 以下的保险丝,当保险丝熔断后,则保险丝下桩头以下即无电,不会造成人身触电事故。

(二) 接零保护(TN 系统)

1. 三相四线接零保护(TN-C 系统)

设备外壳与零线(中性线)连接(图 8-5),这样一旦设备漏电,立即形成相对地的短路,迅速将熔丝烧断。由于导线必须大于熔丝,所以可保证熔丝以下不带电,起到了保护设备和人身安全。

但以上情况要求中性线(零线)不能断,否则在正常使用

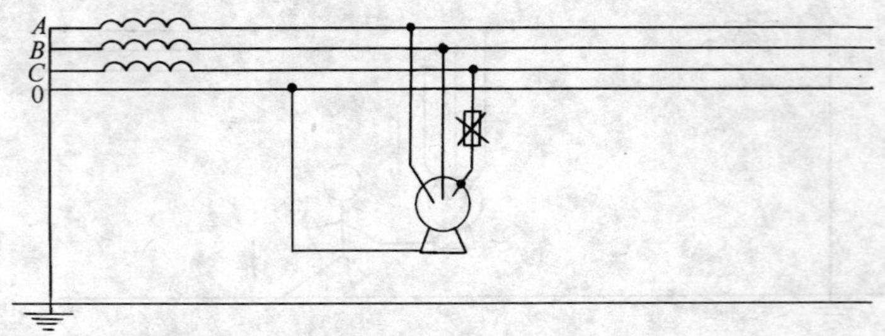

图 8-5 三相四线接零保护(TN-C 系统)

情况下将造成事故(如图 8-6)。

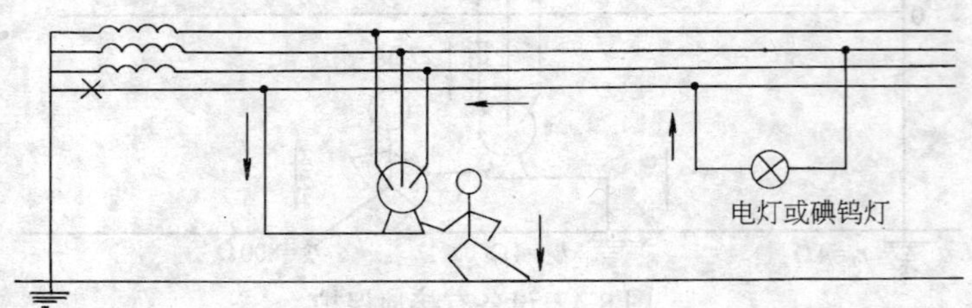

图 8-6 TN-C 三相四线制的隐患

如有一个工地浇混凝土时,发生了一手持插入式振动器的操作者触电死亡事故。经过是,下午浇混凝土振动器正常工作到傍晚,因天黑装一小太阳,而设备采用三相四线(TN-C)接零保护,振动器外壳是接在零线上的,同时小太阳的工作零线也接在零线上,问题是该工地重复接地不好,当时零线的前端因故断开,造成小太阳的工作零线的电流流经振动器外壳使操作者触电死亡。

2. 三相五线接零保护(TN-S 系统)

为了避免上述情况的产生,JGJ 46—88《施工现场临时用电安全技术规范》中已提出施工现场必须采用 TN-S 三相五线的接零保护系统,如图(8-7)。把工作零线(0)和保护零线

(PE)区分。

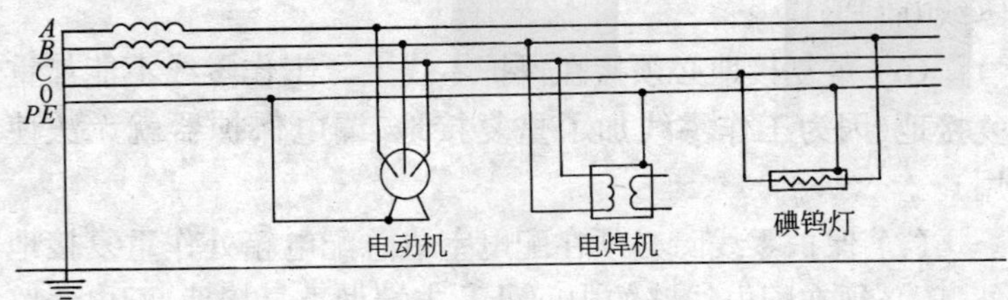

图 8-7　三相五线制(TN-S 系统)

(三) TN-S 三相五线制的主要作用和要求

1. 主要作用

(1) 防止在 TN-C 三相四线接零保护情况下由于共用中性线而使中性线带电,造成触电事故。

(2) 防止混接,一根 PE 黄/绿双色专用线专接设备的外壳和电箱保护零线排,不准作工作零线和相线用。

2. 架设的要求

(1) 保护零线严禁通过任何开关和熔断器。

(2) 保护零线作为接零保护的专用线,必须独用,不能他用,电缆要用五芯电缆。

(3) 保护零线除了从工作接地线(变压器)或总配电箱电源侧从零线引出外,在任何地方不得与工作零线有电气连接,特别注意电箱中防止经过铁质箱壳形成电气连接。

(4) 保护零线的截面积应不小于工作零线的截面积,同时必须满足机械强度的要求。

(5) 保护零线的统一标志为黄/绿双色线,在任何情况下不能将其作负荷线用,在架空线中的排列一定要按标准进行。面向负荷从左侧起为 A、0(N)、B、C、0_b(PE);动力照明两个横担上分别架设时,上层 A、B、C;下层 A(B、C)、0(N)、0_b(PE)。

在两个横挡上架设时最下层面向负荷，最右边的导线为保护零线 0_b(PE)。

(6) 重复接地必须接在保护零线上。工作零线不能加重复接地(因为工作零线加了重复接地，漏电保护器就无法使用)。

(7) 保护零线除必须在配电室或总配电箱处作重复接地外，还必须在配电线路的中间处及末端做重复接地，配电线路越长，重复接地的作用越明显，为使接地电阻更小，可适当多打重复接地。

(四) 常见的通病

(1) 接地马虎：如接地体深度、长度不够，无测试或无测试记录，测试达不到要求(保护接地 4Ω，重复接地 10Ω)，接地线不用 Δ 接法。正确接法如图 8-8。为接地线的 Δ 形接法。

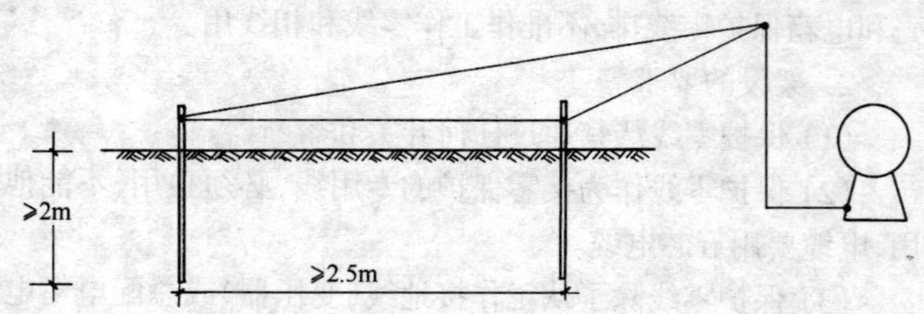

图 8-8　接地线的三角形接法

不用角铁或钢管，而用螺纹钢，造成接地体与土壤接触面不够等。

(2) 零地混用：如井架控制箱，用四芯线，而箱内有 220V 控制回路及 220V 指示灯，或一拖线箱内既有动力插座又有单相照明插座，而其电缆线为四芯电缆。

(3) 不用五芯电缆：建设部 JGJ 46—88 提出要用五芯电缆，已经十几年，所以上海早规定若不用五芯电缆，仍用4 + 1，就不能评文明标化工地。因外绑一根 PE 线往往发现导线小、强度差，不能随相线走，有的从其他回路中转过来，极易造成混接和漏接。

（4）接地电阻的测试重视不够，有的无接地电阻测试仪器，而测试记录弄虚作假。如均为 3Ω 且为整数，而实际上测试可至小数点后两位，同时所有接地极不可能相同。

第二节 配电箱与开关箱、照明配电线路、熔丝、变压器、用电档案

一、配电箱与开关箱

（一）三级配电、两级保护

1. 三级配电：总配电箱（间），分配电箱（工地大的可分几级分配）及开关箱三级配电。

2. 两级保护：分配电箱和开关箱均必须经漏电保护开关保护，其中开关箱作为末级漏电保护，要求其动作电流不大于 30mA，动作时间不大于 0.1s，分配电箱漏电保护开关以 50mA、70mA 为宜，有的工地用 150mA、200mA 太大效果不明显。

（二）漏电保护开关的作用和原理

1. 作用

（1）当人员触电时尚未达到受伤害的电流和时间即跳闸断电。

（2）设备线路漏电故障发生时，人虽未触及即先跳闸，避免设备长期存在带电隐患，以便及时发现并排除故障（因未排除故障无法合闸送电）。

(3) 可以防止因漏电而引起的火灾或损坏设备等事故。

2. 原理

是依靠检测漏电或人体触电时的电源导线上的电流在剩余电流互感器上产生不平衡磁通，当漏电电流或人体触电电流达到某动作额定值时，其开关触头分断，切断电源，实现触电保护(图 8-9)。

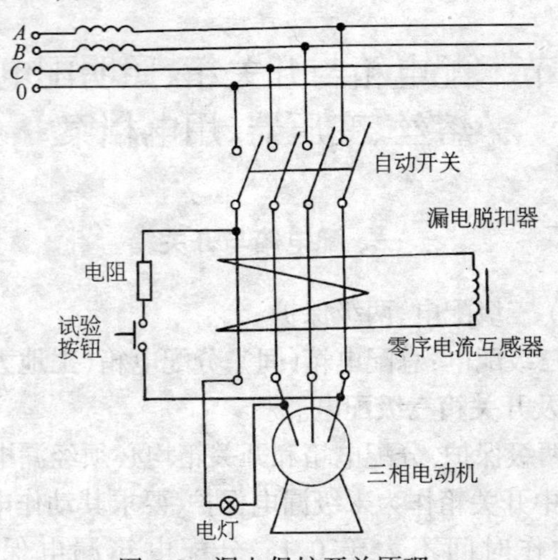

图 8-9　漏电保护开关原理

3. 多重保护原则

凡使用漏电保护开关后，对电气设备的原有安全要求不能取消，如良好的绝缘、可靠的接地或接零保护，操作者的各项劳动防护用品等等，仍须配齐完好。

(三) 一机、一闸、一漏、一箱

这个要求看似 JGJ 59—99 新检查标准中提出，实际 JGJ 46—88(88 年)就已提出，即要求操作工人停机切断电源，锁好开关箱，如果达不到"一箱"势必会造成误操作。

（四）配电箱开关箱装设的电气技术要求

1．为了确保配电箱、开关箱及其内部装接的电器能够安全、可靠地运行，还应对配电箱、开关箱本身采取有效的安全技术措施。配电箱、开关箱在材质上要求：

（1）配电箱、开关箱应采用铁板或优质绝缘材料制作，铁板的厚度应大于1.5mm。

（2）配电箱内的电器应安装在金属或非木质的绝缘电器安装板上。

（3）施工现场不宜采用木质材料制作配电箱、开关箱、配电板安装电器。木质电箱：干燥时不防水、下雨时不防雨、潮湿时不防电、经不起冲击、容易腐朽、损坏、使用寿命短。

2．内部开关电器安装要求

（1）箱内电器安装常规是左大右小，大容量的控制开关，熔断器在左面，右面安装小容量的开关电器。

（2）箱内所有的开关电器应安装端正、牢固，不得有任何的松动、歪斜。

（3）内部设置电器元件之间的距离和与箱体之间的距离应符合电气规范。

（4）配电箱、开关箱及其内部开关电器的所有正常不带电的金属部件均应作可靠的保护接零。保护零线必须采用标准的黄/绿双色线，并通过专用接线端子板连接，与工作零线区别。

3．配电箱、开关箱导线进出口处要求

（1）对于配电箱、开关箱的电源导线进出为下进下出，不能设在上面、后面、侧面，更不应当从箱门缝隙中引进和引出导线。

（2）在导线的进、出口处加强绝缘，并将导线卡固。

4. 配电箱、开关箱内接连导线要求

(1) 配电箱、开关箱内应采用绝缘导线其性能要良好，接头不得松动，不得有外露导电部分。

(2) 配电箱、开关箱内尽量采用铜线。铝线接头万一松动，造成接触不良产生电火花和高温，使接头绝缘烧毁，导致对地短路故障。为了保证可靠的电气连接，保护零线应采用绝缘铜线。

5. 配电箱、开关箱制作要求

(1) 配电箱、开关箱必须防雨、防尘，箱体应严密、端正，箱门开、关松紧适当，便于开关。

(2) 必须有门锁。

(3) 端子板一般放在箱内配电板下部或箱内底侧边，并应分别标明“N”、“PE”。

二、现 场 照 明

(一) 室外照明

施工现场的一般场所宜选用额定电压为 220V 的照明器。为了便于作业和活动，在一个工作场所内，不得只装设局部照明。局部照明是指仅供局部工作地点(分固定或携带式)的照明。停电后，操作人员需及时撤离现场的特殊工程，必须装设自备电源的应急照明。

1. 照明器使用的环境条件

(1) 正常湿度时，选用开启式照明器。

(2) 在潮湿或特别潮湿的场所，选用密闭型防水防尘照明器或配有防水灯头的开启式照明器。

(3) 含有大量尘埃但无爆炸和火灾危险的场所，采用防尘型照明器。

(4) 对有爆炸和火灾危险的场所,必须按危险场所等级选择相应的照明器。

(5) 在振动较大的场所,应选用防振型照明器。

(6) 对有酸碱等强腐蚀的场所,应采用耐酸碱型照明器。

2. 特殊场合照明器

(1) 隧道、人防工程,有高温、导电灰尘和灯具离地面高度低于 2.4m 等场所的照明,电源电压应不大于 36V。

(2) 在潮湿和易触及带电体场所的照明电源电压不得大于 24V。

(3) 在特别潮湿的场所、导电良好的地面、锅炉或金属容器内工作的照明电源电压不得大于 12V。

3. 行灯使用要求

(1) 电源电压不得超过 36V。

(2) 灯体与手柄应坚固、绝缘良好并耐热耐潮湿。

(3) 灯头与灯体结合牢固,灯头上无开关。

(4) 灯泡外面有金属保护网。

(5) 金属网、反光罩、悬挂吊钩固定在灯罩的绝缘部位上。

4. 照明系统中灯具、插座的数量

在照明系统中的每一单相回路中,灯具和插座的数量不宜超过 25 个,并应装设熔断电流为 15A 及 15A 以下的熔断器保护。一方面是为了三相负荷的平均分配,另一方面也为了便于控制,防止互相影响。

5. 照明线路

施工现场照明线路的引出处,一般从总配电箱处单独设置照配电箱。为了保证三相平衡,照明干线应采用三相线与工作零线同时引出的方式。也可以根据当地供电部门的要求和工地具体情况,照明线路也可从配电箱内引出,但必须装设照明分路开关,并注意各分配电箱引出的单相照明应分相接设,尽量作到三相平衡。

工作零线截面的选择:

(1) 单相及两相线路中,零线截面与相线截面相同。

(2) 三相四线制线路中,当照明器为白炽灯时,零线截面按相线载流量的 50% 选择;当照明器为气体放电灯时,零线截面按最大负荷相的电流选择。

(3) 在逐相切断的三相照明电路中,零线截面与相线截面相同;若数条线路共用一条零线时,零线截面按最大负荷相的电流选择。

6. 室外照明装置

(1) 照明灯具的金属外壳必须作保护接零。单相回路的照明开关箱(板)内必须装设漏电保护器。

(2) 室外灯具距地面不得低于 3m,钠、铊、铟等金属卤化物灯具的安装高度应在离地面 5m 以上;灯线应固定在接线柱上,不得靠灯具表面;灯具内接线必须牢固。

(3) 路灯的每个灯具应单独装设熔断器保护。灯头线应做防水弯。

(4) 油库、油漆仓库除通风良好外,其灯具必须为防爆型,拉线开关应安装于库门外。

(5) 投光灯的底座应安装牢固,按需要的光轴方向将枢轴拧紧固定。

(6) 施工现场夜间影响飞机或车辆通行的在建工程设备(塔式起重机等高突设备),必须安装醒目的红色信号灯,其电源线应设在电源总开关的前侧。这主要是保护夜间不因工地其他停电而红灯熄灭。

（二）室内照明

1．室内灯具装设不得低于2.4m。

2．室内螺口灯头的接线。相线接在与中心触头相连的一端，零线接在与螺纹口相连接的一端；灯头的绝缘外壳不得有破损和漏电。

3．在室内的水磨石、抹灰现场，食堂、浴室等潮湿场所的灯头及吊盒应使用瓷质防水型，并应配置瓷质防水拉线开关。

4．任何电器、灯具的相线必须经开关控制，不得将相线直接引入灯具、电器。

5．在用易燃材料作顶棚的临时工棚或防护棚内安装照明灯具时，灯具应有阻燃底座，或加阻燃垫，并使灯具与可燃顶棚保持一定距离，防止引起火灾。对安装在易燃材料存放的场所和危险品仓库的照明器材，应符合防火要求的电器器材或采取其他防护措施。

6．工地上使用的单相220V生活用电器如食堂内的鼓风机、电风扇、电冰箱应使用专用漏电保护器控制，并设有专用保护零线。电源线应采用三芯的橡皮电缆线。固定式应穿管保护，管子要固定。

7．对民工的临时宿舍内的照明装置及插座要严格管理。有些地区对民工宿舍的照明采用36V安全电压照明。防止民工私拉、刮接电炊具或违章使用电炉。

8．如照明采用变压器必须使用双绕组型，严禁使用自耦式变压器，携带式变压器的一次侧电源引线应采用橡皮护套电缆式塑料护套软线。其中黄/绿双色线作保护零线用，中间不得有接头，长度不宜超过3m，电源插销应选用有接地触头的插销。

三、配 电 线 路

(一) 截面选择应符合下列要求

1. 按照敷设方法、环境温度及使用条件确定导线的型号和截面其额定载流量不应小于预期负荷的最大计算电流。施工现场常用电机具,电流量计算方法与熔丝相同(见表8-2、8-3、8-4)。但任何情况下不允许导线载流量小于或等于熔丝载流量,即使只一台设备,其导线载流量必须大于熔丝载流量。

2. 线路的末端电压降不应超过5%。

3. 满足机械强度,架空绝缘铝线不小于16mm^2,绝缘铜线不小于10mm^2,跨越铁路、公路、河流、电力线等绝缘铝线不小于35mm^2,绝缘铜线不小于16mm^2。

4. 单相回路中的中性线(零线)截面与相线截面相同,三相四线制的中性线(零线)截面和专用保护零线(五线制)的截面不小于相线截面的50%。

5. 长期连续负荷的电线,电缆其截面应按电力负荷的计算电流及国家有关规定条件选择。

6. 室内配线所用导线截面,应根据计算确定,但绝缘铝线不小于2.5mm^2,绝缘铜线不小于1.5mm^2。

7. 应满足长期运行温升的要求。

(二) 架空线要求

1. 架空线除截面、强度、电杆强度、杆间距离、拉线、绝缘子等符合要求外,施工现场内通车场所上方导线不应低于6m,与周围建筑物等距离应符合要求,同时考虑施工现场以后的变化,如场内地坪可能垫高,所造建筑物的变化等。

如某一工地原先就达不到6m,后填土造成离地更低,结果被汽车翻斗拉断,处理断线时造成一电工触电身亡。

2．考虑施工情况，防止先架设的架空线，与后施工的外脚手、结构挑檐、外墙装饰等距离太近达不到要求。

3．立杆位置应考虑分配电箱的位置，防止从两电杆之间导线下垂处接线。

4．相线与工作零线、保护零线排列位置和导线颜色区分，最好用黄(A)、绿(B)、红(C)、黑(0)、黄/绿(PE)，尤其注意 PE 线一定要用黄/绿双色，其他颜色不准作 PE 线。

(三) 电缆线的要求

1．电缆在室外直接埋地敷设的深度应不小于 0.6m，并应在电缆上下均匀铺设不少于 60mm 厚的细砂，然后覆盖砖等硬质保护层。

2．电缆穿越建筑物、构筑物、道路、易受机械损伤的场所及引出地面从 2m 高度至地下 0.2m 处，必须加设保护套管。保护套管内径应大于电缆外径的 1.5 倍。

3．施工现场埋设电缆时，应尽量避免碰到下列场地：经常积、存水的地方，地下埋设物较复杂的地方，时常挖掘的地方，预定建设建筑物的地方，散发腐蚀性气体或溶液的地方，以及制造和贮存易燃易爆或燃烧的危险物质场所。

4．埋地敷设的电缆接头应设在地面上的接线盒内，接线盒应能防水、防尘、防机械损伤，应远离易燃、易爆、易腐蚀场所。

5．橡皮电缆架空敷设时，应沿墙或电杆设置，并用绝缘子固定，严禁使用金属裸线作绑线。固定点加装绝缘子，间距应保证电缆能承受自重所带来的荷重。橡皮电缆的最大弧垂距地不得小于 2.5m(但工地围墙大部分只有 2.5m 高，如沿墙架设要保持弧垂距离，必须用支架支承电缆)。

6．高层建筑的临时用电，用电缆配电方式埋设后再引入到楼层内,也有直接架空引入室内。电缆的垂直敷设,应充分利用在建工程的竖井、垂直的管笼孔洞等,并应靠近负荷中心处,电缆在每个楼层设一处固定点。当电缆水平敷设沿墙或门口固定,最大弧垂距地不得小于1.8m。

7. 五线制已提出十多年,当需用三根相线,又需工作零线时,要求使用五芯电缆,不能4+1使用。

四、电 器 装 置

(一) 熔断器的选择

熔断器主要用作电路的短路保护,亦可作为电源隔离开关使用。熔断器选择的主要内容是:熔断器的型式、熔体的额定电流、熔体动作选择性配合,确定熔断器额定电压和额定电流的等级。

1. 熔断器型式的确定

熔断器的主要型式有RT型熔断器、RM型熔断器、RL型螺旋式熔断器、RC型插入式熔断器。熔断器形式的选择主要是依据使用场合,电流、电压等级和周围环境确定。工地中配电箱、开关箱内常选用RC型RM型熔断器。RC_1系列插入式熔断器已淘汰,目前以RC_1A系列代替。RC_1A插入式熔断器具有结构简单、使用方便、价格便宜的特点。

常用RC_1A插入式熔丝注意必须上进下出,垂直安装,不准水平安装,更不准下进上出(检查时也有发现此严重违章装法)常用RL_1螺旋式熔丝安装应注意,底座中心进,边缘螺旋出。

2. 熔断器熔体额定电流的确定

(1) 熔体额定电流应不小于线路计算电流,以使熔体在线路正常运行时不致熔断。

(2) 熔体额定电流还应躲过线路的尖峰电流，以使熔体在线路出现正常的尖峰电流时也不致熔断。对于尖峰电流的考虑，在单台电动机回路里熔体额定电流应该取电动机的启动电流。在多台电动机回路里，线路计算电流的尖峰电流一般应取容量最大一台电动机的启动电流与其余各台电动机的额定电流之和。

但应该说明的是：由于熔体是为了对线路进行过负荷和短路保护的，所以选择熔体额定电流不小于线路计算电流就行，不是越大越好，应该是等于或稍大即可以。如果熔体选择过大就起不到保护作用了。因此，熔体的额定电流的选择，既要能够在线路过负荷时或短路时起到保护作用(熔断)，又要在线路正常工作状态(包括正常的尖峰电流)下不动作(不熔断)。

3. 熔断器熔体熔断时间与启动设备动作时间的配合

为了可靠地分断短路电流，特别是当短路电流超过启动设备的极限遮断电流时，要求熔断器熔断时间小于启动设备的释放动作时间。

意思就是：要求熔断器的熔体先于启动设备分断，以免损坏起动设备。一般要求熔断器熔体的熔断时间为起动设备释放动作时间的 1/2，即可靠系数为 2。

(1) 熔断器与熔断器之间的配合。为保证前、后级熔断器动作的选择性，一般要求前级熔断器的熔体额定电流为后级的额定电流的 2～3 倍。

(2) 熔断器与电缆、导线截面的配合。为保证熔断器对线路的保护作用，熔断器熔体的额定电流应小于电缆、导线的安全载流量。

4. 熔断器额定电压与额定电流等级的确定

(1) 熔断器的额定电压，应按线路的额定电压选择，即熔断器的额定电压大于线路的额定电压。

(2) 熔断器的额定电流等级应按熔体的额定电流确定，在确定熔断器的额定电流等级时，还应考虑到熔断器的最大分断电流，熔断器的最大分断电流应大于线路上的冲击电流有效值。

5. 保险丝不宜过大，够用即可。常用熔体额定电流的选择：

(1) 电灯，电热(W)：

电灯、电热的电流计算 表 8-2

供电相数	功率(W)	每相电流(A)	计算公式
单　相	1000	4.5	电流(A)=功率(W)/220V
二　相	1000	2.3	电流(A)=功率(W)/380V
三　相	1000	1.5	电流(A)=功率(W)/1.73×380V

(2) 电动机(kW)：

电动机的电流计算表 表 8-3

分　类	功率(kW)	每相电流(A)	备　注	计算公式
单相电动机	1	8	力率=0.75 效率=0.75	电流(A)=功率(kW)×1000/220×力率×效率
三相电动机	1	2	力率=0.85 效率=0.85	电流(A)=功率(kW)×1000/1.73×380×力率×效率

(3) 电焊机：

电焊机的电流计算表 表 8-4

输入电压(V)	功率(kVA)	每相电流(A)	计算公式
220V	1	4.5	电流(A)=功率(kVA)×1000/220V
380V	1	2.7	电流(A)=功率(kVA)×1000/380V

6. 插入式保险丝中要用标准的易熔铜片，上有额定电流值，尤其60A、100A、200A，必须使用此易熔铜片保险丝。30A以下用软铅，也要注意不要太大，尤其一些1.5kW、2.5kW的三相小马达用家用保险丝即可。

如：1.5kW的三相小马达，则1.5kW×2=3A，再乘启动电流1.5至2倍，即3A×2=6A，只要用10A的家用保险丝即可。

(二) 常用开关

1. 一般机器均须配有随机开关，在维修更换时要注意按原型号、容量调换，不要随便替代，尤其不能以小代大，防止容量太小而出电器事故。如普通的瓷底胶盖开关，只宜作60A以下的照明、电热电路，且不频繁的通断及短路保护用。凡所有金属开关的外壳，必须作可靠的保护接地或保护接零。

2. 配电箱、开关箱内常用电器

(1) 总配电箱内应装设总隔离开关、分路隔离开关、总熔断器、分路熔断器(或总自动开关和分路自动开关)，以及漏电保护器，若漏电保护器同时具备过负荷和短路保护功能，则可不设分路熔断器或分路自动开关。总开关电器的额定值、动作整定值应与分路开关电器的额定值、动作整定值相适应。

总配电箱应装设电压表、总电流表、总电度表及其他仪表。

(2) 分配电箱内应装设总隔离开关和分路隔离开关以及总熔断器和分路熔断器(或总自动开关和分路自动开关)。总开关电器的额定值、动作整定值应与分路开关电器的额定值、动作整定值相适应。

(3) 开关箱应装设隔离开关和熔断器，或者装设塑料外壳式自动开关、铁壳开关或瓷底胶盖刀开关等负荷开关；必须装设漏电保护器，且额定漏电动作电流应不大于 30mA，额定漏电动作时间应小于 0.1s（36V 及 36V 以下的用电设备如工作环境干燥可免装漏电保护器）。开关箱内的开关电器必须能在任何情况下，都可以使用电设备实行电源隔离，还可根据需要装设其他起动、保护电器。

如果所装漏电保护器同时具备过负荷和短路保护功能，并且其脱扣器整定电流值与所控制的电动机相适应，则可不装设熔断器。对于一些不经常起动的用电设备，可以考虑只装设漏电保护器控制。

每台用电设备应有各自的专用的开关箱，必须实行“一机一闸”制，严禁用同一个开关器直接控制二台及二台以上用电设备（含插座）。

五、变配电装置

(1) 配电间一般不小于 $9m^2$，开关柜前空间单列不小于 1.5m，双列不小于 2m，开关柜后维修通道不小于 0.8m。

(2) 配电间内导线尽量用绝缘导线，如用裸露材料，必须严格按规范采取防护措施。地坪上应铺设绝缘脚垫，配备绝缘用具和用品。

(3) 作到“五防一通”，即防火、防雨、防雪、防汛、防小动物，通风良好。

(4) 门向外开，上锁。金属门要做接地或接零的保护。

(5) 开关柜下设专用的接零和接地端子排，以便检查和维修。

(6) 各开关统一编号，标明使用方位或较大设备，有停电标志牌，并严格执行工作票制度。

(7) 室内照明应从总开关上端引出，防止拉闸灭灯。

(8) 灭火机用干粉、CO_2 等绝缘灭火器，不得用清水泡沫导电灭火器，灭火器挂于门外便于使用，不要放在配电间内。

六、用 电 档 案

(一) 档案内容

1. 施工组织设计(分三个阶段，即基础、结构、装饰)。

2. 修改的临时用电施工组织设计。

3. 技术交底，向施工人员，电工等交底内容。

4. 检查和验收，按照 JGJ 59—99 新标准进行检查，验收合格后方可使用。

5. 电器设备的调试、测试和检验资料，主要是设备绝缘和性能完好情况。

6. 接地电阻测试记录。

7. 定期检查表，按施工组织设计中要求及基层公司安全管理制度中的要求进行(也包含一些不定期的检查)。

8. 电工维修记录，注明日期、部位、维修内容，如电工日记均要有记录。

(二) 施工组织设计

按照《施工现场临时用电安全技术规范》(JGJ 46—88)的规定："临时用电设备在 5 台及 5 台以上或用电设备总容量在 50kW 及 50kW 以上者，应编制临时用电施工组织设计"。JGJ 46—88 用电安全技术规范，1988 年 10 月 1 日就正式开始在全国实施了，规范中明确提出了这一新的规定。编制临时用电的施工组织设计是对施工现场用电管理走上新的安全科学管理，保障施工现场用电的安全、可靠性。同时，临时用电施工组织设计作为临时用电管理的大纲，指导帮助供、用电人员准确按照用电施工组织设计的具体要求及措施执行，确保施工现场临时用电安全。

临时用电施工组织设计的主要内容：

1. 现场勘测

进行现场勘测，是为了编制临时用电施工组织设计而进行第一个步骤的调查研究工作。现场的勘测也可以和建筑施工组织设计的现场勘测工作同时进行或直接借用其勘测的资料。如在编制中发现遗漏的勘测资料，应重新勘测补齐资料。

现场勘测的主要内容：调查在建工程的施工现场地形、地貌及施工周围环境；查看、了解现场周围或附近的电源情况，拟定变配电设置的位置；结合正式工程的位置及施工现场平面布置图确定的范围，调查有无高、低压的架空线路或地下输电电缆、通讯电缆或其它地下管线(对在老城区施工不能迷信建设方提供的地下管、线图，勘测、施工中碰到疑问时必须作详细调查)；地下有无旧基础、井、沟道、洞等，施工现场人行、车行施工道路；结合建筑施工组织设计中所确定的用电设备、机械的布置情况和照明供电等总容量，合理调整用电设备的现场平面及立面的配电线路；调查施工地区的气象情况，雷暴日情况，土壤的电阻率多少和土壤的土质是否有腐蚀性等。

2. 确定电源进线、变电所、配电室、总配电箱、分配电箱的设置及线路走向：

(1) 根据电源的实际情况和当地供电部门的意见，确定电源进线的路径及线路敷设方式，是架空线还是埋设电缆线。进线尽量选择现场用电负荷的中心或临时线路的中央。

(2) 确定变配电室位置时应考虑变压器与其他电器设备的安装、拆卸的搬运通道问题。进线与出线方便无障碍。尽量远离施工现场震动场所、周围无爆炸、易燃物品、腐蚀性气体的场所。地势选择不要设在低洼区和可能积水处。

(3) 总配电箱、分配电箱在设置时要靠近电源的地方，分配电箱应设置在用电设备或负荷相对集中的地方。分配电箱与开关箱距离不应超过 30m。开关箱应装设在用电设备附近便于操作处，与所操作使用的用电设备水平距离不宜大于 3m。总分配电箱的设置地方，应考虑有二人同时操作的空间和通道，周围不得堆放任何妨碍操作、维修及易燃、易爆的物品，不得有杂草和灌木丛。

(4) 线路走向设计时，应根据现场设备的布置、施工现场车辆、人员的流动、物料的堆放以及地下情况来确定线路的走向与敷设方法。一般线路设计应尽量考虑架设在道路的一侧，不妨碍现场道路通畅和其他施工机械的运行，装拆与运输。同时又要考虑与建筑物和构筑物、起重机械、构架保持一定的安全距离和怎样防护问题。采用地下埋设电缆的方式，应考虑地下情况，同时做好过路及进入地下和从地下引出处等处安全防护。

3. 负荷计算

对现场用电设备的总用电负荷计算的目的，对高压用户来说，可以根据用电负荷来选择变压器的容量和高低压开关的规格。对低压用户来说，可以根据总用电负荷来选择总开关、主干线的规格。通过对分路电流的计算，确定分路导线的型号、规格和分配电箱的设置的个数。总之负荷计算要和变、配电室、总、分配电箱及配电线路、接地装置的设计结合起来进行计算。

4. 选择变压器容量、导线截面和电器的类型、规格

(1) 变压器的选择是根据用电的计算负荷来确定其容量。而当现场用电设备容量在 250kW 或选择变压器容量在 160kVA 以下者，一般情况供电部门不会以高压方式供电。

这是《全国供用电规则》的规定。

(2) 导线截面与电器选择。导线中通过的负荷电流不大于其允许载流量;线路末端电压偏移不大于额定电压的5%,对于单台长期运转的用电设备所使用的导线截面和电器装置的类型、规格,应按用电设备的额定容量选择;对于3台及3台以下的用电设备所使用的导线截面和电器装置的类型、规格可按单台用电设备的容量选择方法来选择。

5. 对于临时用电施工组织设计,均应绘制电气平面图、立面图和变配电所的接线系统图。以前的施工组织设计中的用电情况、线路走向往往只是施工现场总平面图上,沿道路一侧画了几根线条,用"S"与"D"来表示排水、供水和用电临时线路的走向。稍好一些还画一些分配电箱的位置情况,这对临时用电的施工和安全用电起不到具体的指导作用。

立面图是在有配电室成列的配电屏(柜)及对高层建筑配电时才绘制的。接线系统图表示负荷分配和控制顺序的图示法,它标明电气控制设备的型号、规格和电气线路的型号、规格及所采用护套管的规格、型号,不注明线的敷设方法和走向,也不注明用电设备的位置。

正规的平面图上应画出所有的用电设备、电气设备的具体位置。具体反映出布线的方式、导线的规格、尺寸,使施工的电气操作人员一看就明白如何按图施工。图中除电气线路、电气设备以外部分一律用细实线绘制。平面图和系统图中的一些符号应按标准绘图。

6. 制定安全用电技术措施和电气防火措施

制定安全用电技术措施和电气防火措施要结合施工现场的实际情况决定。重点是对线路安装的质量、标准的控制、对总、分配电箱的材质、配电板的材质及安装的位置、电气装置的规格是否匹配、是否使用伪劣产品。对外电架空线路的防护的具体要求、措施。属于易发生触电危险场所的用电设备、手持式移动电具的安全使用措施。容易引起火灾地方和如何同易燃、易爆物品保持一定的安全距离的措施都需编进措施内。特别是对供、用电人员的如何开展教育,安全用电提出具体的要求。

(三) 负荷计算内容和方法

建筑施工现场用电负荷计算时,应考虑:建筑工程及设备安装工程的工作量与施工进度;各个阶段投入的用电设备需要的数量;要有充分的预计;用电设备在施工现场的布置情况和离电源的远近;施工现场大大小小的用电设备的容量进行统计。在这些已掌握的情况下,就可以计算了。

通过对施工用电设备的总负荷计算,依据计算的结果选择变压器的容量及相适应电气配件;对分路电流的计算,确定线路的规格、型号;通过对各用电设备组的电流计算,确定分配电箱电源开关的容量及熔丝的规格、电源线的型号、规格。

对于高压供电的施工现场一般用电量较大,在计算它的总用电量时,可以把各个用电设备进行分类、分组进行计算,然后相加。

1. 在计算施工现场诸多的用电设备时,对各类施工机械的运行、工作特点都要充分考虑进去:

(1) 有许多用电设备不可能同时运行,如卷扬机、电焊机等。

(2) 各用电设备不可能同时满载运行,如塔式起重机它不可能同时起吊相同重量的物品。

(3) 施工机械的种类不同、其运行的特点也不相同,施工现场为高层建筑提供水源的水泵一般就要连续运转，而龙门架与井架却是反复短时间停停开开。

(4) 各用电设备在运行过程中，都不同程度会存在功率的损耗，致使设备效率下降。

(5) 现场配电线路，在输送功率同时也会产生线路功率的损耗，线路越长损耗越大。对线路效率问题不应忽视。

2. 计算方法，可按建设部《建筑安全》杂志 1999 年第三期 21 页新介绍方法进行。

施工现场临时用电大体上可分为动力用电和照明用电两大类。动力用电中的电动机、电焊机等施工用电量可以用以下公式计算：

$$S_{SH}=1.05\sim1.10(K_1\Sigma P_D/\cos\phi)+K_2\Sigma S_H \quad (1)$$

或

$$S_{SH}=K_1\Sigma P_D/\eta\cos\phi+K_2\Sigma S_H \quad (2)$$

由以上公式求得施工用电设备用电量后，另加 10% 的照明用电量即为施工现场所需供电总容量。

即：

$$S_Z\geqslant1.1S_{SH}$$

式中 S_Z——施工现场供电所需的总容量(kVA)；

S_{SH}——施工现场用电设备所需容量(kVA)；

ΣP_D——施工现场用电动机额定功率之和(kVA)；

ΣS_H——施工现场电焊机额定容量之和(kVA)；

1.05～1.10——容量损失系数；

η——电动机效率系数，平均为 0.75～0.9，一般取 0.85；

K_1——电动机同时需用系数，10 台以内取 0.7，11～30 台取 0.6，30 台以上取 0.5；

K_2——电焊机同时需用系数,3～10 台取 0.6,10 台以上取 0.5;

$\cos\phi$——电动机平均功率因数,施工现场最高取 0.75～0.78,一般取 0.65～0.75。

第九章　脚　手　架

第一节　概　　述

一、脚手架的分类

脚手架是建筑工程施工中不可缺少的供工人操作、堆放材料用的辅助设施，随着建筑施工技术的不断发展，各种类型脚手架层出不穷，分类也越来越多。例如，按搭设的部位不同，可分外脚手架和里脚手架；按用途不同，可分砌筑脚手架和装饰脚手架……；按搭设形式不同，可分普通脚手架和特殊脚手架；按立杆排数不同，可分单排脚手架、双排脚手架和满堂脚手架；按脚手架主要受力杆件的材料不同，可分大脚手架、竹脚手架、钢管等金属脚手架，等等。

脚手架作为施工用临时设施，其设计和搭设的质量好坏将直接影响操作人员的人身安全、及工程进度和质量。

二、有关脚手架的技术文件

目前，国家和行业尚未正式发布有关脚手架的专业技术标准，仅在 JGJ 59—99《建筑施工安全检查标准》中提出了有关的检查标准。上海市建委也仅在 1983 年和 1987 年发布了《高层建筑双排钢管脚手架施工规定》和《建筑施工普通脚手架安全技术规定》两个试行稿；1999 年又发布了《建筑施工附着升降脚手架安全技术规程》。

三、脚手架的施工荷载、设计计算方法和基本要求

1. 施工荷载

作用于脚手架上的荷载可分为恒载和活载。恒载为脚手架的结构件(立杆、大小横杆等)自重,活载为脚手架附属构件(脚手板、防护材料等)自重、施工荷载和风荷载。其中施工荷载:当砌筑脚手架时取 $3kN/m^2$(考虑 2 步同时作业),当装修脚手架时取 $2kN/m^2$(考虑 3 步同时作业),当工具式脚手架时取 $1kN/m^2$(挂脚手、吊篮脚手等)。在脚手架设计时,如果施工荷载与以上规定不相符合时,应在安全技术交底中明确,并在架体上挂上限载牌。

2. 设计计算方法

脚手架的设计计算方法有极限状态设计法和容许应力法二种。

(1) 极限状态设计法要求进行两种极限状态,即承载能力和正常使用两种极限状态的计算。当按承载能力的极限状态计算时应采用荷载的设计值;当按正常使用的极限状态计算时应采用荷载的标准值。荷载的设计值等于荷载的标准值乘以荷载的分项系数。其中恒载的分项系数为 1.2,活载的分项系数为 1.4。

(2) 容许应力法在设计计算时,考虑一个总的安全系数一般习惯上取 $K=3$。

3. 基本要求

(1) 材料:

1) 钢管:

一些工地钢管使用的周期较长,钢管锈蚀严重、壁厚减

小,有的使用压扁、有裂缝、有孔洞的钢管,甚至任意弯曲、调直钢管,使钢管材质受到损伤,降低了钢管的抗压、抗弯强度,减小了架体的整体承载能力。因此,钢管应采用外径 48mm、壁厚 3～3.5mm,材质符合 GB 700《普通碳素结构钢技术条件》技术要求,外表平直光滑,没有裂纹、分层、变形扭曲、打洞截口以及锈蚀程度达 0.5mm 的钢管。此外钢管两端截面应平直,切斜偏差不大于 1.7mm,严禁有毛口、卷口和斜口等现象。所使用的钢管还应经过防锈处理,且必须具有出厂产品质量证明或租赁单位的质量保证证明。

2) 扣件:

扣件是专门用来对钢管脚手架杆件进行连接的,它有回转、直角(十字)和对接(一字)三种形式,扣件应采用可锻铸铁制成,其技术要求应符合 GB 15831《钢管脚手架扣件》的规定,严禁使用变形、裂纹、滑丝、砂眼等疵病的扣件,所使用的扣件还应具有出厂合格证明或租赁单位的质量保证证明。

在使用时,直角扣件和回转扣件不允许沿轴心方向承受拉力;直角扣件不允许沿十字轴方向承受扭力;对接扣件不宜承受拉力,当用于竖向节点时只允许承受压力。扣件螺栓的紧固力矩应控制在 40～50N·m 之间,使用直角和回转扣件紧固时,钢管端部应伸出扣件盖板边缘不小于 100mm。

在设计计算时,扣件抗滑力按表 9-1 取值。

扣件抗滑力 N_v^c 设计值(kN) **表 9-1**

项　目	扣件数量(个)	抗滑力设计值
对接扣件	1	3.2
直角、回转扣件	1	8.5

3) 脚手板:

木脚手板应使用厚度不小于50mm的杉木或松木板，板宽应为200～300mm，端部还应用10～14号镀锌铁丝绑扎，以防开裂。不得使用腐朽、虫蛀、扭曲、破裂和有大横透节的木板。

竹脚手板可分为竹笆脚手板和竹片脚手板。竹笆脚手板是用平放带竹青的竹片纵横编织而成，每根竹片宽度不小于30mm、厚度不小于8mm，横筋一反一正，边缘处纵横筋相交点用铁丝扎紧，板长一般为2～2.5m，宽为0.8～1.2m。竹片脚手板是用螺栓将侧立的竹片并列连接而成，螺栓直径8～10mm，间距500～600mm，首只螺栓离板端200～250mm，板长一般为2～2.5m，宽度为250mm，板厚一般不小于50mm，凡虫蛀、枯脆、松散的竹脚手板不得使用。

钢脚手板一般由2mm厚钢板压制而成，也可用型钢、钢筋组合焊接而成，其板面平直度偏差应控制在20mm以内，端部应设卡口。当由钢板压制时，板面应有防滑措施，如为减轻板的自重而在板上冲孔时，孔径不应大于25mm。板的外形尺寸一般长为2～4m，宽为250mm，厚为50mm。不得使用裂纹、凹陷变形或锈蚀严重的钢脚手板。

(2) 防护：

1) 施工层应连续三步铺设脚手板，脚手板必须满铺且固定。

2) 操作层以下每隔10m应用平网或其他措施封闭隔离。

3) 施工层脚手架部分与建筑物之间应实施封闭，当脚手架与建筑物之间的距离大于20cm时，还应自上而下做到4步一隔离。

4) 操作层必须设置1.2m高的栏杆和180mm高的挡脚板，挡脚板应与立杆固定。

5) 架体外侧必须用密目式安全网封闭，网体与操作层不应有大于 10mm 的缝隙;网间不应有大于 25mm 的缝隙。

(3) 斜道和挂梯:

为保证施工人员安全上下脚手架,在施工组织时要安排好上下通道,以免二人违章翻爬脚手架。一般情况下落地式脚手架应按规定搭设斜道、挂梯,斜道坡度走人时取不大于1:3,运料时取不大于 1:4,坡面应每 30cm 设一防滑条,防滑条不能使用无防滑作用的竹条等材料。在构造上,当架高小于 6m 时可采用一字形斜道,当架高大于 6m 时应采用三字形斜道;斜道的杆件应单独设置。挂梯可用钢筋预制,其位置不应在脚手通道的中间,也不应垂直贯通。

(4) 搭设人员:

从事架体搭设作业人员应是专业架子工,且取得劳动部门核发的特殊工种操作证,当参与爬架安装操作时还必须持市建委核发的升降脚手上岗证。架子工应定期进行体检,凡患有不适合高处作业病症的不准上岗作业。架子工作业时必须戴好安全帽、安全带和穿防滑鞋。

(5) 验收:

脚手架搭设安装前应先对基础等架体承重部位进行验收;搭设安装后应进行分段验收,特殊脚手架须由企业技术部门会同安全、施工管理部门验收合格后才能使用。验收要定量与定性相结合,验收合格后应在脚手架上悬挂合格牌,且在脚手架上明示使用单位、监护管理单位和责任人。施工阶段转换时,对脚手架重新实施验收手续。

(6) 日常管理:

脚手架通常应每月进行一次专项检查。脚手架的各种杆件、拉结及安全防护设施不能随意拆除,如确需拆除,应事先办理拆除申请手续。有关拆除加固方案应经工程技术负责人和原脚手架工程安全技术措施审批人书面同意后方可实施。

第二节　落地式多立杆脚手架

一、主要杆件和两种构造形式

落地式多立杆脚手架主要由立杆、大横杆、小横杆、支撑(即剪力撑、斜撑、抛撑)、脚手板以及附墙拉结共同组成的受力结构,在搭设使用中除有单排架、双排架之分外,其构造形式通常按大、小横杆相互位置和垂直荷载传递路线不同而分成两种:

第一种形式垂直荷载传递路线是:脚手板→大横杆→小横杆→立杆→基础。

第二种形式垂直荷载传递路线是:脚手板→小横杆→大横杆→立杆→基础。

由于上海等南方地区常选用竹笆作为脚手板,而北方地区常选用木板作为脚手板,同时考虑到脚手板铺设的平顺严密,南方地区常见的是第一种构造形式,即小横杆在大横杆之下;北方地区常见的是第二种构造形式,即小横杆在大横杆之上。

二、扣件式钢管脚手架

1. 适用范围

(1) 单排扣件式钢管脚手架搭设高度不宜超过 25m,且不能用于半砖墙、轻质墙、空斗墙等墙体工程的施工,在墙体上留脚手眼应遵守相关技术标准。在上海地区单排架仅用于挂设密目网,作工程外封闭之用。

(2) 双排扣件式钢管脚手架搭设高度不宜超过 50m,高度≤25m 时称为一般脚手架，>25m 时称为高层脚手架。

2．构造要求

(1) 立杆基础：

立杆基础是脚手架的整体承压部位，为使立杆基础坚实，其基本要求为：一般脚手架搭设范围内地基土应夯实找平，并做好排水，当地基土质良好时，将用厚 8mm 直径或边长为 150mm 钢板做成底板；外径 57mm，壁厚 3.5mm、长 150mm 焊接管做的套筒焊接而成的立杆底座（图 9-1），可直接放置于夯实的原土上；当地基土质较差或为夯实的回填土时，应在底座下加上宽不小于 200mm、厚 50～60mm，且面积不小于底座面积 3 倍的木垫板，如果立杆无底座则应在平整夯实的地面上铺设厚度不小于 120mm、且面积不小于底座面积 3 倍的混凝土垫块。高层脚手架当立杆有底座时，在地面平整夯实后，上铺 100～200mm 厚道碴，做好排水，再放置厚度不小于 120mm、面积不小于 400mm×400mm 的混凝土垫块，底座放置于混凝土垫块之上；当立杆无底座时，应在混凝土垫块上纵向仰铺统长 12～16 号槽钢，立杆再放置于槽钢上（图 9-2）。

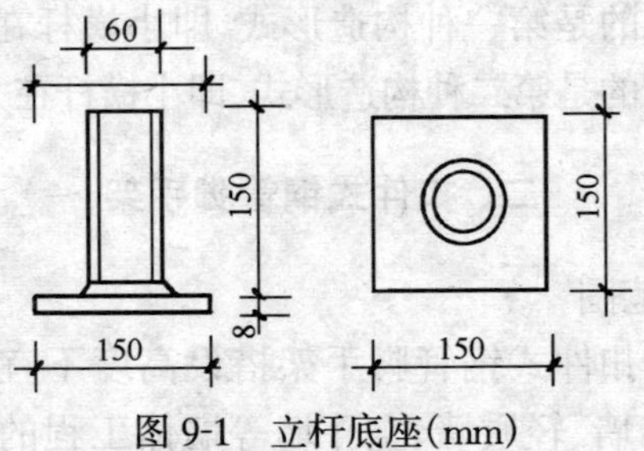

图 9-1　立杆底座（mm）

在架体下部或附近不得随意进行挖掘作业，如确需挖掘，应制订架体的加固措施，并报技术主管部门批准实施。

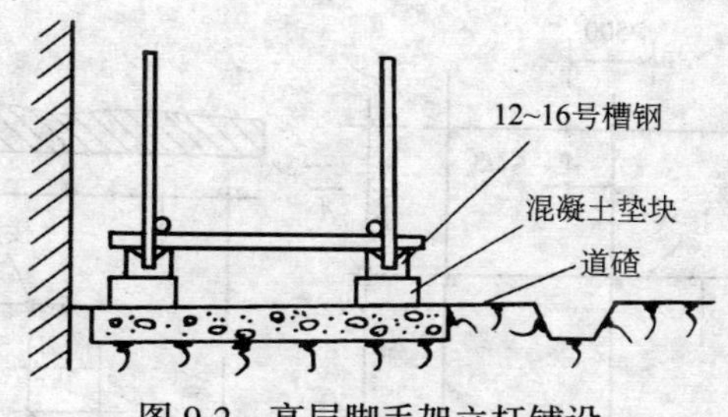

图 9-2　高层脚手架立杆铺设

(2) 杆件的连接与偏差：

1) 立杆的连接：

立杆除在顶层时可采用搭接形式外，其余连接点必须采用对接，对接时扣件相互应交错布置。也就是相邻两立杆的连接点不应设在同步同跨上，相邻两立杆的连接点在高度方向应错开不小于500mm，且连接点距离大、小横杆不大于步距的1/3。搭接时，应采用不少于两个回转扣件固定，搭接长度不小于1000mm(图9-3)。

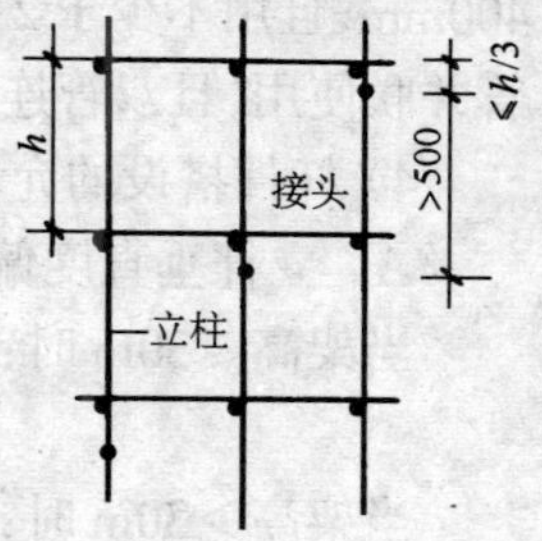

图 9-3　立杆连接示意图

2) 纵向小平杆(大横杆与搁栅)的连接：

对接时连接点应交错布置，里外大横杆的连接点应相互错开，水平距离不小于500mm，且距离立杆的水平距离不大于1/3的柱距，也即对连接接点不应处在跨中部分(图9-4)。纵向水平杆的连接一般情况下不采用搭接，若采用搭接形式则搭接长度不小于1000mm，且用3个扣件等距紧固。

3) 剪刀撑的连接：

剪刀撑钢管的连接应采用搭接形式，搭接长度应不小于

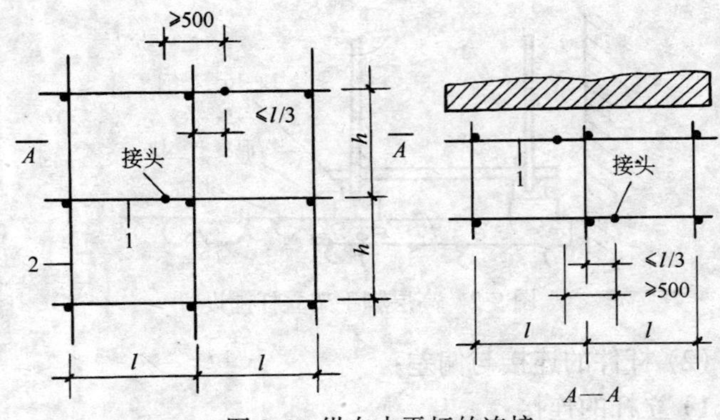

图 9-4 纵向水平杆的连接

400mm，且用不少于 2 个扣件紧固。当采用对接形式时，应双管并联使用，且双管连接点不能同时出现在同步同跨内。

4）杆件搭设的允许偏差：

A．立杆垂直度偏差：

当架高≤30m 时：纵向不大于 $H/200$，且不大于 100mm；
横向不大于 $H/400$，且不大于 50mm。

当架高＞30m 时：纵向不大于 $H/400$，且不大于 100mm；
横向不大于 $H/600$，且不大于 50mm。

B．纵向水平杆的水平偏差不得大于总长度的 1/300，且不大于 50mm。

（3）附墙拉结：

1）作用：

拉结的作用，主要是用以抵抗风荷载及垂直荷载的偏心影响，以及减小立杆的长细比。拉结是防止脚手架变形失稳的重要措施，其数量的多少、布置形式、间距大小对架体的承载能力有较大的影响。

2）形式：

拉结分为硬拉结和软拉结。一般情况下脚手架高度≤25m时可采用软拉结，当脚手架高度>25m时应采用经过设计的既能承受拉力又能承受压力的硬拉结。

3）位置：

通常情况下，拉结沿垂直方向的间距不大于4m，水平方向的间距不大于6m，攀拉脚手架的部位应该是立杆与大小横杆交叉点的上下、左右200mm范围内。架体的断开处和架体的顶部拉结点应适当加密。

根据以上要求，上海地区脚手架通常沿垂直方向每二步(3.6m)、水平方向每三跨(5.4m)设置一处拉结。当采用密目网对架体进行封闭防护时，拉结点应适当加密，一般将水平方向每三跨改为每二跨(3.6m)设置一处拉结。

拉结点的排列形式有梅花型和井字型两种，据有关理论分析：在同等条件下，梅花型排列比井字型排列的架体临界荷载可提高10.6%。因此拉结点的排列形式应提倡梅花型排列(图9-5)。

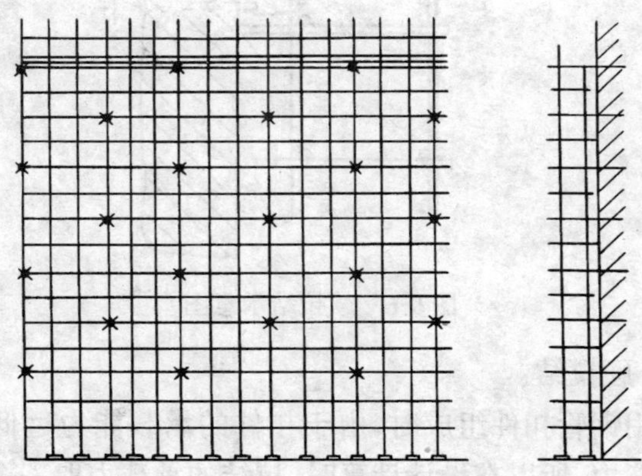

图9-5　拉结点的排列形式(梅花型)

4) 强度及构造:

每个拉结点处的拉结件,强度应不小于7000N,构造上除拉结件必须与墙体垂直设置外,还应符合以下要求:

A. 软拉结:

在结构内预埋钢筋环,用小横杆顶住墙面,并在立杆与小横杆交叉点附近用10～12号镀锌铁丝双股并联,绕住立杆,与钢筋环绑牢,形成一支一拉。

此时镀锌铁丝承受拉力,小横杆承受压力,因软拉结刚度较差,在使用上受到限制,一般仅能用于高度不大于25m的脚手架上。在设置软拉结时应注意,镀锌铁丝只能在结点处缠绕,结点之间应减少缠绕以免造成钢丝强度的损失,此外拉撑点要尽量靠近,间距不能过大(图9-6)。

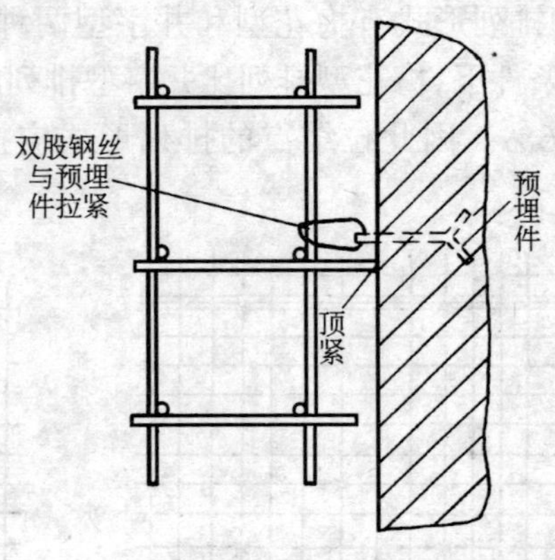

图9-6　软拉结示意图

B. 硬拉结:

当用钢管扣件组成时,由于扣件的承载能力远低于钢管的承载能力,所以在设计计算时,拉结的承载力取一个扣件的抗滑移值(8.5kN),当水平荷载数大时应增加扣件数,以通过提高扣件的抗滑移力来提高拉结的承载力。

当用钢管螺栓组成拉结时，螺栓直径应不小于 12mm，所用的承压连接钢板的厚度应不小于 4mm(图 9-7)。

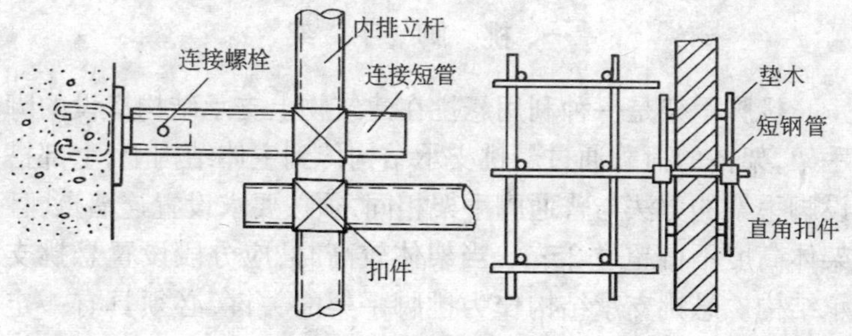

图 9-7　钢管螺栓拉结

三、多立杆满堂脚手架

搭设前须做好立杆基础；架体的四边设剪刀撑，中间沿纵向每隔四排立杆设一道剪刀撑，并在四角设置抱角斜撑，剪刀撑和斜撑应从顶到底连续设置；在有斜撑和剪刀撑的部位，每隔两步在水平方向设一道水平剪刀撑。

立杆间距不大于 2.0m，当承重较大时不大于 1.5m；作业面脚手板必须满铺，作业面以下每隔 10m 应用平网或其他措施封闭。作业面外侧临边应设防护栏杆，并应设置架体的上下通道。

满堂脚手架的设计必须经企业技术负责人审批后方可搭设，搭设完毕应经验收后，挂合格牌和限载牌才能投入使用。

第三节　挑、挂、吊脚手架

一、挑　脚　手　架

挑脚手架是一种利用悬挑在建筑物上支承结构搭设的脚手架，架体的荷载通过悬挑支承结构传到主体结构上，上部搭设脚手架的方法与普通脚手架相同，须按要求设置连墙点，且架体高度不得超过 25m。当架体较高时，应分段设置悬挑支承结构。悬挑支承结构作为挑脚手架的关键，必须具有一定的强度、刚度和稳定性。

悬挑支承结构的形式一般均为三角形桁架，根据所用杆件的种类不同可分成两类，即钢管支承结构和型钢支承结构。

1．钢管支承结构

钢管支承结构是由普通脚手钢管组成的三角形桁架如图(9-8)。斜撑杆下端支在下层的边梁或其他可靠的支托物上，且有相应的固定措施，当斜撑杆较长时，可采用双杆或在中间设置连接点。

因钢管支承结构的节点连接以扣件为主，而扣件又以紧固摩擦力来传递荷载，故钢管支承结构承载力较小。通过设计计算支承结构一般仅能搭设 4～8 步脚手架，当高层施工时，通常以 2～4 层为一段进行分段搭设。

钢管支承结构搭拆属于高空作业，搭拆施工前要研究各杆件间关系，明确搭拆顺序，避免造成杆件传力不合理，留下安全隐患。

2．型钢支承结构

型钢支承结构的结构形式主要分为斜拉式和下撑式两

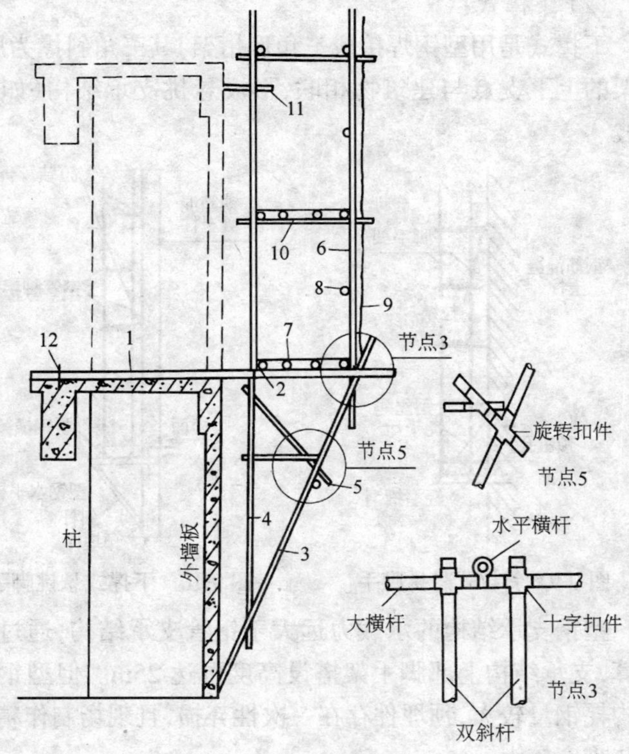

图 9-8　钢管支撑结构

1—水平横杆；2—大横杆；3—双斜杆；4—内立杆；5—加强短杆；6—外立杆；7—竹笆脚手板；8—栏杆；9—安全网；10—小横杆；11—用短钢管与结构拉结；12—水平横杆与预埋环焊接

种。

(1) 斜拉式：

斜拉式是用型钢作悬挑梁外挑，再在悬挑端用钢丝绳或钢筋拉杆与建筑物斜拉，形成悬挑支承结构(如图 9-9)。

(2) 下撑式:

下撑式是用型钢焊接成三角形桁架,其三角斜撑为压杆。桁架的上下支点与建筑物相联,形成悬挑支承结构(如图 9-10)。

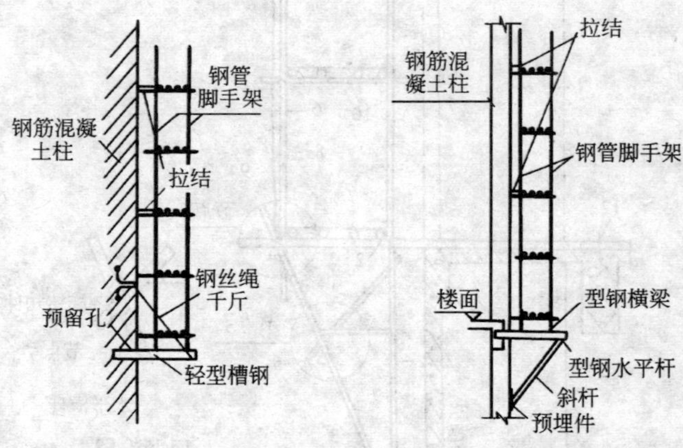

图 9-9 斜拉式悬挑脚手　　图 9-10 下撑式悬挑脚手

型钢支承结构的承载力远大于钢管支承结构,通过设计计算,支承结构上部脚手架搭设高度可达 25m。但型钢支承结构耗钢量较大,预埋件存在一次性弃损,且现场制作精度和安装难度较大。

在构造上,当支承结构的纵向间距与上部脚手架立杆的纵向间距相同时,立杆可直接支承在悬挑的支承结构上;当支承结构的纵向间距大于上部脚手架立杆的纵向间距时,则立杆应支承在设置于两个支承结构之间的两根纵向钢梁上。此时若支承结构的纵向间距为 6m 左右时,纵向钢梁可选用 18～20 号工字钢,或者 20～22 号的槽钢;若支承结构的纵向间距大于 7.5m 时,应考虑选用桁架式的纵向钢梁。上部脚手架立杆与支承结构应有可靠的定位连接措施,以确保上部架体的稳定。通常采用在挑梁或纵向钢梁上焊接长 150～200mm、外径为 ϕ40mm 的钢管,立杆套座其外,并同时在立杆下部设置扫地杆。

3. 挑脚手架的防护及管理

挑脚手架在施工作业前除须有设计计算书外,还应有含具体搭设方法的施工方案。当设计施工荷载小于常规取值即:按三层作业、每层 2 kN/m^2,或按二层作业、每层 3kN/m^2 时,除应在安全技术交底中明确外,还必须在架体上挂上限载牌。

挑脚手架应实施分段验收,对支承结构必须实行专项验收。

架体除在施工层上下三步的外侧设置 1.2m 高的扶手栏杆和 18cm 高的挡脚板外,外侧还应用密目式安全网封闭。在架体进行高空组装作业时,除要求操作人员使用安全带外,还应有必要的防止人、物坠落的措施。

二、挂 脚 手 架

挂脚手架是在用型钢制成的承力架上设置操作平台,并悬挂于建筑物主体结构上,以供施工作业和安全围护之用。挂脚手架的设计和使用关键是悬挂点,悬挂点按建筑物主体结构不同而分成二种。一种为当主体结构为剪力墙时,用预埋 ϕ20～ϕ22 钢筋环,也可用特别的预埋件或穿墙螺栓作为悬挂点。另一种为当主体结构为框架时,则在框架柱上设置卡箍,并在卡箍上焊上挂环作为悬挂点。悬挂点要认真进行设计计算,一般情况下悬挂点水平间距不大于 2m,由于挂脚手架的附加荷载对主体结构有一定的影响,因此还必须对主体结构进行验算和加固。使用时严格控制施工荷载和作业人数，一般施工荷载不超过 1kN/m²，每跨同时操作人数不超过 2 人。

挂脚手架应在地面上组装，然后利用起重机械进行挂装。挂脚手架正式投入使用前，必须经过荷载试验，试验时载荷至少持续 4h，以检验悬挂点和架体的强度和制作质量。

挂脚手架施工层除设置 1.2m 高防护栏杆和 18cm 高的踢脚板外，架体外侧必须用密目网实施全封闭，架体底部必须封闭隔离。

三、吊 脚 手 架

吊脚手架也称吊篮，一般用于高层建筑的外装修施工，也可用于滑模外墙装饰的配套作业。它是利用固定在建筑物顶部的悬挑梁作为吊篮的悬挂点，通过吊篮上的提升机械，使吊篮升降，以满足施工的需要。其主要组成部分为：吊篮、支承设施（挑梁和挑架）、吊索和升降装置等。

吊脚手架有手动和电动、钢丝绳式和链杆式以及自制和定型工具式等多种不同形式。

1. 手动吊篮

手动吊篮一般均为非定型产品，除手拉葫芦属采购产品外，架体都为现场拼装，因此施工作业前必须经过设计计算。吊篮架子可用薄壁型钢制作，也可用两榀钢管焊接成的吊架间用钢管扣件组合拼装而成。吊篮可设 1～2 层工作平台，每层高度不大于 1.8m，架子一般宽为 0.8～1.2m，长不大于 8m；当用钢管扣件拼装时，立杆间距不大于 2m，吊篮底板应选用厚度不小于 5cm 的木板。

吊篮的悬挂吊点，可用工字钢、槽钢作为悬挑梁，挑出建筑物作为吊点，挑出长度除不宜大于挑梁全长的 1/4.5 外，还以不影响吊篮升降、且吊篮内侧距建筑物不大于20cm以及使吊绳或环扣吊链垂直于地面而确定。挑出长度常取0.6～0.8m,此外设计时还应满足抵抗力矩大于3倍的倾覆力矩。挑梁外侧应设有吊点限位,防止吊绳、吊链滑脱,挑梁内侧必须与建筑结构连接牢固,且外侧比内侧高出50～100mm,形成外高内低,挑梁间应用纵向水平杆连接以确保挑梁体系的整体性和稳定性。

一般情况下,吊篮长度为3m以内时可设置2个吊点,3～8m时应设置3个吊点,吊点应均匀分布。

吊篮外侧和两端应设置500mm、1000mm和1500mm高三道防护栏杆,内侧设置600mm和1200mm高二道护身栏杆,四周设置180mm高的挡脚板,底部用安全网兜底封严,外侧和两端三面必须外包密目式安全网。此外当存在交叉作业或上部可能有坠落物时,吊篮顶部必须设置防护顶板,顶板可采用木板、薄钢板或金属网片。吊篮内侧两端应设置护墙轮等装置,以确保作业时吊篮与建筑物拉牢、靠紧、不晃动。当工作平台为二层时应设内爬梯,平台爬梯口应设置盖板。

吊篮升降时必须设置不小于ϕ12.5mm的保险钢丝绳或安全锁。所有承重钢丝绳和保险钢丝绳不准有接头,且按有关规定紧固。

2. 电动吊篮

电动吊篮一般均为定型产品,由作业吊篮、电动提升机构、吊挂绳轮系统、安全锁及吊架等组成。

(1) 作业吊篮:

作业吊篮一般采用型钢或铝合金型材制成,四周设有1200mm高的护栏和180mm的挡脚板,其宽一般为0.7m,标准节长度一般有2m、2.5m和3m三种,可按使用说明书拼装成不同长度,篮体上应设有作业人员安全带的钩挂节点。

(2) 电动提升机构:

电动提升机构由电动机、减速器、制动器以及压绳机构组成。

(3) 吊架:

吊架由悬挑梁、支架、配重及配重架组成,一般均为现场装配,悬挑长度可调节,其安装应严格按照使用说明书要求。

(4) 安全锁:

安全锁的作用是当吊篮发生意外坠落时,能自动将吊篮锁在保险钢丝绳上。

安全锁的使用应具备以下条件,即 1)要在有效的标定期限内;2)具有完整有效的铅封或漆封;3)使用符合规定的钢丝绳;4)动作灵敏,工作可靠。

电动吊篮必须具备生产厂家的生产许可证或准用证、产品合格证、安装使用和维修保养说明书、安装图、易损件图、电气原理图、交接线图等技术文件。吊篮的几何长度、悬挑长度、载荷、配重等应符合吊篮的技术参数要求。其电气系统应有可靠的接零装置,接零电阻≤0.1Ω。电气控制机构应配备漏电保护器,电气控制柜应有门加锁。

电动吊篮应设有超载保护装置和防倾斜装置。

3. 吊篮的使用和管理

吊篮使用前应进行荷载试验和试运行验收,确保操纵系统、上下限位、提升机、手动滑降、安全锁的手动锁绳灵活可靠。

吊篮升降就位后应与建筑物拉牢、固定后才允许人员出入吊篮或传递物品。吊篮使用时必须遵循设备保险系统与人身保险系统分开的原则,即操作人员安全带必须扣在单独设置的保险绳上。严禁吊篮连体升降，且两篮间距不大于200mm，严禁将吊篮作为运送材料和人员的垂直运输设备使用。严格控制施工荷载，不超载。

吊篮必须在醒目处挂设安全操作规程牌和限载牌，升降交付使用前须履行验收手续。

吊篮操作人员应相对固定，经特种作业人员培训合格后持证上岗，每次升降前应进行安全技术交底。作业时应戴好安全帽、系好安全带。

吊篮的安装、施工区域应设置警戒区。

第四节　附着升降脚手架

一、分　类

附着升降脚手架又称爬架，是指采用各种形式的架体结构及附着支撑结构，依靠设置于架体上或建筑结构上的专用升降设备实现升降的施工用脚手架。

当按爬升构造方式分类时有套管式（图 9-11）、挑梁式（图 9-12）、悬挂式、互爬式和导轨式等；当按组架方式分类时有单片式、多片式和整体式；当按提升设备分类时有手拉式、电动式、液压式等。

二、基 本 组 成

附着升降脚手架主要由架体结构、附着支撑、升降装置、安全装置等组成。

1. 架体结构

(1) 架体板：

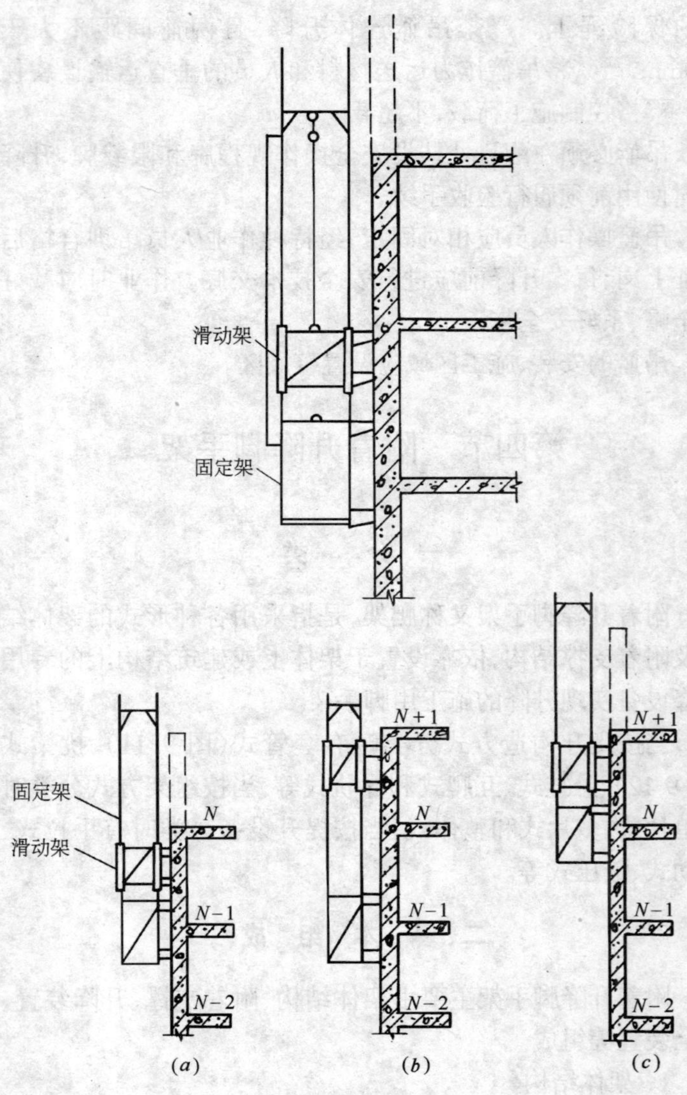

图 9-11　套管式爬架

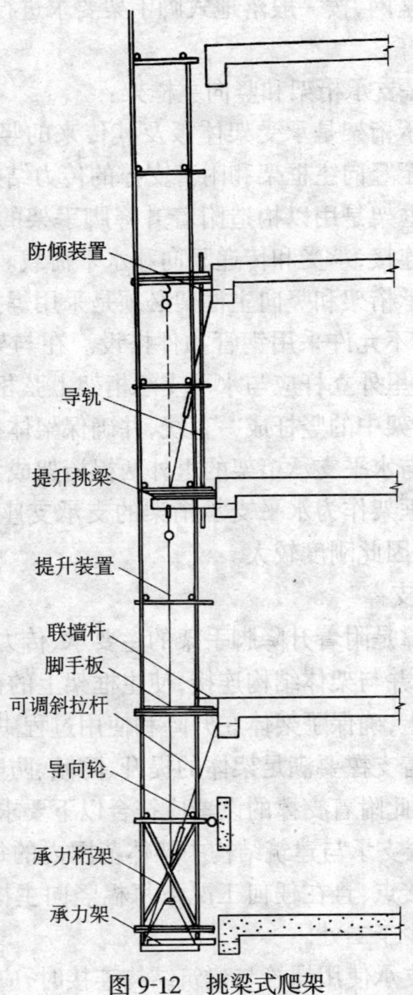

图 9-12 挑梁式爬架

架体板由扣件式钢管脚手架或碗扣式钢管脚手架组成，也有采用型钢组合而成。主要构件有立杆、大小横杆、斜杆、脚手板和安全网,按一般落地式脚手架要求进行搭设、设置剪刀撑和连墙杆。

(2) 水平支承桁架和竖向主框架:

水平支承桁架是承受架体板及其传来的竖向荷载,并将竖向荷载传至竖向主框架和附着支撑的传力结构。

竖向主框架是用以构造附着升降脚手架的架体部分,并与附着支撑连接,承受和传递竖向和水平荷载。

水平支承桁架和竖向主框架必须是采用焊接或螺栓连接的定型框架,不允许采用钢管扣件搭设。在与架体板的连接时,架体板的里外立杆应与水平支承桁架上弦相连接,不允许悬空,且与桁架中的竖杆成一直线,并确保架体板里外立杆传来的力分别与水平支承桁架的里外两榀桁架成为平面承力体系。竖向主框架作为水平支承桁架的支承支座,直接附着于建筑结构上,因此刚度较大。

2. 附着支撑

附着支撑是附着升降脚手架的主要承、传力构件,它与建筑结构附着,并与架体结构连接,使主框架上的荷载可靠地传到建筑结构上,确保了架体在升降和使用过程中的稳定。

由于附着支撑要满足架体的提升、防倾、防坠和抗下坠冲击的要求,因此附着支撑的设置应符合以下要求:

(1) 附着支承与建筑结构中架体范围内的每个楼层都应有可靠的连接点,且在任何工况下每榀竖向主框架与建筑结构的附着不少于二处。

当附着支承使用螺栓与建筑结构连接时,应采用螺母,且螺杆露出螺母不少于3牙,螺栓宜采用穿墙螺栓,若采用预埋螺栓时,则预埋长度与构造应满足承载力的要求,螺栓钢垫板应根据混凝土墙或梁的抗冲切强度进行设计确定,且不得小于 mm:100×100×8;垫板与混凝土表面应接触良好,垫板边缘与建筑结构构件边缘(如窗孔)的距离应大于构件的有效厚度 h_0,否则应采取在构件中设置加强钢筋等加强措施。

(2) 附着支承与建筑结构附着处的混凝土强度应严格按设计要求确定,实际施工时以混凝土强度报告为依据,不得小于 C10。

3. 升降设备

升降设备主要是指动力设备和同步升降控制系统。

(1) 动力设备一般有手动环链葫芦、电动环链葫芦、卷扬机、升板机和液压千斤顶。其中手动环链葫芦因无法实现多个同步工作,故只能用于单跨架体的升降。

架体布置时,动力设备应与架体的竖向主框架对应布置。

(2) 同步升降控制系统可控制架体平稳升降,不发生意外超载。其主要分为电控系统和液压系统。

电控系统由控制柜和电缆组成,液压系统由液压源、液压管路和液压控制台等组成。目前上海的同步升降控制系统主要是通过控制吊点实际荷载来控制各机位的升降差,故又称同步及限载控制系统。它应具备超载报警停机、失载报警停机等功能,并还能与相应的保险机构实施联动,此外还应有能自动显示每个机位的设置荷载值、即时荷载值以及机位状态等功能。

4. 安全装置

为保证架体在升降过程中不发生倾斜、晃动和坠落,附着升降脚手架必须设置防倾和防坠安全装置。

(1) 防倾装置:

架体无论在使用还是升降状态,都有前后及左右倾斜、晃动的可能,尤其是在升降状态,架体与升降机构间处于相对运动状态，与建筑结构间的约束较少，故需用防倾装置来保证架体的正常运行。防倾装置应有足够的刚度，在升降状态中，除对架体有垂直导向作用外，还能对架体始终保持前后和左右的水平约束，确保架体在两个方向的晃动不大于 3cm。

目前常用的防倾装置主要有：

1）导轨 + 导轮：导轨与导轮分别固定在建筑物与架体上，通过导轨对导轮的约束来实现防倾的目的。导轨式附着升降脚手架就是采用这种机构，它由上导轮组和下导轮组组成，上导轮组安装在最上一层结构处，下导轮组安装在架体底部。

2）钢管 + 套管：套管式附着升降脚手架的水平约束就是采用这种机构，这种机构从原理上就具备导向和水平约束作用，但由于附墙支座上下间距较小、约束作用有限，因此对架体的高度有一定的限制。

(2) 防坠装置：

防坠装置的作用是当架体发生意外下坠时能及时将架体固定住，阻止架体的坠落。

分析架体坠落的主要原因是：1)使用状态及升降状态时附着结构破坏；2)升降状态时动力失效；3)架体整体刚度或整体强度不足而发生架体解体；4)附着处混凝土强度不足。以上架体坠落原因中附着结构、架体和附着处的破坏一般都是通过以设计计算来保证架体的安全度、现场使用中加强管理来保证安全；而动力失效产生架体坠落则是通过设置防坠装置来解决。

目前用得较多的是限载联动防坠装置，它是由限载联动装置和锁紧装置组成。限载联动装置是利用弹簧钢板的弹性变形与荷载对应呈线性关系，调定限位开关的控制距离，将提升力的变化直接转换成限位开关的信号变化，并反馈到架体升降控制系统，进行显示、报警及关机。当动力失效架体发生坠落时，利用弹簧钢板突然失载而发生的反弹，通过杠杆作用启动锁紧装置，将架体吊杆锁住，同时自动关机，起到了双重防坠的目的。

防坠装置在设置时不但不能设在附着支撑即钢挑梁上，而且还应能保证通过两处以上的附着支撑向建筑结构传力。在架体平面布置时，每个动力机位处都应配置一套防坠装置。在技术要求上防坠装置的制动时间和制动距离，当整体式时不得大于 0.2s 和 80mm；当单片式时不得大于 0.5s 和 150mm。此外防坠装置必须安在有效标定期限内使用，有效标定期限目前规定为一个单体工程的使用周期，且最长不超过 30 个月。

5. 主要尺寸和构造

(1) 单片式附着升降脚手架：

1) 架体高度不大于建筑层高的 4 倍，最高取 1.8m；

2) 架体宽度不大于 1.2m；

3) 当架体为钢管扣件组装时，架体跨度不大于 3.0m，悬挑长度不大于 1/4 邻跨的跨度；当架体跨度大于 3.0m 时，架体结构中必须设置水平支承结构，水平支承结构可采用水平桁架形式或水平框架形式，且最大跨度不大于 6.0m；

4) 架体的悬臂高度在使用或升降工况下均不得大于 4.5m 或 1/3 架高；

5) 相邻两个机位间的架体必须直线布置。

(2) 整体式附着升降脚手架：

1) 架体高度不大于建筑层高的 4.5 倍，步高取 1.8m；

2) 架体宽度不大于 1.2m；

3) 当直线布置时架体跨度不大于 8m，折线或曲线布置时

架体跨度不大于5m,且必须进行力矩平衡设计与计算,或进行整体模型试验。悬挑长度一般不大于1/4邻跨的跨度和2m;

4）架体的悬壁高度在使用或升降工况下均不得大于4.5m或1/3架高;

5）架体全高与支承跨度的乘积不大于110m²。

6. 架体防护

(1) 架体外侧用密目网、架体底部用双层网(即小眼网加密目网)实施全封闭。

(2) 每一作业层外侧设置1.2m、0.6m高二道防护栏杆,以及180mm高挡脚板。

(3) 使用工况下架体底部与建筑结构外表面之间、单片架体之间的间隙必须封闭;

升降工况下架体的开口和敞开处必须有防护措施。

(4) 物料平台等可能增大架体外倾力矩的设施,必须单独设置、单独升降,严禁附着在架体上。

(5) 架体应设置必要的消防设施和防雷击措施。

三、使用条件和管理

1. 使用条件

附着升降脚手架除须经建设部鉴定外,其生产经营企业必须经当地建设行政主管部门依据相应的技术规程和有关规定进行审定后,持脚手架的《施工专业资质证书》才能从事该项业务。施工使用中不得违背技术性能规定,扩大使用范围。

每个单位工程必须根据工程实际情况,编制专项施工组织设计、经审批后报工程安全监督机构备案。架体安装完毕必须经建设行政主管部门委托的检测机构检测合格后方可投入使用。

参与架体安装操作人员必须经过市建委有关部门安全技术专业培训后持证上岗。

2．管理

(1) 根据施工组织设计要求，落实现场施工人员和组织机构，并在装拆和每次升降作业前对操作人员进行安全技术交底。

(2) 架体安装后必须经企业技术、安全职能部门验收合格后方可办理投入使用的手续。

每次升降应配备必要的监护人员，规范指令、统一指挥。升降到位后实施书面检查验收，合格后方可交付使用。

架体由提升转为下降时，应制订专项的升降转换安全技术措施。

(3) 架体装拆和提升、操作区域和可能坠落范围应设置安全警戒。

(4) 遇 6 级及 6 级以上大风或大雨、大雪、浓雾等恶劣天气时，停止一切作业，并采取相应的加固和应急措施；事后按规定内容进行专项检查，并做好记录，检查合格才能使用；夜间禁止升降作业。

(5) 同一架体所使用的升降动力设备、同步及限载控制系统、防坠装置等应分别采用同一厂家、同一规格型号的产品。多台设备时，应编号管理和使用。

(6) 动力、控制设备、防坠装置等应有防雨、防尘及防污染措施，对较敏感的电子设备还应有防晒、防潮和防电磁干扰等方面的措施。

(7) 整体式附着升降脚手架的施工现场应配备必要的通讯工具。其控制中心应有专人负责管理。

(8) 架体每月按规定内容进行专项检查。在空中悬挂时间超过 30 个月或连续停用时间超过 10 个月，架体必须予以拆除。

第十章　高处作业及模板工程

第一节　高处作业安全工作的重要性

一、从建筑业施工特点来看高处作业的重要性

(一) 高

目前建筑市场的一个最大特点是高层或高耸建筑物越来越多。解放初期上海的建筑业还不具备建造高层建筑，仅建造2万户的二层木结构建筑；到了60年代开始建造五层的简易工房，最高也只有八层的工房，当时的安全生产情况比较稳定；到了70年代上海开始进入高层建筑的建造。1976年上海最初的高层是漕溪路6幢13层和3幢16层的高层。在改革开放的年代高层建筑如雨后春笋到处林立，目前有最高的建筑物金茂大厦高达420.5m，不仅在建筑物方面越造越高，而且在构筑物方面也有重大突破，上海先后建造的南浦大桥、杨浦大桥、徐浦大桥，还有世界第三高度、亚洲之最的东方明珠电视塔高达468m，随之而来的安全生产问题也越来越突出，尤其是高处坠落事故占其他事故的首位，由此来看，高处作业的安全工作应列入安全生产的重要地位。

(二) 深

随着高层建筑的发展、深基础施工也随之增多，根据JGJ 59—99《建筑施工安全检查标准》的规定，凡深5m以下的基

础称为深基础,目前上海最深的基础达－24m左右。某一工地,基础深达22m,按照设计要求做三道混凝土支撑,这样深的基础施工难度大,稍不注意就容易发生安全事故。例如按规定在做第一道支撑时,底模素混凝土浇捣后,上面要铺设塑料薄膜,起到隔离作用,以便在下一道工序浇捣混凝土支撑;挖土时粘在支撑底部的素混凝土随土方一起被挖掉,但是在施工中大约20多m^2的素混凝土表面一时找不到薄膜就没有铺,也没有采取其他的隔离措施,接着浇捣混凝土支撑,以后继续施工。当挖完第一道支撑下部土方进入制作第二道支撑,在绑扎钢筋时,突然第一道支撑底部粘厚约10cm的素混凝土坠落,击中下面施工绑扎钢筋的民工,造成重大伤亡事故。因此在深基础施工时同样存在高处作业的安全生产问题。

（三）新

建筑业的不断发展,新技术、新工艺、新结构、新材料也随着不断地发展。例如,逆作法施工,改变了先地下后地上的常规施工方法,地上地下同时施工,施工进度可加快。例地铁一号线某东站采用逆作法施工,就是从上面向下面施工,其优点地面开挖小,影响交通范围小,施工的成本比原来的减少,但是安全生产工作的难度较大。另外在建筑物外层的装饰方面,目前也在不断采用新工艺,如,干挂石、铺贴面砖、玻璃幕墙、涂料等,这些都需要吊篮、脚手架、附着式升降脚手架作为施工的辅助设施,这里就必须重视高处作业的安全生产,1996年8月,某公司在某一工地使用整体提升式脚手架,在整体下降时部分架体由13层处(43m高)坠落造成死亡7人,伤12人的重大伤亡事故,因此高层建筑在采用新的设施、新的技术时都要认真学习,这样才能适应环境做好安全生产。

二、从历年的工伤事故分析来看高处作业的重要性

1. 从事故类别分析，高处坠落居高不下

时间	事故起数	死亡人数		发生部位							
				洞口临边	脚手架	模板坍塌	龙门架井字架	悬挑式脚手架	电梯	塔吊	打桩机械
1992年	75	108	起数	34	12	13	6	6	1	2	1
			比例	45.3%	16%	17.3%	8%	8%	1.3%	2.6%	1.3%
1993年	61	78	起数	24	6	7	20	2		2	
			比例	39.3%	9.8%	11.5%	32.8%	33%		3.3%	
1994年	54	69	起数	19	10	4	11	5		5	
			比例	35.2%	18.5%	7.4%	20.4%	9.3%		9.3%	
1995年	56	89	起数	16	8	6	8	8	2	8	
			比例	28.6%	14.3%	10.7%	14.3%	14.3%	3.6%	14.3%	
总计	246	344	起数	93	36	30	45	21	3	17	1
			比例	37.8%	14.6%	12.2%	18.3%	8.5%	1.2%	6.9%	0.4%

从上述的高处坠落事故统计分析可见：

（1）临边洞口处作业无防护设施或防护不严，坠落的 93 起，占高处坠落事故总数的 37.8%。

（2）另外从脚手架上坠落的 36 起，占高处坠落事故总数的 14.6%，其中脚手架倒塌 5 起，脚手架跳板不满铺 11 起，架体防护不严密 10 起。

（3）自制的悬挑式脚手架，由于钢丝绳断裂，或吊篮横杆

折断坠落的21起,占高处坠落事故总数的8.5%。

(4) 在龙门架(井字架)的安装、拆除或安装摇臂扒杆时,由于钢丝绳断裂、吊盘停靠装置失效或架体坍落坠落的45起,占高处坠落事故总数的18.3%

(5) 模板支撑无剪刀撑,缺少栏杆和斜撑,楼层模板立杆排列混乱,造成整体失稳坍塌坠落的30起。

(6) 在安装拆除塔吊过程中坠落17起占高处坠落事故的6.96%。

今年以来,全市建设工程因工死亡事故又呈频发趋势,截至4月底,全市建设工程因工死亡事故共发生18起,死亡18人,与去年同期相比,事故起数和死亡人数分别上升47%和41%,安全生产形势十分严重。

这些事故的发生,呈现出最显著的特点,即高处坠落事故仍居高不下,18起事故中,高处坠落事故共发生12起,死亡12人,占今年事故总数的66.66%。

2. 从风险系数来看高处作业安全工作的重要性

房子越造越高,安全问题越多,危险性越大。如金茂大厦88层与一般民房6层的相比,施工难度大,风险系数大,存在的危险也越大。另外高层建筑的洞口临边的防护更为重要。例如某一工程,对洞口的防护,虽然用电视监控先进手段,但是在时隔一个月,却连续发生二起高处坠落事故,这里除了施工现场主观上的安全管理问题外,另外一个重要原因是高层建筑的面广、楼层多、难免有不到处,稍有疏忽,事故就容易发生。当然安全与不安全是相对的不是绝对的,关键还是要搞好安全管理工作。

三、从操作者的安全意识和知识来分析，看高处作业的重要性

1. 操作者缺乏自我保护的安全意识

自从建筑业推行项目法施工，管理层与劳务层分开，项目大量使用外来劳动力，这些外来劳动力大部分是外省市的农民工，这些人过去都从事农村劳动，对建筑施工较为陌生，昨天是农民，进入工地就成为建筑工人，对建筑施工的安全操作一无所知，缺乏自我保护意识，仍然按过去农民的方法生活劳动，一下子不能适应新的工作环境，就难免发生事故。例如今年 4 月 8 日，某一工地架子工拆除 4 层自制悬挑脚手架，刚进入工地不到 3 天的民工，安排在地面搬运竹杆、篱笆等工作，干了一会儿，听别人讲“做小工挣不了多少钱，上楼层拆脚手架能挣大钱”就自己上脚手架拆脚手，由于缺乏专业知识不懂得如何拆，结果从高处坠落身亡。对于一个刚从农村出来到上海未经任何训练的民工，擅自进行高处作业，悲剧的发生就成了必然。因此在高处作业必须要事事处于注意保护自己的意识。

2. 操作者缺乏自我保护的安全知识

除了操作者缺乏自我保护的意识以外，更重要的这些外来民工缺乏系统的安全知识培训。光靠叫“当心一点”是解决不了安全生产的问题。安全是一个系统的技术的问题，而外来民工进入施工现场，应该进行入场三级教育，但是外来民工的负责人很少有对自己的下属民工进行培训，招来就用。因此外来民工对安全生产缺乏必要的知识。例如某工地某晚浇捣五层楼面部分混凝土，当浇完后，外包班长规定班组人员的手推车，由各人负责保管。大部分人把手推车从井架上运下，

而其中一民工，把手推车从楼梯上推下来，由于惯性，下来时车速越来越快，这位民工跟不上车子的速度，结果随车从四楼坠落身亡。这反映了外来民工的安全素质较差，缺乏必要安全知识，因此要胜任建筑施工的工作，就必须投入大量安全知识的培训工作，使外来民工懂得哪些必须去做，哪些不应该去做，否则就容易发生事故，这就是我们常说的施工作业人员应具备良好的自我保护意识，严格遵守安全操作规程，自觉维护施工现场良好的安全秩序和环境，这就要求我们遵章守纪，反对违章指挥，反对违章操作，只有如此安全生产就有了可靠的保证。

第二节　高处作业现行规定

一、一般规范、规程

据对近年来高处坠落事故的分析，事故发生的主要原因是：在临边洞口处作业，无防护或防护设施不严，不牢固；在龙门架（井字架）安装、拆除时发生倒塌；违章乘座吊篮；钢丝绳断裂或断绝保险、吊盘停靠装置或起高限位失灵失效等；搭设脚手架时，竹木或钢木混用，材质过细，立杆间距过大，与墙体拉结点过少，拉结不牢固，基础不平整，以及脚手架底笆不满铺、架体防护不严密等；自制悬挑式脚手架缺乏相应的设计计算资料，粗制滥造，造成使用中钢丝绳或吊篮横杆折断；模板支撑体系无设计计算资料，支撑杆件钢木或钢竹混用，无剪刀撑，缺乏拉杆和斜撑，立杆排列混乱，造成整体失稳；塔吊安装和拆除中，违反安装、拆卸程序或在使用中超载，……。

对于防止发生高处坠落事故，国家相继制定一系列的法规、规程和标准。

国务院 1956 年颁发了《建筑安装工程安全技术规程》([56]国议周字第 40 号);

原国家建工总局 1980 年颁发的《建筑安装工人安全技术操作规程》([80]建工劳字第 24 号);

原国家技术监督局 1995 年颁发了《建筑塔式起重机安全规程》(GB 5144—94);

建设部 1987 年颁发《建筑机械使用安全技术规程》(JGJ 33—86);

建设部 1992 年颁发《建筑施工高处作业安全技术规范》(JGJ 80—91);

建设部 1993 年颁发《龙门架及井字架、物料提升安全技术规范》(JGJ 88—92);

建设部 1999 年颁发《建筑施工安全检查标准》(JGJ 59—99);

建设部 1993 年下颁发了《关于防止建筑施工模板倒塌事故的通知》([93]建建安字第 41 号)。

二、介绍《建筑施工高处作业安全技术规范》(JGJ 80—91)

现就将《建筑施工高处作业安全技术规范》(JGJ 80—91)以及高处作业的防护阐述如下:

(一) 由来

主编单位:上海市建筑施工技术研究所

批准部门:中华人民共和国建设部

1992 年 8 月 1 日施行

(二) 高处作业的含义和分级

1. 高处作业含义

凡在坠落高度基准面 2m 以上(含 2m),有可能坠落的高处进行的作业。

2．高处作业的级别

（1）高处作业高度在2～5m，称为一级高处作业。

（2）高处作业高度在5～15m，称为二级高处作业。

（3）高处作业高度在15～30m，称为三级高处作业。

（4）高处作业高度在30m以上，称为特级高处作业。

3．高处作业的分类

（1）一般高处作业。

（2）特殊类高处作业。

1）在阵风风力六级（风速10.8m/s）以上的情况下进行的高处作业，称为强风高处作业；

2）在高温或低温环境下进行的高处作业，称异温高处作业；

3）降雪时进行的高处作业，称为雪天高处作业；

4）降雨时进行的高处作业，称为雨天高处作业；

5）室外完全采用人工照明时，进行高处作业，称为夜间高处作业；

6）在接近或接触带电体条件进行高处作业，称带电高处作业；

7）在无立足点或无牢靠立足点的条件下进行的高处作业，称为悬空高处作业；

8）对突然发生的各种灾害事故进行抢救的高处作业，称为抢救高处作业。

（三）建筑施工高处作业安全技术规范

1．基本要求

（1）高处作业的安全技术措施必须列入工程的施工组织设计。

(2) 高处作业必须逐级进行安全技术教育及交底。

(3) 搭设高处作业安全设施的人员，必须经市级专门培训经考核合格后方可上岗，并应定期进行体格检查。

(4) 遇恶劣天气不得进行露天攀登与悬空高处作业。

(5) 用于高处作业的防护设施，不得擅自拆除，确因作业需要临时拆除必须经项目经理部施工负责人同意，并采取相应可靠的措施跟上，作业后应立即恢复。

(6) 高处作业的防护门设施在搭拆过程时应相应设置警戒区派人监护，严禁上、下同时拆除。

(7) 高处作业安全设施的主要受力杆件，力学计算按一般结构力学公式，强度及横度计算不考虑塑性影响，构造上应符合现行的相应规范的要求。

(8) 高处作业应建立落实各级安全生产责任制，对高处作业安全设施，应做到防护要求明确，技术合理，经济适用。

2. 临边与洞口作业的安全防护

(1) 临边作业的含义：

施工现场中工作面边沿无围护设施或围护设施高度低于80cm时高处作业。

建筑施工现场，由工序的搭接，出现了临边作业，常见的有以下五各方面：

1) 基坑周边；2)尚未安装栏杆或栏板的阳台、料台、挑平台周边；3)雨篷与挑檐边；4)无脚手的屋面与楼层周边；5)水箱与水塔周边。

(2) 临边的防护：

1) 对基坑、阳台、料台、挑平台、雨篷与挑檐边等周边采用防护栏杆。

A. 防护栏杆由上下两道横杆及栏杆柱组成。上杆离地

高度为 1.0～1.2m,下杆离地高度为 0.5～0.6m,横杆长度大于 2m 时,必须设置栏杆柱(见图 10-1);

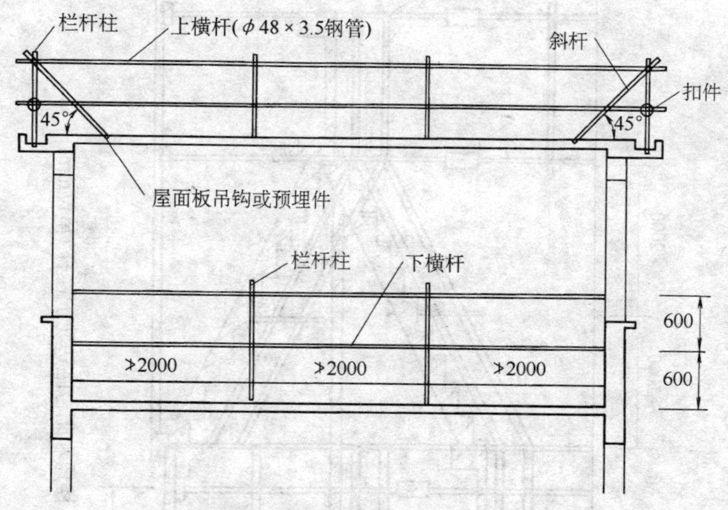

图 10-1　屋面、楼层临边防护栏杆(单位 mm)

B. 防护栏杆必须自上而下用密目式安全网封闭,必要时亦可在底部横杆下沿设置严密固定的高度不低于 18cm 的踢脚板;

C. 防护栏杆的钢管 $\phi48\times3.5$mm,扣件或电焊固定;

D. 防护柱上杆任何处能经受任何方向的 1000N 外力;

E. 沿街马路居民密集区,除防护栏杆外,敞口立面必须采取密闭式安全网全封闭。

2) 建筑物楼层周边的防护:

头层高度超过 3.2m 的二层楼屋周边,以及脚手架的高度超过 3.2m 楼层周边,必须在外围架设安全平网一道。楼层、阳台等处防护栏杆设置见图 10-2。

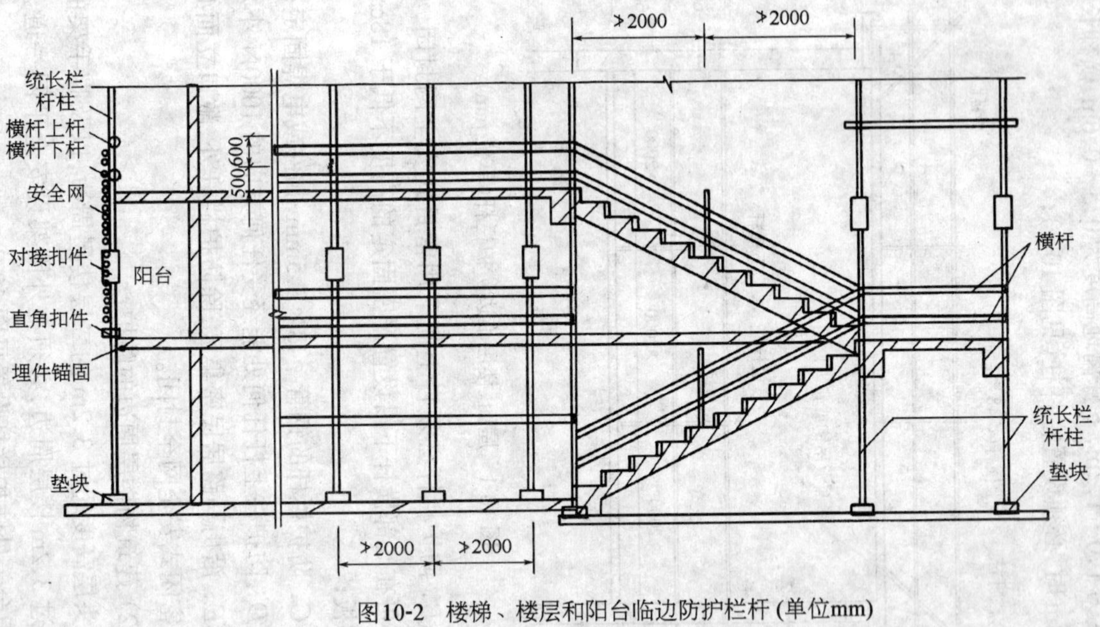

图10-2　楼梯、楼层和阳台临边防护栏杆（单位mm）

根据建设部颁发的《建筑施工安全检查标准》(JGJ 59—99)的规定，取消了平网在建筑物外围的使用，改为立网全封闭，立网应该使用密目式安全网，其标准：

第一，每 $10cm \times 10cm = 100cm^2$ 的面积上，有 2000 个以上网目。

第二，做耐贯穿试验(将网与地面成 30 度夹角，在其中心上方 3m 每处，用 5kg 的钢管垂直自由落下，不穿透。

3. 洞口作业

(1) 洞口作业的含义：

洞与孔边口旁的高处作业，包括施工现场及通道旁深度在 2m 及 2m 以上的桩孔、人孔、沟槽与管道、孔洞等边沿上的作业称为洞口作业。

施工现场因工程和工序需要而产生洞口，常见的有楼梯口、电梯井口、预留洞口、井架通道口，这就是常称的“四口”。

(2) 洞口防护：

楼板、层面和平台等处的洞口，根据具体情况采取设防护栏杆、加盖件、张安全网或装栅门等措施。

A. 边长为 25～50cm 的洞口，用坚实的木板盖，盖板应能防止挪动移位，并用标识；

B. 边长为 50～150cm 的洞口，四周设防护栏杆，用密目式安全网围档，必要时亦可在底部横杆下沿设置严密固定的高度不低于 200mm 的踢脚板。

C. 边长大于 150cm 的洞口，除应根据 *B* 条设置防护外，同时洞口下张设安全网，见附图 10-3。

D. 电梯井的防护。应设置固定栅门，栅门的高度为 175cm，安装时离楼层面 5cm，上下必须固定，门栅网格的间距不应大于 15cm。同时电梯井内应每隔两层设一道安全网。

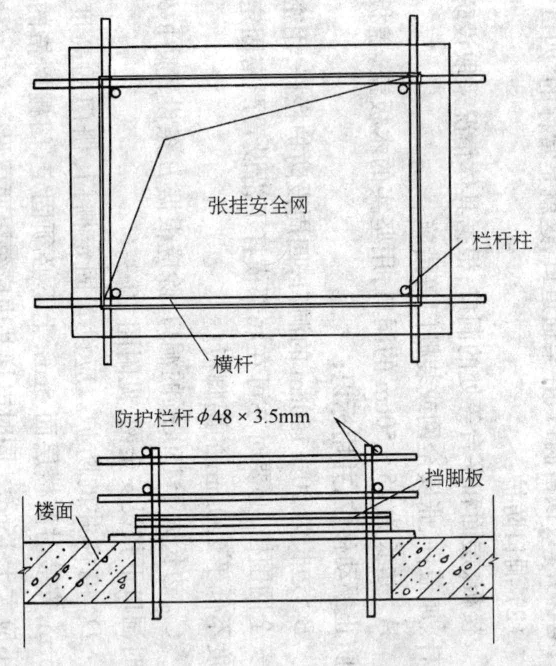

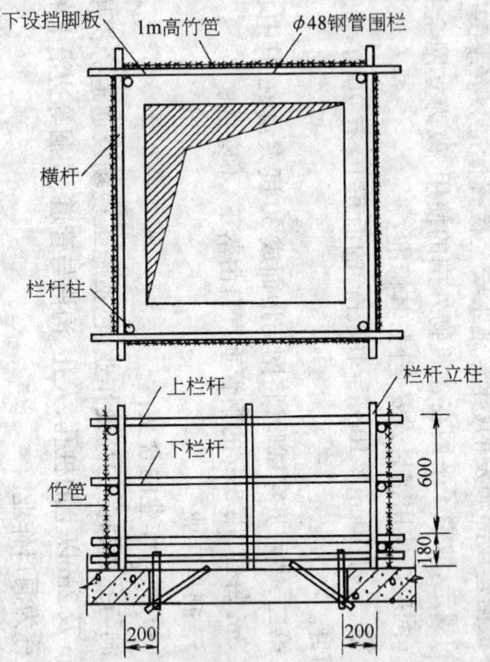

图 10-3　边长1500～2000mm的洞口防护设施(mm)

高度不大于 10m，墙面等处的洞口，同样设置固定的栅门。其安装方法与电梯井一样（见图 10-4）。

4. 攀登与悬空作业的安全防护

（1）攀登作业的含义：

借助登高用具或登高设施，在攀登条件下进行的高处作业。

（2）攀登作业的安全防护：

1）攀登作业在施工组织设计中应确定用于现场施工的登高和攀登设施。

2）柱、梁和行车梁等构件吊装所需的直爬梯及其他登高用拉攀件，应在构件施工图纸或说明内作出规定。

3）移动式梯子，应按现行的国家标准验收，合格后方可使用。

4）使用梯子进行攀登作业时，梯脚底都应坚实，不得垫高使用。梯子的上端应固定使用，立梯工作角度以 75°±5°为宜，踏板上下间距 30cm 为宜，不得有缺档。

5）梯子如需接长使用，必须有可靠的连接措施，并且接头不得超 1 处，强度不得低于单梯的强度。

6）折梯使用时上部夹角以 35°～45°为宜，铰链必须牢固，应有可靠的拉撑措施。

7）使用直梯进行攀登作业时，攀登高度以 5m 为宜，超过 2m 时宜加设护笼，超过 8m 时必须设置平台。

8）作业人员应从规定的通道上下、不得在阳台之间等非规定过道进行攀登，也不得任意利用吊车臂架等施工设备进行攀登。上下梯子时必须面向梯子，且不得手持器物。

9）钢柱安装登高时，应使用钢挂梯或设置在钢柱上的爬梯。

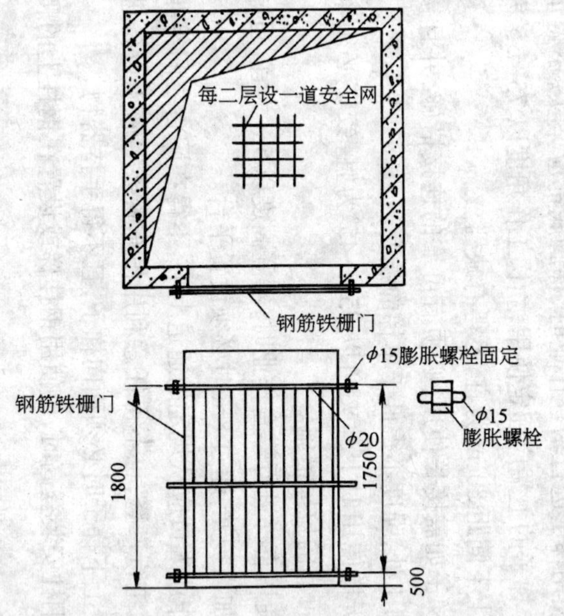

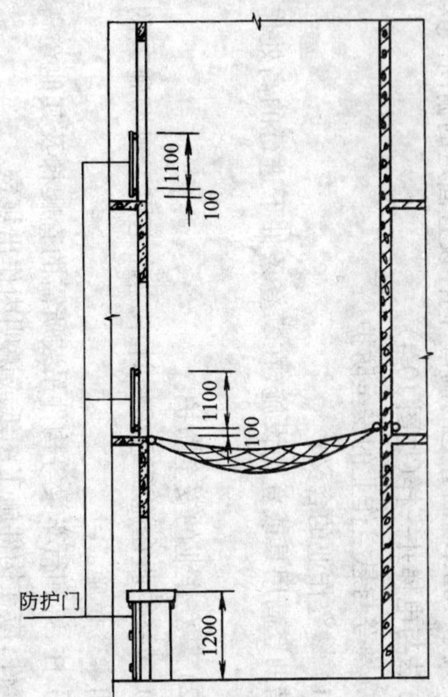

图 10-4　室内电梯门洞安全防护

10）钢屋架的安装时在屋架上下登高操作时，对于三角形屋架应在屋脊上、梯形屋架应在两端设置攀登时上下的梯架。材料可选用毛竹或原木，踏步间不应大于40cm，毛竹梢径不应小于70mm。

（3）悬空作业含义：

在四周面边临空状态下进行的高处作业叫悬空作业。

（4）悬空作业的安全防护：

1）悬空作业处应有牢靠的立足处并必须视具体情况配置防护网，栏杆或其他安全设施。

2）悬空作业所用的索具、脚手板、吊篮、平台等设备，均需检查或技术鉴定后方可使用。

3）悬空安装大模板、吊装第一块预制构件、吊装单独的大中型预制构件时，必须站在操作平台上操作，吊装中的大模板和预制构件，严禁站人和行走。

4）安装管道时必须有已完结构或操作平台为立足点，严禁在安装中的管道上站立和行走。

5）浇筑离地2m以上的框架、过梁雨篷和小平台时，应设操作平台，不得直接站在模板或支撑件上操作。

6）进行各项窗口作业时，必须系好安全带操作。

5．操作平台

（1）操作平台的含义：

现场施工中用以站人、载物并可进行操作的平台。

（2）操作平台的分类：

1）移动式操作平台：可以搬动的用于结构施工、室内装饰和水电安装等操作平台。使用时应符合以下规定（见图10-5）：

A．操作平台由专业技术人员按现行的相应规范进行设

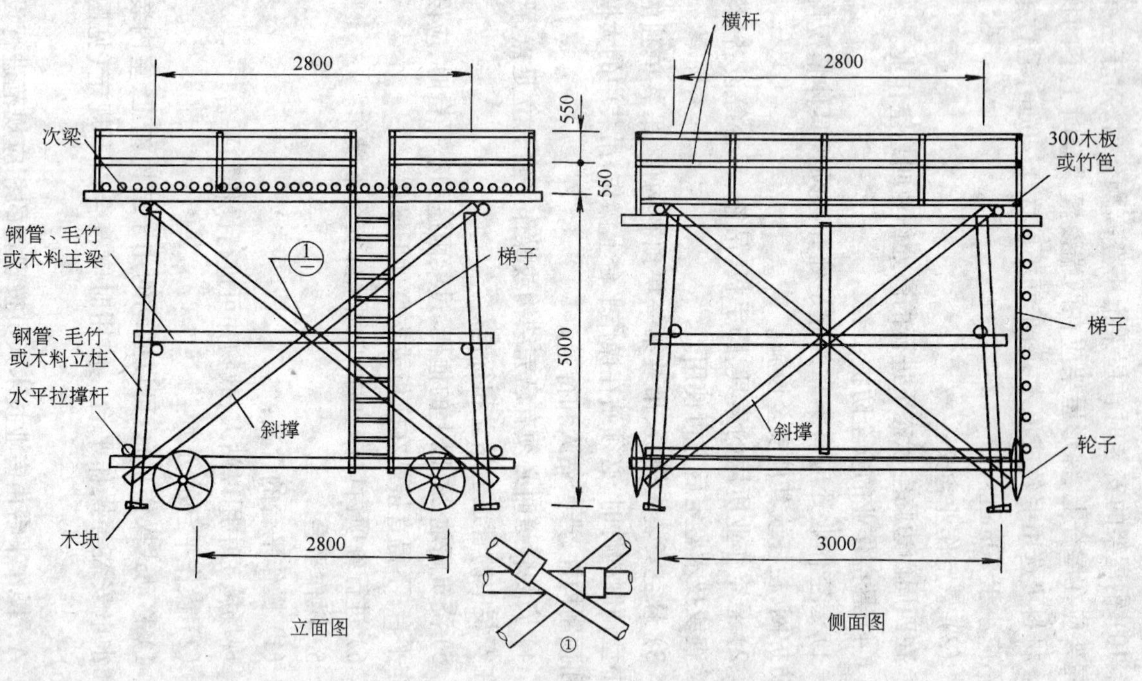

图 10-5 移动式操作平台 (单位mm)

计,计算及图纸应编入施工组织设计。

B. 操作平台面积不应超过 10m^2,高度不应超过 5m。同时必须进行稳定计算,并采取措施减少立柱的长细比。

C. 装设轮子的移动式操作平台,连接应牢固可靠,立杆底端离地面不得大于 80mm。

D. 操作平台采用 ϕ48～51×3.5mm 钢管扣件连接,亦可采用门架式、承插式钢管脚手架部件,按产品要求进行组装。平台的次梁,间距不应大于 40cm,台面应满铺 3cm 厚的木板或竹笆。

E. 移动式操作平台在移动时,平台上的操作人员必须撤离,不准上面载人移动平台。

2) 悬挑式钢平台:可以吊运和搁置于楼层边的用于接送物料和转运模板等的悬挑式操作平台,通常采用钢构件制作。其使用规定(见图 10-6)如下:

A. 按现行规范进行设计,其结构构造应能防止左右晃动,计算书及图纸应编入施工组织设计。

B. 悬挑式钢平台的搁支点与上部拉结点必须位于建筑物上,不得设置在脚手架等施工设施上。

C. 斜拉杆或钢丝绳,构造上宜两边各设置前后两道,两道中的每一道均应作单道受力计算。应设 4 只吊环(经验算),吊环用甲类 3 号沸腾钢,(不得使用螺纹钢)。

D. 安装时,用钢丝绳卸甲、卡子(不少于 3 只),钢丝绳与建筑物(柱、梁)锐角利口处应加软垫物。钢平台外口略高低内口,周边设置固定的防护栏杆。

E. 钢平台搭设完毕后应组织专业人员进行验收,合格后挂牌方可使用,同时挂设限载重量牌。

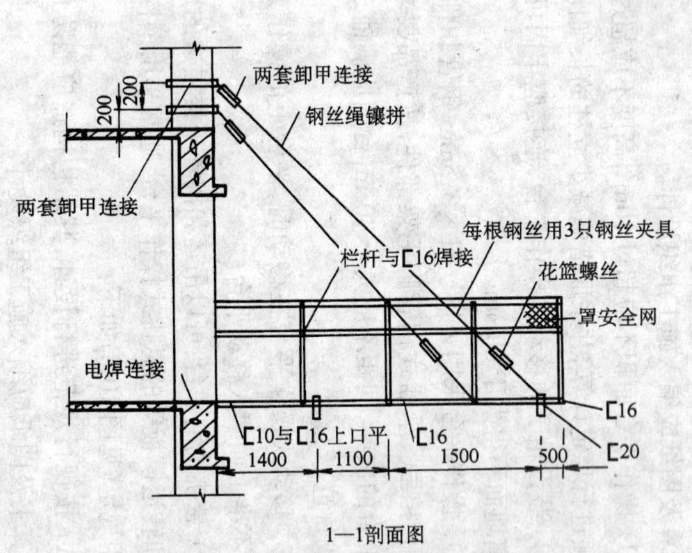

图 10-6 悬挑式钢平台(mm)

6. 交叉作业

(1) 交叉作业的含义:

在施工现场的上下不同层次,于空间贯通状态下同时进行的高处作业。

(2) 交叉作业的安全防护:

1) 由于上方施工可能坠落物件或处于起重机把杆回转范围之内的通道,在其影响的范围内,必须搭设双层防护棚。防护棚的宽度,根据建筑物与围墙的距离而定,如果超过 6m 的搭设宽度为 6m,不满 6m 的应搭满。

2) 结构施工自二层起,凡人员进出的通道口(包括井架、施工电梯的进出通道口,以及施工人员的进出建筑物的通道口)均应搭设安全防护棚,高度超过 24m 的层次,应搭设双层防护棚。

3) 支模、粉刷、砌墙等各工种进行立体交叉作业时,不得在同一垂直方向上操作。可采取时间交叉、位置交叉,如时间交叉、位置交叉不能满足施工要求,必须采取隔离封闭措施后,方可施工。

第三节 模 板 工 程

近年来,建筑施工任务伤亡事故中坍塌事故比例增大,主要原因是开挖基坑、基槽时未按土质情况设置安全边坡和做好因壁支撑,楼板拆模后,混凝土未达到设计强度,在楼板上堆物过多,使楼板超过允许荷载;现浇混凝土模板支撑没有经过设计计算,支撑系统强度不足,在浇筑混凝土过程中,造成整体失稳坍塌。现已列入建设部多发事故专项治理。

一、模板制作前的要求

1. 施工前要编制施工方案

(1) 要进行模板支撑设计、编制施工方案,并经上一级技术部门批准。

(2) 设计方案应包括:

1) 支撑设计计算书。

2) 细部构造的大样图,选用材料的规格、尺寸、接头方法,间距及剪力撑设置要详细注明。

3) 还需编制模板的制作、安装及拆除等施工程序,方法及安全措施。

2. 模板工程安装完毕,必须由技术负责人按照设计要求检查验收,合格后,才能浇筑混凝土。

3. 模板支撑和拆除的悬空作业时的注意事项

(1) 支模应按规定的作业程序进行,模板未固定前不得进行下一道工序。严禁在连接件和支撑件上攀登上下,并严禁在上下同一垂直面安装、拆模板。结构复杂的模板,装、拆应严格按照施工组织设计的措施进行。

(2) 支设高度在 3m 以上的柱模板,四周应设斜撑,并应设立操作平台,低于 3m 的可用马凳操作。

(3) 支设悬挑形式的模板时,应有稳定的立足点。支设临空构筑物模板时,应搭设支架。模板上有预留洞时,应在安装后将洞盖没。混凝土板上拆模后形成的临边或洞口,应按规定进行防护。

(4) 拆模高处作业,应配置登高用具或搭设支架。

(5) 模板支撑拆除前,混凝土强度必须达到设计要求,并经申报批准后,才能进行。

(6) 拆除的钢模作平台底模时,不得一次将顶撑全部拆除，应分批拆除，然后按顺序拆下隔栅、底模，以免发生钢模在自重荷载下一次性大面积脱落。

(7) 拆模时必须设置警戒区域，并派人监护。拆模必须拆除干净彻底，不得保留有悬空模板。拆下的模板要及时清理，堆放整齐。

4．混凝土浇筑悬空作业时的注意事项

(1) 浇筑离地2m以上框架、过梁、雨篷和下平台时，应设操作平台，不得直接站在模板上或支撑上操作。

(2) 浇筑拱形结构，应自两边拱脚对称地相间进行。浇筑储仓，下口应先行封闭，并搭设脚手架以防人员坠落。

(3) 特殊情况下如无可靠的安全设施，必须系好安全带并扣好保险钩，或架设安全网。

二、模板工程的注意事项

(1) 作业面孔洞及临边作业时，无可靠防护措施，必须佩带安全带。

(2) 在支模时，操作人员不得站在支撑上，而应设立人板，以便操作人员站立。立人板应用木质中板为宜，并适当绑扎固定。不得用钢模板或5cm×10cm的木板。

(3) 在模板上运送混凝土，应设置走道板，并要稳妥牢固。

(4) 模板上施工时，堆物(钢模板等)不宜过多，不宜集中一处。

(5) 支模过程中，如需中途停歇，应将支撑搭头、柱头板钉牢。拆模间歇时，应将已活动的模板、牵杠、支撑等运走或妥善堆放，防止因踏空、扶空而坠落。

(6) 大模板施工时，存放大模板必须要有防倾措施。

第十一章　施工机具

第一节　概　　述

为了全面完成建筑工地的施工任务，除需使用各种大、中型建筑机械(辟如：塔吊、施工电梯、井架、混凝土机械等)外，还需要有大量的种类齐全的配套施工机具。例如：木工机械、钢筋机械、手持电动工具、电焊机、打桩机械等。中华人民共和国行业标准《建筑施工安全检查标准》(JGJ 59—99)施工机具检查评分表列出了建筑施工常用的和易发生伤亡事故的10种机具，这些机具设备与大型设备相比较其可能造成的危险性虽然较小，但由于它数量多，使用广泛，所以发生事故的概率大；又因其设备体积较小，所以往往在安全管理上容易被忽视，在施工现场存在的安全隐患较多。因此在进行安全检查时，要求也与大型设备一样，凡进入施工现场的施工机具，必须是经过建筑安全管理部门验收，确认符合要求时，发给准用证或有验收手续方能使用，不能把不合格的机具运进施工现场使用。施工机具都必须按照《施工现场临时用电安全技术规范》的要求，三级配电两级保护，除做保护接零外，还必须在设备负荷线的首端处设置漏电保护装置。

本章中应用的法规、规章和标准主要有：

(1) 国务院《建筑安装工程安全技术规程》([56]国议周字第40号)。

(2) 原国家建工总局《建筑安装工人安全技术操作规程》([80]建工劳字第24号)。

(3) 国家行业标准《建筑施工安全检查标准》(JGJ 59—99)。

(4) 建设部标准《施工现场临时用电安全技术规范》(JGJ 46—88)。

(5) 上海市标准《施工现场安全生产保证体系的建立和实施》(DBJ 08—903—98)。

第二节 平 刨

一、简 介

木工刨床是用来专门加工木料表面(如表面的整直、修光、刨平等)的机具。木工刨床分平刨床和压刨床二种。其平刨床又分手压平刨床和直角平刨床;压刨床分单、双面压刨床和四面刨床三种。

本节主要介绍在施工现场被广泛使用的木工手压平刨床,它主要采用手工操作,即利用刀轴的高速旋转,使刀架获得25m/s以上的切削速度,此时用手把持木料并推动木料紧贴工作台面进料,使它通过刀轴,而木料就在这复合运动中受到刨削。在平刨上断手指的事故率是很高的,在木工机械事故中占首位,历来被操作人员称为“老虎口”。

二、安全事故原因及后果

从木工手压平刨床的65起事故样本案例来进行分析,有三种事故原因占较大比例。(1)占首位的原因是木质不均匀

(有节疤或倒丝纹):因为节疤和倒丝纹处的硬度超过周围木质的几倍,刨削时碰到节疤时,其切削力也相应增加几倍,这就使两手推压木料原有的平衡突然遭到破坏,在刨刀圆周力的冲击下,木料会突然弹出或翻倒,这时操作人员的两手若仍按原来的方式施力伸进刨口,手指便立即被高速旋转的刨刀一片一片地切去,造成断指事故。这类事故有 21 起,占 32.3%。(2)其次是操作方法不正确或违反操作规程(有 10 起,占 15.4%);(3)是加工的木料过短,木料长度在 250mm 以下(有 7 起,占 10.8%)。这三种原因造成的后果均为"断指事故"占事故样本案例的 58.5%。其他事故原因有:(1)平刨安装后未经验收合格,即使用。(2)临时用电不符规范要求(例如:三级配电二级保护不完善,缺漏电保护器或失效,未做保护接零等)。(3)传动部位无防护罩。(4)操作人员违章作业,衣袖未扎紧等。

全国每年在木工平刨上被切去手指的事故高达数千起之多,而且刨去的手指都因无法进行断指再植而造成终身残废。

三、安全要求及预防措施

1. 安全要求

(1) 必须使用圆柱形刀轴,绝对禁止使用方轴。

(2) 刨刀刃口伸出量不能超过外径 1.1mm。

(3) 刨口开口量不得超过规定值。

(4) 每台木工平刨上必须装有安全防护装罩(护手安全装置及传动部位防护罩),并配有刨小薄料的压板或压棍。

(5) 刨削工件的最短长度不得小于刨口开口量的 4 倍,而且刨削时必须用推板压紧工件进行刨削。

(6) 刨削前必须仔细检查木料有无节疤和铁钉。如有应用冲头冲进去。

(7) 刨削过程中如感到木料振动太大，送料推力较重时，说明刨刀刃口已经磨损，必须停机更换新磨锋利的刨刀。

(8) 开机后切勿立即送料刨削，一定要等到刀轴运转平稳后方可进行刨削。因为刀轴的转速一般都在 5000r/min 以上，从启动电源到刀轴转动平稳需经过一段时间。如果一启动就立即进行刨削，则刨削是在切削速度从低到高的变化过程中进行的，因而容易发生事故。

(9) 施工用电必须符合规范要求，要有保护接零（TN—S 系统）和漏电保护器。

(10) 一般平刨的噪声不能超过 90dB，否则就得采取降低噪声的措施。因此在选择平刨时，就应提出要求。

2. 预防措施

(1) 平刨在进入施工现场前，必然经过建筑安全管理部门验收，确认符合要求时，发给准用证或有验收手续方能使用。设备挂上合格牌。

(2) 平刨、电锯、电钻等多用联合机械在施工现场严禁使用。

(3) 手压平刨必须有安全装置，并在操作前检查机械各部件及安全防护装置是否松动或失灵，并检查刨刀锋利程度，经试车 1～3min 后，才能进行正式工作，如刨刃已钝，应及时调换。

(4) 吃刀深度一般调为 1～2mm。

(5) 操作时左手压住木料，右手均匀推进，不要猛推猛拉，切勿将手指按于木料侧面。刨料时，先刨大面当作标准面，然后再刨小面。

(6) 在刨较短，较薄的木料时，应用推板去推压木料。

（7）长度不足400mm，或薄且窄的小料不得用手压刨。

（8）两人同时操作时，须待料推过刨刃150mm以外，下手方可接拖。

（9）操作人员衣袖要扎紧，不准戴手套。

（10）施工用电必须符合规范要求，并定期进行检查。

（11）平刨在施工现场应置于木工作业区内，并搭设防护棚；若位于塔吊作业范围内的，应搭设双层防坠棚，且在施工组织设计中予以策划和标识，同时在木工棚内落实消防措施、安全操作规程及其责任人。

第三节 圆 盘 锯

一、简 介

圆锯机是应用很广的木工机械，它是由床身、工作台和锯轴组成。大型圆锯机坐必须安装在结实可靠的基础上，小型的可以直接安放在地面上，工作台的高度约900mm。锯轴装在机座的轴承内，锯轴的转动一般用皮带传动，但新式的机床都用电动机直接带动。有些圆锯机的工作台能够倾斜成45°角，比较新式的圆锯机的工作台，始终保持水平，但是锯片能够自动倾斜，这不仅对工作带来很大方便，而且也比较安全。

二、安全事故的原因及后果

在安装过程中，所有锯齿的顶尖均应位于同一圆周上，因此，圆锯片在装上锯床之前，先要校正中心。没有校正中心的圆锯片在锯切木材时，仅有一部分锯齿参加工作，这些锯齿因为受力较大很容易变钝，结果会引起木材飞掷的危险。在圆锯安装时，要认真检查圆锯片是否有裂缝，凹凸及歪斜等缺陷。如果圆锯片上发生沿径向的裂缝或周边的裂缝，均不得使用。如果锯片上锯齿已有折断，也不能再用，这样的圆锯片在工作时会发生撞击，因而会引起木材飞掷及圆锯本身破裂等危及操作人员安全的后果。另外，存在的不安全因素有：(1)传动皮带防护不严密。(2)护手安全装置残损。(3)未作保护接零和漏电保护或装置失效等。

三、安全要求及预防措施

1. 安全要求

(1) 锯片上方必须安装安全防护罩、挡板、松口刀，皮带传动处应有防护罩。

(2) 锯片不得连续断齿2个，裂纹长度不超过2cm、有裂纹则应在其末端冲上裂孔(阻止其裂纹进一步发展)。

(3) 施工用电应符合要求，作保护接零，设置漏电保护器并确保有效。

(4) 操作必须采用单向按钮开关，无人操作时断开电源。

2. 预防措施

(1) 圆盘锯在进入施工现场前，必须经过建筑安全管理部门验收，确认符合要求，发给准用证或有验收手续方能使用。设备应挂上合格牌。

(2) 操作前应检查机械是否完好，电器开关等是否良好，熔丝是否符合规格，并检查锯片是否有断、裂现象，并装好防护罩，运转正常后方能投入使用。

(3) 操作人员应戴安全防护眼镜；锯片必须平整，不准安装倒顺开关，锯口要适当，锯片要与主动轴匹配、紧牢，不得有连续缺齿。

(4) 操作时,操作者应站在锯片左面的位置,不应与锯片站在同一直线上,以防木料弹出伤人。

(5) 木料锯到接近端头时,应由下手拉料进锯,上手不得用手直接送料,应用木板推送。锯料时,不准将木料左右搬动或高抬;送料不宜用力过猛,遇木节要减慢进锯速度,以防木节弹出伤人。

(6) 锯短料时,应使用推棍,不准直接用手推,进料速度不得过快,下手接料必须使用刨钩。剖短料时,料长不得小于锯片直径的 1.5 倍,料高不得大于锯片直径的 1/3。截料时,截面高度不准大于锯片直径的 1/3。

(7) 锯线走偏,应逐渐纠正,不准猛扳。锯片运转时间过长,温度过高时,应用水冷却,直径 60cm 以上的锯片在操作中,应喷水冷却。

(8) 木料若卡住锯片时,应立即停车后处理。

(9) 用电应符合规范要求,采用三级配电二级保护,三相五线保护接零系统。定期进行检查,注意熔丝的选用,严禁采用其他金属丝作为代用品。

第四节 手持电动工具

一、简 介

建筑施工中,电动工具常用于木材加工和混凝土浇注过程中的锯割、钻孔、刨光、磨光、剪切、清理焊缝和扳紧各种螺栓。电动工具的优点是构造简单、操纵与维护方便效率高,工作可靠，不受温度与湿度之影响。电动工具主要由电动机（占总重的40%～80%）、传动部分（减速器）和工作部分所组成。

手持电动工具主要分为两类：(1)电动旋转式手工具。(2)电动冲击式手工具。

电动旋转式手工具包括：电动圆盘锯、电动带锯、电动链锯、电刨、电钻、电动凿岩机和电动凿榫机等。基本原理是，电动机通电后回转，通过传动机构又使工作部分转动来进行作业。

电动冲击式手工具的工作原理是，电动机回转后，通过传动部分推动曲柄连杆机构作往复运动，从而带动工作部分冲击作功（如电动锤等）。

二、安 全 隐 患

手持电动工具的主要安全隐患在电器方面，譬如：(1)未设置保护接零和两级漏电保护器，或保护失效。(2)电动工具绝缘层破损而产生漏电。(3)电源线和随机开关箱不符要求等。当这些安全隐患若未被发现和消除时，就会发生触电事故。

三、安全要求及预防措施

1．安全要求

(1) 工具上的接零或接地要齐全有效，随机开关灵敏可靠。

(2) 电源进线长度应控制在标准范围，以符合不同的使用要求。

(3) 必须按三类手持式电动工具来未设置相应的二级漏

电保护，而且末级漏电动作电流分别不大于：(1) Ⅰ类手持式电动工具(金属外壳)为 30mA，(绝缘电阻≥2mΩ)。(2) Ⅱ类手持式电动工具(绝缘外壳)为 15mA，(绝缘电阻≥7mΩ)。(3) Ⅲ类手持式电动工具(采用安全电压 36V 以下)为 15mA。

(4) 使用Ⅰ类手持电动工具必须按规定穿戴绝缘用品。

(5) 各类电动工具应集中管理、定期保养检修。

2．预防措施

(1) 手持电动工具在使用前，必须经过建筑安全管理部门验收，确定符合要求，发给准用证或有验收手续方能使用。设备挂上合格牌。

(2) 一般场所选用Ⅱ类手持式电动工具，并装设额定动作电流不大于 15mA，额定漏电动作时间小于 0.1s 的漏电保护器。若采用Ⅰ类手持电动工具还必须作保护接零。

(3) 露天、潮湿场所或在金属构架上操作时，必须选用Ⅱ类手持电动工具，并装设防溅的漏电保护器。严禁使用Ⅰ类手持电动工具。

(4) 狭窄场所(锅炉、金属容器、地沟、管道内等)，宜选用带隔离变压器的Ⅲ类手持电动工具；若选用Ⅱ类手持电动工具，必须装设防溅的漏电保护器，把隔离变压器或漏电保护器装设在狭窄场所外面，工作时应有人监护。

(5) 手持电动工具的负荷线必须采用耐气候型的橡皮护套铜芯软电缆，并不得有接头。

(6) 手持电动工具的外壳、手柄、负荷线、插头、开关等必须完好无损，使用前必须作空载试验，运转正常方可投入使用。

第五节　钢筋加工机械

一、简　介

钢筋混凝土构件是以钢筋做骨架，浇灌混凝土之后捣实、成型、养护而成。除整体浇注外，也有装配式的预制化施工。工程施工的发展方向是钢筋加工和混凝土制备工厂化。

钢筋混凝土结构中，钢筋的加工是一项重要的施工内容。钢筋棒条一般用圆截面的3号钢制成。直径12mm以下的细钢筋用作制备小型构件；直径12～40mm的粗钢筋用来制作大型构件。

钢筋工程包括钢筋基本加工（校直、切断、弯曲）、钢筋冷加工、钢筋焊接、绑扎和安装等工序。在工业发达国家的现代化生产中，钢筋加工则由自动生产线连续完成。

钢筋机械主要包括：电动除锈机、机械调直机、钢筋切断机、钢筋弯曲机、钢筋冷加工机械（冷拉机具、拔丝机）、对焊机等。

（一）钢筋基本加工

1．钢筋除锈

钢筋由于保管不善或存放过久，就会与空气中的氧起化合反应，在钢筋表面生成一层氧化铁（即铁锈），严重时则成为锈皮，应予清除。钢筋除锈一般采用人工钢丝刷子刷除砂盘除锈、酸洗除锈等；可使用电动除锈机除锈，其除锈质量好、速度快。

2．钢筋调直

直径小于12mm的盘状钢筋，使用前必须经过放圈、调直工序;局部曲折的直条钢筋,也需调直后使用。这种工作一般利用卷扬机完成。工作量大时,则采用专门机械。使用卷扬机矫直,其作业过程是:将盘状钢筋放在转盘上,钢筋一端插入专用的片式板牙内。板牙用钢绳提起后,钢筋松开部分的末端即被切去并插入另一板牙。固定在支柱上的钢绳末端连接在第二板牙上。卷扬机转动后,钢绳卷在鼓筒上,卷曲的钢筋即被拉直。

带有剪切机构的自动矫直机,不仅生产率高、体积小、劳动条件好,而且能够同时完成钢筋的清刷、矫直和剪切等全部工序,还能矫直高强度钢筋。自动矫直机一般包括:矫直部分(矫直筒、曳引辊)和剪切部分(剪切齿轮和定长机构)。生产过程连续作业、结构简单、重量轻、功率消耗低。

3. 钢筋切断机:直径 20mm 以下的钢筋用手动机床切断,大直径的钢筋则必须用专用机床。手动切断装置一般有固定部分与活动部分。各装一个刀片。当刀片产生相对运动后,即可切断钢筋。直径 12mm 以下的钢筋,一个工个即可切断:直径 12～20mm 的钢筋,则需两人才能切断。机动切断设备的工作原理与手动相同,也有固定刀片和活动刀片,后者装在滑块上,靠偏心轮轴的转动获得往复运动。装在机床内部的曲轴连杆机构,推动活动刀片切断钢筋。这种切断机生产率约为每分钟切断 30 条。直径 40mm 以下的钢筋均可切断。切割直径 12mm 以下的钢筋时,每次可切 5 根。

4. 钢筋弯曲机:钢筋弯曲机械用来将已初步加工好的钢筋弯成设计所要求的形状。钢筋直径小于 25mm 且加工量不大时,用手动弯曲机。大量制备钢筋骨架或弯曲重型钢筋时,须使用自动控制的钢筋弯曲机。自动钢筋弯曲机的驱动电机和所有传动装置均放在用钢板制成的机架内。机架装有两个能使整机移动的行走滚轮。主轴的定心销子上套有按被弯曲钢筋直径确定的各种直径可换滚子。工作圆盘上有弯曲销子定位用的8个孔。带有圆孔的两纵向平板中安装有可换止推销。工作时,钢筋放在中心滚轴与弯曲销子之间。圆盘顺时针转动,就能使钢筋按所要求角度弯曲。圆盘反转,取下钢筋(用电磁起动器控制)。

(二) 钢筋冷加工

1. 钢筋冷拉

钢筋冷拉是将Ⅰ~Ⅳ级热轧钢筋在常温下强力拉伸,使拉应力超过钢筋屈服点,以提高其屈服强度,达到节约钢材的目的。钢筋冷拉有阻力轮冷拉、卷扬机冷拉、丝杠冷拉和液压冷拉等工艺。

2. 钢筋冷拔

钢筋冷拔是使用钨合金钢制成的冷拔丝模,以强力拉拔的方式,将Ⅰ级光圆钢筋拔成比原钢筋直径小的钢丝。钢筋经冷拔后强度有大幅度提高。钢筋冷拔要经除皮、轧头和拔丝三道工序。在一些专业和规模较大的加工厂中,具有三联、五联式连续拔丝机;在施工现场多使用自制的简易冷拔设备。

二、钢筋加工机械的安全要求

(一) 钢筋除锈

(1) 使用电动除锈机除锈,要先检查钢丝刷固定螺丝有无松动,检查封闭式防护罩装置及排尘设备的完好情况,防止发生机械伤害。

(2) 使用移动式除锈机,要注意检查电气设备的绝缘及接地是否良好。

(3) 操作人员要将袖口扎紧,并戴好口罩、手套等防护用品，特别是要戴好安全保护眼镜，防止圆盘钢丝刷上的钢丝甩出伤人；

(4) 送料时，操作人员要侧身操作，严禁在除锈机的正前方站人，长料除锈需两人互相呼应，紧密配合。

(二) 钢筋调直

1. 人工调直

(1) 用人工绞磨调直钢筋时，绞磨地锚必须牢固，严禁将地锚绳拴在树上、下水井及其他不坚固的物体或建筑物上。

(2) 人工推转绞磨时，要步调一致，稳步进行，严禁任意撒手。

(3) 钢筋端头应用夹具夹牢，卡头不得小于100mm。

(4) 钢筋产生应力并调直到预定程度后，应缓慢回车卸下钢筋，防止机械伤人。手工本身钢筋，必须在牢固的操作台上进行。

2. 机械调直

(1) 用机械冷拉调直钢筋，必须将钢筋卡紧，防止断折或脱扣，机械前方必须设铁板加以防护。

(2) 机械开动后，人员应在两侧各1.5m以外，不准靠近钢筋行走，以预防钢筋断折或脱扣弹出伤人。

(三) 钢筋切断

1. 人工切断

人工切断钢筋，应先检查锤子、克子等，必须保持牢固无损，打锤与掌克人必须站成斜角，不准对面打锤。

2. 机械切断

(1) 切断机切钢筋，料最短不得小于1m，一次切断的根数，必须符合机械的性能，严禁超量进行切割。

(2) 切断 $\phi12$ 以上的钢筋；须两人配合操作，人与钢筋要保持一定的距离,并要把稳钢筋。

(3) 断料时料要握紧,并在活动刀片向后退时,将钢筋送进刀口,以防止钢筋末端摆动或钢筋蹦出伤人。

(4) 不要在活动刀片已开始向前推进时,向刀口送料,这样常因措手不及,不能断准尺寸,往往还会发生机械或人身安全事故。

(四) 钢筋弯曲

1. 手工弯曲成型

用横口扳子弯曲粗钢筋时,要注意掌握操作要领,脚跟要站稳,两腿站成弓步,搭好扳子,注意扳距,扳口卡牢钢筋,起弯时用力要慢,不要用力过猛,防止扳子扳脱,人被甩倒。不允许在高处或脚手架上弯粗钢筋,避免因操作时脱板造成高处坠落。

2. 机械弯曲成型

(1) 在机械正式操作前,应检查机械各部件,并进行空载试运转正常后,方能正式操作。

(2) 操作时注意力要集中,要熟悉工作盘旋转的方向,钢筋放置要和挡架、工作盘旋转方向相配合,不能放反。

(3) 操作时,钢筋必须放在插头的中、下部,严禁弯曲超截面尺寸的钢筋,回转方向必须准确,手与插头的距离不得小于200mm。

(4) 机械运行过程中,严禁更换芯轴、销子和变换角度等,不准加油和清扫。

(5) 转盘换向时,必须待停机后再进行。

(五) 钢筋冷加工

1. 钢筋冷拉

(1) 冷拉前首先应检查冷拉设备的能力与钢筋的冷拉力

是否相适应,不允许设备超载冷拉。

(2) 要经常检查冷拉地锚是否稳固,卷扬机、讯号装置、钢丝绳、夹具、滑轮组等是否正常,要在冷拉操作前排除卷扬机滑移,讯号、机械、夹具失灵,或钢丝绳断裂等不安全因素。

(3) 整个冷拉操作过程,应听从统一指令,操作人员思想要集中,卷扬机司机要根据规定讯号开车、停车。

(4) 冷拉线两端必须装置防护设施,以防止因钢筋拉断或滑脱,夹具飞出伤人;严禁无关人员站在冷拉线两端,或跨越、触动正在冷拉处理的钢筋。

2. 钢筋冷拔

(1) 钢筋冷拔操作前,要检查机械各传动部位是否正常,各个电气开关是否接触良好、灵敏,卡具和链条是否完好,防护装置是否完整,并按规定按期加润滑油。

(2) 拔丝轧头时,两手应离开轧头机 30~50cm,由大到小逐级轧压,不准轧压超过机械规定直径的钢筋,严禁用钢筋头去拨按轧头机的电钮。

(3) 拔丝卷筒用链条挂料时,操作人员必须离开链条甩动的范围,要慢速开车逐渐加快,如发现钢丝断料,应立即停车,待拔丝卷筒运转惯性基本停止,方可用手接料和装拆链条卡具;不允许在拔丝机正常运转时,用手取拔丝卷筒周围的物体,以防断料伤人。

(4) 在拔丝机运转过程中,操作人员应靠近电源开关,思想要集中;如发现盘圆钢筋打结成乱盘时,应立即切断电源开关、停车,以防发生设备及安全事故;如果不是连续拔丝,必须注意拔到最后钢丝末端弹出伤人。

(六) 钢筋对焊机

接触对焊是将两根钢筋沿着整个接触端面连接起来,根据焊接过程和操作方法的不同，可分为电阻焊和闪光焊两种。施焊作业时，在对焊机的闪光区域内需设置铁皮挡隔，焊接时其他人员应停留在闪光范围之外，以防火花灼伤；在对焊机上安置如图 11-1 所示的活动顶罩，其对防止飞溅的火花灼伤操作人员有较好的效果。

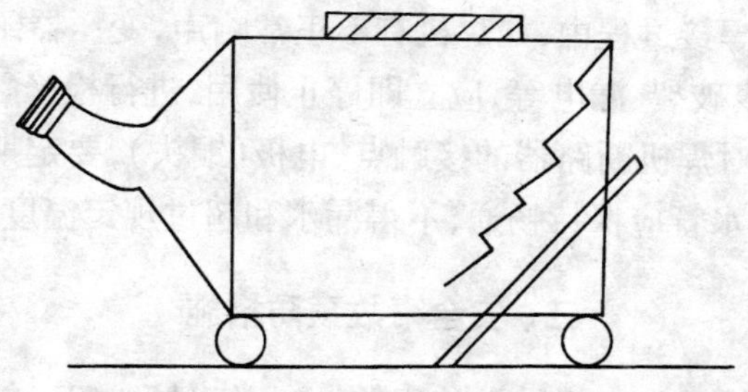

图 11-1　活动顶罩

另外，对焊机工作地点应铺设木板或其他绝缘垫，焊工操作时应站在木板或绝缘垫上，从而与大地相隔离。焊机及金属工作台还应有保护接地装置。对焊机操作的一般安全要求有：

(1) 焊工必须经过专门安全技术和防火知识培训，经考核合格，持证者方准独立操作；徒工操作必须有师傅带领指导，不准独立操作。

(2) 焊工施焊时必须穿戴白色工作服、工作帽、绝缘鞋、手套、面罩等，并要时刻预防电弧光伤害，并及时通知周围无关人员离开作业区，以防伤害眼睛。

(3) 钢筋焊接工作房，应尽可能采用防火材料搭建，在焊接机械四周严禁堆放易燃物品，以免引起火灾。工作棚应备有灭火器材。

(4) 遇六级以上大风天气时，应停止高处作业，雨、雪天应停止露天作业;雨雪后,应先清除操作地点的积水或积雪,否则不准作业。

(5) 进行大量焊接生产时,焊接变压器不得超负荷,变压器升温不得超过 60℃,为此,要特别注意遵守焊机暂载率规定,以免过分发热而损坏。

(6) 焊接过程中,如焊机有不正常响声,变压器绝缘电阻过小、导线破裂、漏电等,应立即停止使用,进行检修。

(7) 对焊机断路器的接触点、电极(铜头),要定期检查修理。冷却水管应保持畅通,不得漏水和超过规定温度。

三、安全事故预防措施

(1) 钢筋加工机械在使用前,必须经过调试运转正常,并经建筑安全管理部门验收,确认符合要求,发给准用证或有验收手续后,方可正式使用。设备挂上合格牌。

(2) 钢筋机械应由专人使用和管理,安全操作规程上墙,明确责任人。

(3) 施工用电必须符合规范要求,做好保护接零,配置相应的漏电保护器。

(4) 钢筋冷作业区与对焊作业区必须有安全防护设施。

(5) 钢筋机械各传动部位必须有防护装置。

(6) 在塔吊作业范围内,钢筋作业区必须设置双层安全防坠棚。

第六节 电 焊 机

施工中采用焊接的方法有很大的优越性,在焊接施工中,普遍采用的有接触对焊、手工电弧焊和接触电焊三种焊接方法;电渣压力焊和气压焊接新技术也已得到推广。本节主要阐述有关以电焊机为主要设备的电弧焊施工特性、安全要求及预防措施。电弧焊是利用电弧产生的高温,集中热量熔化钢筋端面和焊条末端,使焊条金属过渡到溶化的焊缝内,金属冷却凝固后,便形成焊接接头。电弧焊的主要设备是电焊机。

一、事故隐患及安全要求

1. 事故隐患

电焊机在使用过程中容易发生对人体的伤害事故主要有以下三个方面的原因:

(1) 由于外界环境(工况条件)因素,如:雨雪气候、潮湿、高温等,电焊机仍在使用,又未采取相应的安全防范措施,造成对人体的伤害(如触电等)。

(2) 电焊机及相关设备本身存在安全隐患而造成对操作人员的伤害事故。

(3) 因操作人员违章操作或未采取自我安全防护措施(如:无证上岗、不戴防护手套、眼镜或面罩等)而造成对人体的伤害。

2. 安全要求

针对以上电焊机作业存在的事故隐患,在电焊机使用过程中,必须遵守以下的基本安全要求。

(1) 电焊机外壳应完好无损,有防雨、防潮、防晒措施,并备有消防用品。

(2) 遇恶劣天气,(如:雷雨、雪)应停止露天焊接作业。在潮湿地工作,操作人员应站在绝缘垫或木板上。

(3) 电焊机应有专用电源控制开关，开关的保险丝容量应为该机额定电流的 1.5 倍，严禁用其他金属丝代替保险丝，完工后立即切断电源。

(4) 作业点周围和下方应采取防火措施，应指定专人监护。

(5) 焊钳与把线必须绝缘良好，连接牢固，更换焊条应戴手套，把线长度为 20～30m，如需接长时，接头不准超过两个，以防电阻过大，发热而引起燃烧。

(6) 严禁在带压力的容器或管道上施焊，焊接带电的设备必须先切断电源。

(7) 操作者不准穿化纤质服装。推拉开关时，应站在侧面，以防电弧火花灼伤，一手推拉开关，另一手不准放在任何导体上。

(8) 安装检修焊机或更换保险丝等，应由电工去做，焊工不得擅自乱动。

(9) 手把线与零线过道时，应穿管埋设或架空，以防碾压和磨损；电焊把线与零线不准搭在氧气瓶和起重机钢丝绳等附件上。

(10) 高处作业时，焊工不准手持焊把脚登梯子焊接。焊条应装入焊条桶或工具袋内，焊条头要妥善处理，不准随意投扔。

(11) 焊接贮存过易燃、易爆、有毒物品的容器或管道，必须清除干净，并将所有孔口打开。

(12) 在密闭金属容器内施焊时，容器必须可靠接地，通风良好，并有专人监护。严禁向容器内输入氧气。

(13) 焊接预热工件时，应有石棉布或挡板等隔热措施。

(14) 更换场地移动把线时，应切断电源，并不得手持把线爬梯登高。

(15) 清除焊渣、采用电弧气刨清根时,应戴防护眼镜或面罩,防止铁渣飞溅伤人。

(16) 多台焊机在一起集中施焊时,焊接平台或焊件必须接地,并应有隔光板。

(17) 钍钨极要放置在密闭铅盒内,磨削钍钨极时,必须戴手套、口罩,并将粉尘及时排除。

(18) 二氧化碳气体预热器的外壳应绝缘,端电压不应大于 36V。

(19) 施焊场地周围应清除易燃易爆物品,或进行覆盖、隔离。

(20) 施焊工作结束,应切断焊机电源,并检查操作地点,确认无起火危险后,方可离开。

二、安全事故预防措施

(1) 电焊机设备在使用前,必须经建筑安全管理部门验收,确认符合要求,发给准用证或有验收手续后,方可正式使用。设备挂上合格牌。

(2) 用电必须符合规范要求,三级配电两级保护,做好保护接零。一、二次侧(电源、龙头)接线柱防护罩齐全,一次侧线使用橡皮电缆线长度不超过 5m;二次侧线使用线鼻子。

(3) 电源应使用自动开关。

(4) 在总结试点工地切实可行的基础上推行使用电焊机二次侧空载降压保护装置。

(5) 操作人员必须持有效证方可上岗。

(6) 机貌整洁,加强检修保养。

第七节 搅 拌 机

一、简 介

砖石工程的砂浆制备，多使用砂浆搅拌机或混凝土搅拌机。砂浆搅拌机是用来搅拌各种砂浆、灰浆的专用机械。常用的规格为 200L 和 325L。按其生产状态可分为周期作用式和连续作用式两种；按其安装方式又可分为固定式和移动式两种。

混凝土搅拌机也可搅拌砂浆，常用的规格为 250L、400L、500L 三种。按生产过程的连续性可分为周期式和强制式两大类。大型搅拌机械通常都是固定的。移动式搅拌机已日益受到重视，多用于没有搅拌设备的地方或混凝土需要量较大的施工现场。移动式搅拌机也可与固定式一样，一个 8 小时工作日，平均产量可达 300～900m^3，而且上料、秤量、出料全部自动化或半自动化，装拆容易，转移工地时能用卡车拖运。

按加料是否连续，可分为连续式和分批式（即周期式）两类。连续式搅拌机，由于物料在搅拌机内停留的时间短，一般都制成强制式。分批式搅拌机按搅拌原理又可分为自落式与强制式两类。混凝土搅拌机技术性能的基本指标是搅拌筒的生产容量。搅拌滚筒的几何容积一般为生产容积的 2～4 倍。

二、搅拌机常见事故隐患及安全要求

搅拌机易发生事故的安全隐患主要有以下几个方面：(1)机械设备本身在安装、防护装置上存在问题，造成对操作人员的伤害。(2)临时施工用电不符规范要求，缺少漏电保护或保

护失效，而造成触电事故。(3)施工人员违反操作规程，违章作业而造成对人体的伤害等。据此，提出相关的基本安全要求如下：

(1) 安装之地方应平整夯实，机械安装要平稳牢固。

(2) 各类搅拌机(除反转出料搅拌机外)，均为单向旋转进行搅拌，因此在接电源时应注意搅拌筒转向要符合搅拌筒上的箭头方向。

(3) 开机前，先检查电气设备的绝缘和接地是否良好(如采用保护接地时)，皮带轮保护罩是否完整。

(4) 工作时，机械应先启动进行试运转，待机械运转正常后再加料搅拌，要边加料边加水，若遇中途停机停电时，应立即将料卸出；不允许中途停机后，再重载启动。

(5) 砂浆搅拌机加料时，不准用脚踩或用铁锹、木棒往下拨、刮拌合筒口，工具不能碰撞搅拌叶，更不能在转动时，把工具伸进料斗里扒浆。搅拌机料斗下方不准站人，起斗停机时，必须挂上安全钩。

(6) 常温施工时，机械应安放在防雨棚内。

(7) 非操作人员，严禁开动机械。

(8) 操作手柄应有保险装置。

(9) 料斗应有保险挂钩。

三、安全事故预防措施

(1) 搅拌机在使用前，必须经过建筑安全管理部门验收，确认符合要求，发给准用证或有验收手续方能使用。设备应挂上合格牌。

(2) 临时施工用电应做好保护接零，配备漏电保护器，具备三级配电两级保护。

(3) 搅拌机应设防雨棚,若机械设置在塔吊运转作业范围内的,必须搭设双层安全防坠棚。

(4) 搅拌机的传动部位应设置防护罩。

(5) 搅拌机安全操作规程应上墙,明确设备责任人,定期进行安全检查、设备维修和保养。

第八节　打　桩　机　械

一、简　　介

桩基础是建筑物及构筑物的基础形式之一,当天然地基的强度不能满足设计要求时,往往采用桩基础。桩基础通常是由若干根单桩组成,在单桩的顶部用承台连接成一个整体,构成桩基础。桩基础具有承载力高、沉降量小而均匀、沉降速度缓慢、能承受竖向力、水平力、上拔力、振动力等特点。在工业建筑、高层民用建筑和构筑物,以及地震设防建筑中应用较广。

桩基工程施工所用的机械主要是打桩机。打桩机一般由桩锤、桩架及动力装置组成:(1)桩锤:其作用是对桩施加冲击,将桩打入土中。(2)桩架:其作用是将桩吊到打桩位置,并在打入过程中引导桩的方向,保证桩沿着所要求的方向冲击。(3)动力装置及辅助设备:驱动桩锤用的动力设施,如卷扬机、锅炉、空气压缩机和管道、绳索、滑轮等。此外还须备有千斤顶、撬棍、千斤绳、小锤、各种扳手等。在施工前应根据地基土的性质、桩的种类和尺寸、打桩工程进度、动力供应条件、打桩设备的效率等情况,慎重选用适当的打桩机械设备。打桩的方式主要有:(1)冲击打入法;(2)振动法;(3)埋桩法;(4)气压灌注法和旋入法等。

打桩施工,定锤吊桩是保证施工安全的重要因素。吊桩是用桩架上的钢丝绳和卷扬机把桩吊成垂直状态,再送入龙门导杆内。桩提升离地时,应用拖拉绳稳住桩的下部,以免撞击打桩架和邻近的桩。当把桩送入导杆内以后,再稳住桩顶,先使桩尖对准桩位,扶正桩身,然后使桩插入土中,桩的垂直度偏差不得超过 1%。当桩就位后,要在桩顶放上弹性垫层,如草纸、废麻袋或草绳等,放下桩帽套入桩顶,桩帽上放垫木,降下桩锤轻轻压住桩帽。桩锤底面、桩帽上下面和桩顶都应保持水平;桩锤、桩帽和桩身中心应在同一轴线上,尽量避免偏心。这时在锤重压力下,桩会沉入土中一定深度。待下沉停止,全部检查、校正合格后,即可开始打桩。

二、打桩机的安全技术要求

(1) 操作过程中的安全技术要点:打桩时,应“重锤低击”和“低提重打”,便可取得良好效果。桩开始打入时,桩锤落距宜低,一般为 0.5~0.8m,以便使桩能正常沉入土中。待桩沉入土中到一定的深度,桩尖不易发生偏移时,可适当增加落距并逐渐提高到规定数值,继续锤击。打混凝土管桩,最大落距不得大于 1.5m。打混凝土实心桩不得大于 1.8m。桩尖遇到孤石或穿过坚硬夹层时,为了把孤石挤开和防止桩尖开裂,桩锤落距不得大于 0.8m。

(2) 机械操作的安全技术要求:各种机械必须遵守安全技术操作要求,由专人操作并加强机械维修保养工作,保证各项机械设备和部件、零件的正常运转。在施工前应先全面检查机械,发现有问题时应及时解决,把安全隐患消灭在萌芽状态。检查后必须进行试运转,严禁设备带“病”工作。施工时,操作人员应集中思想,密切注视设备运转是否正常,是否安全可靠,要严防机械的倾斜、倾倒及桩锤不工作时,突然下落等事故的发生。各种桩机的行走道路必须平整坚实,以保证移动桩机时的安全。

(3) 电气设备的安全技术要求:电气线路要架空设置,不得使用不防水的电线或绝缘层有损伤的电线;电箱门和电动机要有接地装置,并加盖防雨罩;电路接头要安全可靠,开关要有保险装置;当使用 220V 电源时,应设置专用插座和插头。

(4) 施工现场的安全要求:各种桩机的行走道路必须平整坚实,保证移动桩机时的安全;吊桩就位时,起吊要慢,拉住尾绳,防止桩头撞击桩架,撞坏桩身;应加强检查监护,发现问题及时处理。现场施工操作人员要戴妥安全帽;高处作业人员要携带安全带;高处检修时,不得向下乱丢物件,以防伤人;夜间施工时,必须有足够的照明设备;遇到大风、大雾和大雨时,应停止施工。

三、安全事故预防措施

(1) 打桩机械在使用前,必须经过建筑安全管理部门验收,确认符合要求,发给准用证或有验收手续方能使用。设备挂上合格牌。

(2) 临时施工用电应符合规范要求。

(3) 打桩机应设有超高限位装置。

(4) 打桩作业要有施工方案。

(5) 打桩安全操作规程应上牌,并认真遵守,明确责任人。

(6) 具体操作人员应经培训教育和考核合格,持证并经安全技术交底后，方能上岗作业。

(7) 设备应定期进行安全检查和维修保养。

第九节　翻　斗　车

一、翻斗车的安全技术要求

机动翻斗车是施工现场用作水平运输的一种施工机具。其安全技术要求如下：

(1) 司机应遵守交通规则和有关规定，严禁无证或酒后开车。

(2) 车辆发动前，应将变速杆放在零档位置，并拉紧手刹车。

(3) 车辆发动后，应先检查各种仪表、方向机构、制动装置、灯光等，必须确保灵敏可靠后，方可鸣笛起车。

(4) 车辆倒车时，要有专人指挥；倒车和停车不准靠近建筑物基坑(槽)边沿，以防土质松软车辆倾翻。

(5) 在坡道停车卸料时，要拉紧刹车。驾驶员如要离开驾驶室时，应将车开至安全地段，将车停妥后，方能离开。

(6) 在雨、雪、雾天气，车的最高时速不得超过 25km/h，转弯时，要防止车辆横滑。

二、安全事故预防措施

(1) 翻斗车在使用前，必须经过建筑安全管理部门验收，确认符合要求，取得准用证后方能使用。

(2) 禁止行车载人或违章行车。

(3) 翻斗车应定期进行检查和维修保养。

虽然在已发生的伤亡事故样本数理统计中，机械伤害所占的概率不是很大，为8%～10%(其中包括塔机、施工电梯、起重吊装和施工机具)，位于高处坠落(35%～40%)、触电(18%～20%)和物体打击(12%～15%)之后，但施工机械作为建筑业必不可少的劳动工具，随着建筑业的快速发展，也同步得到了提高和广泛的应用。新设备、新装置、新的技术和工艺不断涌现。在建筑施工活动中所占的比重愈来愈大，人们对施工机械的依赖性亦呈不断上升趋势。因此，对施工设备的设计、制造、检验，使用和管理等过程中的安全性问题必须引起建筑业同行和有关部门的高度重视。

施工机具在建筑工地施工现场使用广泛，发生事故的概率很大，对施工人员的伤害也较为频繁，所以必须予以高度警惕、严格管理。在建立、实施和不断完善施工现场安全生产保证体系的过程中，全员参予，加强各类施工机具在组织管理、采购、现场安全控制、隐患控制、检查核验标识、纠正和预防措施等各个要素环节的管理控制，消除各种安全隐患，从而确保建筑工地施工现场的安全生产、文明施工状态能得到持续保持和不断改进。

第十二章　物料提升机和施工升降机

建筑工程施工时，建筑材料的垂直运输和施工人员的上下，需要依靠垂直运输设施。物料提升机和施工升降机是建筑施工中最为常见的垂直运输设备。物料提升机和施工升降机在施工现场应用最广泛的属井字架、龙门架和施工外用电梯。

井字架通常简称为井架，龙门架因架体结构外形如同“门”形而得名。

施工升降机是一种采用齿轮齿条啮合传动或钢丝绳提升方式以及其他形式的传动，使吊笼沿着导轨架作垂直运动的机械。目前在高层建筑施工现场使用最为普遍和常见的型式为SC系列的施工用人货两用电梯。

第一节　物料提升机

一、井架与龙门架基本构造及安全装置

(一) 井架基本构造

井架主要有架体、天梁、吊篮、导轨、电动卷扬机以及各类安全装置等构成，见图12-1。

1. 架体

由型钢按立柱、平撑、斜撑等杆件组成。一般有两种构造方法：一种是用单根角钢按一定尺寸由螺栓连接而成，通常是

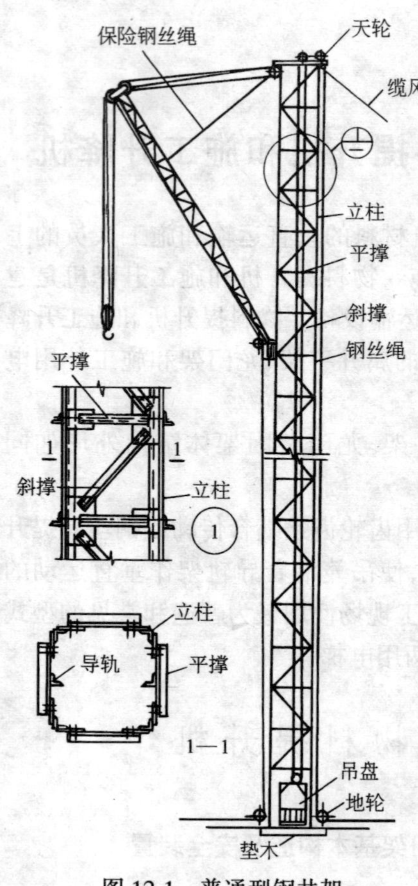

图 12-1 普通型钢井架

把连接板焊在立柱上，平撑、斜撑通过预先钻好孔眼的连接板与立柱用螺栓连接起来，在杆件重、井架大的情况下多采用这种方法。

另一种方法是预先在工厂组焊成一定长度的标准节，运至工地后安装，一般小型井架可采用这种方法。

2. 天梁

天梁是安装在架体顶部的横梁。是重要的受力部件，梁上装有一对钢丝绳转向滑轮。

天梁承受吊篮自重及其物料重量，其断面大小应经计算确定。当载荷为 1t 时，天梁至少要用 2 根不小于 14 号槽钢，背对背地焊接而成。另外，天梁上应装设能固定起升钢丝绳尾端的装置。

3. 吊篮

吊篮是装载物料沿架体上的导轨作上下运行的部件。由型钢及连接钢板焊接而成。一般由底盘及竖吊杆、斜拉杆、横梁、角撑等杆件组成，见图 12-2。

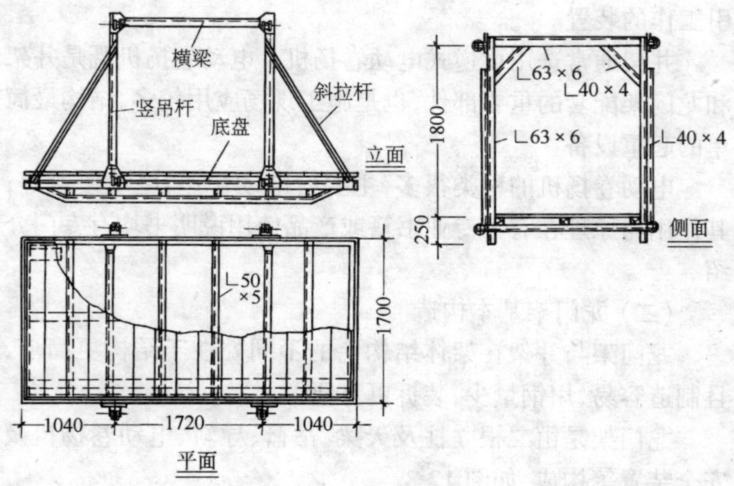

图 12-2 吊篮

吊篮底盘上应铺设 5cm 厚木板,(当采用钢板时应焊防滑条),吊篮两侧应设有高度不低于 1m 的安全挡板或钢丝网片。上料口与卸料口应装设防护门,防止吊篮上下运行时物料坠落。高架物料提升机(高度在 31m 以上)的吊篮顶部还应装设防护顶板,形成吊笼状。

4. 导轨

导轨是装设在架体上并保证吊篮沿着架体上下运行尽可能不偏斜的重要构件。导轨的形式比较多,常见的有单根导轨和双根导轨。双根导轨可减少吊篮运行中的晃动。也有将导轨设在架体内四角,让装置在吊篮的四个角上的滚轮沿架体四个角上下运行,这样吊篮的稳定性更好。

导轨以角钢、槽钢、钢管等型钢为最常见。

5. 电动卷扬机

电动卷扬机是以电动机为动力驱动卷筒卷绕绳索完成牵

引工作的装置。

井架通常选用可逆式电动卷扬机。电动卷扬机既是井架和龙门架配套的重要部件,也是施工现场应用较多,结构最简单的起重设备。

电动卷扬机的种类很多,主要有电动快速、电动慢速等,其作用与原理在有关专业书籍或产品使用说明书均有专门介绍。

(二) 龙门架基本构造

龙门架与井架在架体结构上的不同处在于结构更简单,且制造容易,用钢量少,装拆更方便。

龙门架是由二根立柱及天梁、吊篮、导轨、电动卷扬机及安全装置等构成,如图 12-3。

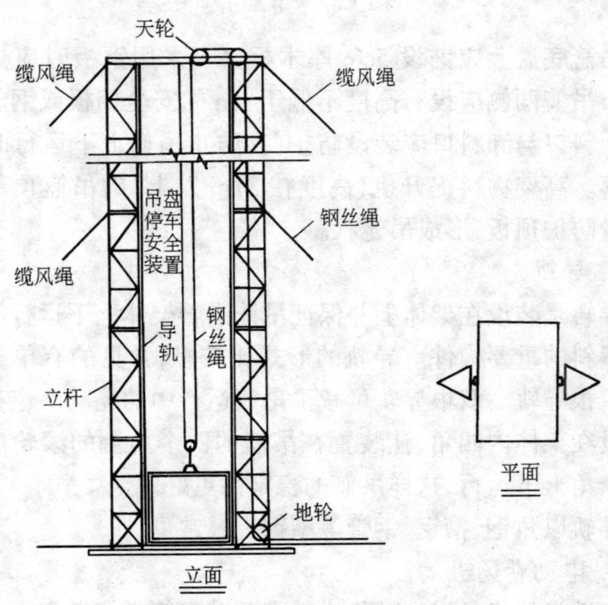

图 12-3 龙门架

龙门架由于立柱刚度和整体稳定性较井架差,一般常用于低层建筑。上海地区多采用井架,较少使用龙门架。

立柱制作材料多选用型钢或钢管,焊接成格构式标准节,其断面形式比较多,有矩形截面、三角形截面,以及钢管立柱等,具体尺寸须经计算选定。

龙门架的天梁、吊篮、导轨等部件的构成与井架基本相同,在此不再赘述。

另外,为解决一些过长、过宽的建筑材料的运输,井架和龙门架均可在架体上设置摇臂把杆。摇臂把杆应装设在架体的立柱与平撑的交接处,用另一台电动卷扬机为动力,形成一台简易的摇臂起重机。

臂杆可选用无缝钢管或用型钢焊接成格构断面。其长度一般不大于6m,起重量不超过600kg。

无论井架或龙门架附设摇臂把杆时,立柱及架体基础需经校核计算并加固。

(三) 安全防护装置

为保证物料提升机的承载性能和结构稳定性以及施工作业人员的安全,各类安全防护装置是井架和龙门架重要组成部分。现分述如下:

1. 安全停靠装置

当吊篮运行到位时,该装置应能可靠地将吊篮定位。并能承担吊篮自重、额定荷载及运卸料人员和装卸物料时的工作荷载。此时起升钢丝绳应不受力。

安全停靠装置的形式不一,有机械式、电磁式、自动或手动型等。

2. 断绳保护装置

吊篮在运行过程中发生钢丝绳突然断裂或钢丝绳尾端固

定点松脱。吊篮会从高处坠落,严重的将造成机毁人亡的后果。断绳保护装置就是当上述情况发生时,此装置即刻动作,将吊篮卡在架体上,使吊篮不坠落,避免产生严重的事故。

断绳保护装置的形式较多,最常见的是弹闸式,其他还有偏心夹棍式,扛杆式和挂钩式等。

无论哪种形式,都应能可靠地将吊篮在下坠时固定在架体上,其最大滑落行程,在吊篮满载时不得超过 1m。

3. 吊篮安全门

吊篮的上下料口处应装设安全门,此门应制成自动开启型。当吊篮落地或停层时,安全门能自动打开,而在吊篮升降运行中此门处于关闭状态,成为一个四边都封闭的“吊篮”,以防止所运载的物料从吊篮中滚落。

4. 楼层口通道门

物料提升机与各楼层进料口一般均搭设了运料通道。在楼层进料口与运料通道的结合处必须设置通道安全门,此门在吊篮上下运行时应处于常闭状态,只有在卸运料时才能打开,以保证施工作业人员不在此处发生高处坠落事故。

此门的设置应设在楼层口,与架体保持一段距离,不能紧靠物料提升机架体。门高度宜在 1.8m,其强度应能承受 1kN/m 水平荷载。

5. 上料口防护棚

物料提升机地面进料口是运料人员经常出入和停留的地方,吊篮在运行过程中易发生落物伤人事故,因此搭设上料口防护棚是防止落物伤人的有效措施。

上料口防护棚应设在提升机架体地面进料口的上方,其宽度应大于提升机架体最外部尺寸,两边对称,不得小于 1m;长度:低架提升机应大于 3m,高架提升机应大于 5m。其顶部材料强度应能承受 10kPa 的均布荷载。也可采用 50mm 厚木板架设或采用两层竹芭、上下竹芭间距应不小于 600mm。

应当指出，上料口防护棚的搭设，应成为一个相对独立的架体，不得借助于提升机架体作为防护棚的传力杆件，以避免提升机架体产生附加力矩，保证提升机架体的稳定。

6. 上极限限位器

为防止司机误操作或机械、电气故障而引起吊篮上升高度失控造成事故，而设置的安全装置。该装置应能有效地控制吊篮允许提升的最高极限位置，此极限位置应控制在天梁最低处以下 3m。当吊篮上升达到极限位置时，限位器即行动作，切断电源，使吊篮只能下降，不能上升。保证安全运行。

7. 紧急断电开关

紧急断电开关应设在便于司机操作的位置，在紧急情况下，应能及时切断提升机的总控制电源。

8. 通讯联络装置

可分为通讯装置和信号装置两大类。

通讯装置在高架提升机上必须装设。这是因为架体高度较高，吊篮停靠的层数较多，当司机不能清楚地看到楼层上人员需要或分辨不清哪层楼面进料口发出的信号时，必须装设通讯装置。通讯装置必须是一个闭路的双向电气通讯系统，司机应能听到或看清每一站的需求联系，并能与每一站人员进行通话。

低架提升机可装设一种简易的信号装置。可由司机与各站进行简单的音响或灯光联络，来确定吊篮的需求情况。

若低架提升机的架设是利用建筑物内部垂直通道，如采光井、电梯井、设备或管道井时，在司机不能看到吊篮运行情况下，则更需要装备通讯联络装置，以保证井架的安全运行。

高架提升机除上述各类安全装置必须完备外，尚需具备下列安全装置。

(1) 下极限限位器：该装置系控制吊篮下降最低极限位置的装置。在吊篮下降到最低限定位置时，即吊篮下降至尚未碰到缓冲器之前，此限位器自动切断电源，并使吊篮在重新启动时只能上升，不能下降。

(2) 缓冲器：在架体底部坑内设置的，为缓解吊篮下坠或下极限限位器失灵时产生的冲击力的一种装置。该装置应能承受并吸收吊篮满载时和规定速度下所产生的相应冲击力。

缓冲器可采用弹簧或弹性实体等形式。

(3) 超载限制器：此装置是为保证提升机在额定载重量之内安全使用而设置。当荷载达到额定荷载的 90％时，即发出报警信号、提醒司机和运料人员注意。当荷载超过额定荷载时，应能切断电源，使吊篮不能启动。

下极限限位器、缓冲器、超载限制器等安全装置也适应于低架提升机。如低架提升机也配备了这些装置，低架提升机的安全装置就更完备，安全度将进一步得到提高。

二、井架的主要技术参数

任何一台机械都有其明确的技术参数供使用者合理选择和科学使用，尤其是危险性较大的各类起重设备。因此，如何安全、合理地使用井架，了解和掌握井架的使用范围和特性显得尤为重要。

井架的主要技术参数有：

1. 额定起重量

指单台吊篮设计所规定的提升物料的重量。通常用 kg 来表示。

2. 额定荷载

指单台吊篮设计所规定的提升物料的重力也用 kg 表示。

3. 提升高度(H_{max})

指吊篮设计所规定的最大提升高度,用米(m)来表示。

注: 提升高度 30m 以下(含 30m)为低架;
提升高度 31~150m 为高架。

4. 提升速度

指单台吊篮设计所规定的额定起重量时的吊篮运行速度,用 m/min 或 m/s 来表示。

5. 井架架体的平面尺寸

指井架设计的架体最大外部尺寸。包括吊篮设计的平面尺寸或面积。用 m 表示(或 m^2)。

6. 电动卷扬机型号

指井架设计所规定选用的电动卷扬机型号及主要技术参数和外形尺寸、重量等。

7. 井架总重量

指井架设计所规定的材料总重量。用 kg 或 t 来表示。

这项参数为井架搭设前井架的基础设计提供重要依据。

8. 最大架设高度

指井架设计所规定的最大架设高度,用 m 表示。

使用者必须了解和熟悉这些技术参数的作用和含义,才能正确地根据所建工程的施工要求和结构特点,合理选用并安全使用井架，制定出切实可靠的施工组织设计和安全管理措施，使验收、试验的管理环节更具针对性和科学性。从而保证井架在设计所规定的条件下安全运行。

三、井架和龙门架应遵循的行业标准和技术规范

目前建筑工程施工现场普遍使用的龙门架及井架物料提升机主要遵循一个标准、一个规范。它们分别是:《建筑施工安全检查标准》(JGJ 59—99)和《龙门架及井架物料提升机安全技术规范》(JGJ 88—92)，均为国家行业标准，也是目前建筑施工安全方面的最高等级的标准和规范。因为在这类物料提升机的使用和管理方面尚未制定国家标准。

现将这一标准和规范的适用范围和主要内容介绍如下：

1.《龙门架及井架物料提升机安全技术规范》(JGJ 88—92)

由中华人民共和国建设部颁布。1993 年 8 月 1 日施行的《龙门架及井架物料提升机安全技术规范》(JGJ 88—92)，使龙门架及井架物料提升机的设计、制作符合安全要求，在施工中得到正确使用和规范管理有了明确的依据，是一个以防止龙门架及井架发生各类伤亡事故为主要宗旨的法定性技术文件。也是我国在此类物料提升机安全方面的第一个技术性法规。它的颁布与施行，有力地促进了施工现场此类物料提升机的设计、制作、使用与管理行为向着以安全为目标的科学化、规范化方向的发展。有广泛的适用性。

《龙门架及井架物料提升机安全技术规范》(JGJ 88—92)共十章 116 条。适用于新建、整修、拆除等工程施工中，额定起重量在 2000kg 以下，以地面卷扬机为动力，沿导轨做垂直

运行的高低架物料提升机。

该“规范”从设计、制造、提升机构的选择、安全防护装置要求、电气、安装与拆除、检验规则与试验方法、使用与管理等各个环节都作了详尽规定。

2.《建筑施工安全检查标准》(JGJ 59—99)

该标准由中华人民共和国建设部于1999年3月30日颁布,同年5月1日起实施。

该标准替代了原部颁标准《建筑施工安全检查评分标准》(JGJ 59—88)。该标准为强制性行业标准。

建筑行业内习惯性地称原标准即JGJ 59—88为老标准,相对于它,称新颁布的JGJ 59—99标准为新标准。

该标准在大量广泛的调查研究和认真总结老标准施行十多年来的实践经验,吸收和概括了近年来不断出现的新的施工方法和新的安全技术,具有较强的时代特征和技术先进性。

该标准的颁布施行,对建筑施工安全生产的科学评价,提高安全生产工作和文明施工的管理水平,预防伤亡事故的发生,确保职工的安全和健康,实现检查评价工作的标准化、规范化提供了法规保证。

在这个标准中,物料提升机与外用电梯作为一个项目,占到总汇表满分值的10%,并专门列出“物料提升机(龙门架、井字架)检查评分表”(见表12-1)。

新标准与老标准相对照,我们可以看出,新标准比老标准的要求更详细(参见表12-2),与《龙门架及井架物料提升机安全技术规范》(JGJ 88—92)要求更接近,从而使“一规范”与“一标准”的联系更加紧密,初步形成了龙门架与井架安全方面的标准规范体系。

物料提升机(龙门架、井字架)检查评分表　　表 12-1

序号	检查项目			扣分标准	应得分数	扣减分数	实得分数
1	保证项目	架体制作		无设计计算书或未经上级审批扣 9 分 架体制作不符合设计要求和规范要求的扣 7～9 分 使用厂家生产的产品,无建筑安全监督管理部门准用证的扣 9 分	9		
2		限位保险装置		吊篮无停靠装置的扣 9 分 停靠装置未形成定型化的扣 5 分 无超高限位装置的扣 9 分 使用摩擦式卷扬机超高限位采用断电方式的扣 9 分 高架提升机无下极限限位器、缓冲器或无超载限制器的每一项扣 3 分	9		
3		架体稳定	缆风绳	架高 20m 以下时设一组,20～30m 设二组,少一组扣 9 分 缆风绳不使用钢丝绳的扣 9 分 钢丝绳直径小于 9.3mm 或角度不符合 45°～60°的扣 4 分 地锚不符合要求的扣 4～7 分	9		
			与建筑结构连接	连墙杆的位置不符合规范要求的扣 5 分 连墙杆连接不牢的扣 5 分 连墙杆与脚手架连接的扣 9 分 连墙杆材质或连接做法不符合要求的扣 5 分			
4		钢丝绳		钢丝绳磨损已超过报废标准的扣 8 分 钢丝绳锈蚀、缺油的扣 2～4 分 绳卡不符合规定的扣 2 分 钢丝绳无过路保护的扣 2 分 钢丝绳拖地,扣 2 分	8		
5		楼层卸料平台防护		卸料平台两侧无防护栏杆或防护不严的扣 2～4 分 平台脚手板搭设不严、不牢的扣 2～4 分 平台无防护门或不起作用的每一处扣 2 分 防护门未形成定型化、工具化的扣 4 分 地面进料口无防护棚或不符合要求的扣 2～4 分	8		

续表

序号	检查项目		扣分标准	应得分数	扣减分数	实得分数
6	保证项目	吊篮	吊篮无安全门的扣8分 安全门未形成定型化、工具化的扣4分 高架提升机不使用吊笼的扣4分 违章乘坐吊篮上下的扣8分 吊篮提升使用单根钢丝绳的扣8分	8		
7		安装验收	无验收手续和责任人签字的扣9分 验收单无量化验收内容的扣5分	9		
		小计		60		
8	一般项目	架体	架体安装拆除无施工方案的扣5分 架体基础不符合要求的扣2～4分 架体垂直偏差超过规定的扣5分 架体与吊篮间隙超过规定的扣3分 架体外侧无立网防护或防护不严的扣4分 摇臂把杆未经设计的或安装不符合要求或无保险绳的扣8分 井字架开口处未加固的扣2分	10		
9		传动系统	卷扬机地锚不牢固,扣2分 卷筒钢丝绳缠绕不整齐,扣2分 第一个导向滑轮距离小于15倍卷筒宽度的扣2分 滑轮翼缘破损或与架体柔性连接,扣3分 卷筒上无防止钢丝绳滑脱保险装置,扣5分 滑轮与钢丝绳不匹配的扣2分	9		
10		联络信号	无联络信号的扣7分 信号方式不合理、不准确的扣2～4分	7		
11		卷扬机操作棚	卷扬机无操作棚的扣7分 操作棚不符合要求的扣3～5分	7		
12		避雷	防雷保护范围以外无避雷装置的扣7分 避雷装置不符合要求的扣4分	7		
		小计		40		
检查项目合计				100		

龙门架与井字架检查评分表 表 12-2

单位： 年 月 日

序号		检查项目	扣分标准	检点记录	应得分数	扣减分数	实得分数
1	保证项目	限位保险装置	吊盘在每层停放时无灵敏可靠制动停靠装置扣 5 分 无超高限位装置扣 5 分		10		
2		缆风绳	架高 10～15m 时设一组，每增高 10m 加设一组，少一组扣 4 分 架体未同建筑物拉接牢固，每一处扣 4 分 缆风绳未用钢丝绳或缆风绳角度不符合 45°～60°的每一处扣 3 分 缆风绳无地锚或随意绑扎扣 3 分		10		
3		钢丝绳	在用钢丝绳已超过报废标准仍在使用扣 10 分 在用钢丝绳表面锈蚀绳芯缺油扣 2～5 分 绳卡不符合规定扣 2 分 钢丝绳无过路保护扣 2 分、 钢丝绳拖地扣 1 分		10		
4		楼层卸料平台防护	卸料平台无防护栏或防护不严扣 1～2 分 平台跳板搭设不严扣 1～2 分 井架在每层卸料平台无防护门每一处扣 2 分		10		
5		吊　盘	吊盘无安全门扣 10 分 有违章乘坐吊盘的扣 10 分		10		
6		井架安装验收	无验收合格单扣 10 分，无责任人签字扣 3 分		10		
		小　计			60		

续表

<table>
<tr><th>序号</th><th colspan="2">检查项目</th><th>扣　分　标　准</th><th>检点记录</th><th>应得分数</th><th>扣减分数</th><th>实得分数</th></tr>
<tr><td>7</td><td rowspan="6">一般项目</td><td>架　体</td><td>基础地面不平整,不夯实或不打垫层扣 1～2 分
未设置混凝土基础不使用地脚螺栓的扣 3 分
架体应整体稳定,达不到要求扣 3～5 分</td><td></td><td>10</td><td></td><td></td></tr>
<tr><td>8</td><td>传动系统</td><td>卷扬机和地锚不牢固扣 2 分
在卷筒上无防止钢丝绳滑脱的保险装置扣 2 分
第一个导向滑轮与卷扬机距离:带槽卷筒小于卷筒宽度 15 倍;无槽卷筒小于 20 倍扣 2 分</td><td></td><td>6</td><td></td><td></td></tr>
<tr><td>9</td><td>吊盘进料口防护</td><td>进料口无防护棚或有防护不严密扣 2～6 分</td><td></td><td>6</td><td></td><td></td></tr>
<tr><td>10</td><td>上下联络信号</td><td>无联络信号扣 6 分,信号不准确扣 1～3 分</td><td></td><td>6</td><td></td><td></td></tr>
<tr><td>11</td><td>卷扬机操作棚</td><td>卷扬机无操作棚扣 6 分,不符合要求扣 2～4 分</td><td></td><td>6</td><td></td><td></td></tr>
<tr><td>12</td><td>避　雷</td><td>无避雷装置扣 6 分,不符合要求的扣 3 分</td><td></td><td>6</td><td></td><td></td></tr>
<tr><td></td><td></td><td>小　计</td><td></td><td></td><td>40</td><td></td><td></td></tr>
<tr><td colspan="3">检查项目合计</td><td></td><td></td><td>100</td><td></td><td></td></tr>
</table>

标准中规定:“在检查评分中,当保证项目中有一项不得分或保证项目小计得分不足 40 分时,此检查评分表不应得分”。

由此可见,龙门架或井架在施工现场的安全检查评价时是一项很重要的内容,只要我们的管理者认真按照标准和规范要求实施全过程的管理、操作,使用人员做到遵章守纪,龙门架或井架的安全运行是完全能够达到的。

四、施工现场井架使用和管理中的常见通病及可能造成的不良后果

根据多年来的检查实践和事故发生的原因分析,施工现场井架的使用和管理存在着以下几种主要通病:

1. 设计制造方面

(1) 自制提升机未经设计审批:

一些小型施工企业为减少资金投入,自行制造龙门架或井架,但缺乏相应的技术人员,未经设计计算,仅凭个人经验,勉强自制后投入使用,致使整机险象环生,严重危及提升机的安全使用。

(2) 随意改变设计参数或改动尺寸:

有些工地因施工需要,原有的提升机吊篮尺寸偏小或架体高度不够,提升速度跟不上材料供应等原因,盲目进行改制,任意修改原设计参数,出现架体超高、随意增大额定起重量、提高起升速度,给提升机架体稳定、卷扬机匹配、吊篮运行等带来诸多隐患。

2. 架体安装与拆除方面

(1) 无施工方案,无装拆安全技术措施:

有的工地在选用物料提升机作为施工现场垂直运输设施后,不编制有针对性的提升机装拆施工方案,也不制订装拆安全技术措施,更无详尽的安全技术交底,任由作业人员自行搭拆,因此在作业过程中,违章现象随处可见,以致发生人员高处坠落、架体倒坍、落物伤人等严重事故。

(2) 基础、连墙杆或缆风绳处置不当:

物料提升机的基础处理、连墙杆的设置等是架体稳定的重要条件。如基础处理不按设计要求施工,不具备足够的承

载力或表面不平整，水平度偏差大于10mm，将严重影响架体的垂直度。又如连墙杆或缆风绳设置随意、或与脚手架连接，或仅仅用镀锌钢丝与建筑拉结、或未经计算、选用材料偏小、偏细以及材质不当、和连墙杆上下两道间距过大等，使吊篮在运行中因各种原因产生的水平荷载所引起的水平力不能有效地传递给建筑物。因此，架体基础和连墙杆的草率处理和设置，将直接威胁架体的自身稳定，给提升机安全运行带来严重隐患。

3. 安全装置设置不当或失灵

(1) 上极限限位器设置在越程距离上过小(小于3m)或设置的位置和触动方式不合理，使上极限越程不能有效地及时切断电源，一旦发生误操作或电气故障等情况，将产生吊篮冒顶、钢丝绳拉断、吊篮坠落等严重事故。

(2) 各类安全装置不按规定每班试验和定期检查和维修、调整。因此虽装有各类安全装置其功能失灵并未察觉，使各类安全装置形同虚设、处在严重的带病运行状态中，给井架的安全和人员的生命保障造成重大威胁。

4. 使用和操作方面

(1) 违章乘坐吊篮上下。物料提升机是专用的物料提升设备，严禁人货合用。有些工地会出现个别运料人员或检修人员贪图方便，乘坐吊篮上下，当事故的各种危险因子恰好同时存在时，事故的发生便成为必然。

(2) 严重超载。在物料提升机使用中，不严格按提升机额定荷载控制物料重量，使吊篮与架体或提升卷扬机长期在超负荷工况下运行，导致架体变形，使导轨跟着变形，更加剧了吊篮提升阻力，加大了电动卷扬机的额定负荷，造成钢丝绳断绳、架体塑性变形、吊篮坠落等恶性事故的发生。如架体基础和连墙杆处理不当,甚至可发生架体整体倒坍,机毁人亡的严重后果。

(3) 通讯或联络无装置:

许多工地上的物料提升机因缺乏必要的通讯或联络装置,使司机和各楼层运料或作业人员无法清楚地看到吊篮需求信号,一些楼层上作业人员靠喊话或敲击物体向司机发出需求停靠信号,甚至有人打开楼层卸料平台通道门,站在通道口并将脑袋伸入井架架体内观察吊篮的运行位置,从而导致人员高处坠落,甚至由于楼层作业人员将脑袋伸入架体内探望时,吊篮从上往下正好将探望者脑袋卡住,有的当场卡死,有的卡住脑袋或肩部后将人从卸料平台拖进架体内坠落而死亡。

5. 管理与检查维修方面

(1) 有的单位此类设备不归专门管理部门管理,出现了架体与电动卷扬机分口管理的现象,架体的保管、运输、防锈等环节的管理无人过问。每到因施工需要启用时,往往会出现将架体与卷扬机临时拼凑的状况,造成原设计参数混乱、架体与卷扬机功率、速度等不匹配,给提升机的安全运行带来诸多隐患。

(2) 未经验收投入使用。有的企业和工地不按物料提升机必须在搭设完毕后组织相关的部门及有关专业人员对提升机进行全面验收的规定,或验收草率走过场,在验收手续不完备的情况下匆匆投入使用,使提升机处在不确定的安全条件下盲目使用,极易引发各类事故。

(3) 缺乏定期检查和维修保养制度。由于物料提升机在施工过程中担负大量材料的运输任务,动态性特征比较强,因此必须建立定期检查和维修保养制度。有的施工现场往往忽略了这一重要管理环节，只要吊篮能上下运行，平时根本无人关心提升机技术状况和各安全装置的可靠性和灵敏性。一旦发生违章操作和电气、机械故障，事故的发生在所难免。

(4) 未经培训的人员操作提升机。有的工地随意指派物料提升机操作人员，或操作人员未经当地建设行政主管部门的培训，无证操作；甚至有的运料人员乘司机离开之际擅自操作，一旦遇到情况不知如何处置，极易造成恶性事故的发生。

总之，施工现场物料提升机常见的通病远不止上述几条，如电气控制方面有使用倒顺开关的，携带式控制装置控制回路电压大于 36V 的，金属结构和电气设备金属外壳不接地的，电源不设短路保护和漏电保护以及失压、过电流保护装置等。

还有如卷扬机设置位置不合理或不按要求稳装，以树木、电杆或其他带锋利棱口的物体代替锚桩，提升钢丝绳拖地或被水浸泡，穿越主要干道时不作保护措施等。

五、如何搞好物料提升机的使用和管理

从上节所述的施工现场物料提升机常见的通病可以看出。物料提升机在使用和管理工作上任何一个疏漏，都会造成事故的发生。因此，如何做好物料提升机的使用和管理工作，对科学、合理、安全地发挥物料提升机应有的功能，保持施工生产的有序进行，是施工企业领导、管理人员和广大职工应当高度重视和掌握的重要课题，其基本要求有：

1. 管理方面

(1) 提升机的设计与制造应先提出设计方案，有图纸、计算书和质量保证措施，并经企业技术负责人审批后实施。

按(JGJ 59—99)《建筑施工安全检查标准》要求(以下简

称“标准”),施工现场使用专业生产厂家的产品,必须要经当地建筑安全监督管理部门的使用认可。

提升机产品应有产品标牌,标明额定起重量、最大提升速度、最大架设高度、制造单位产品编号、出厂日期以及提供产品合格证。

(2) 必须建立物料提升机企业内部的管理制度,落实专职机构和专职管理人员。建立和健全各级安全、管理责任制和操作规程。改变只使用,无管理的状况。

(3) 由专职的司机操作。提升机操作人员应经当地建设行政主管部门专门培训经正式考试合格并持证上岗,人员要相对固定,未经培训不得上岗操作。

(4) 安装与拆除提升机作业之前,应根据现场工作条件及设备情况编制装拆方案。对作业人员进行分工及安全、技术交底,确定指挥人员与讯号,划定安全警戒区域及指定监护人员。非作业人员不得进入划定的警戒区域内。

安装与拆除提升机作业人员,应按高处作业人员的要求,经专门培训持证上岗。

(5) 建立和健全定期检查与维修保养制度。施工现场应针对施工特点,认真制订定期检查和维修保养制度。一般情况下可设定每旬或每周对物料提升机作全面的检查。查出的问题,必须按“三定”原则落实整改(“三定”即定时、定人、定措施)经有关人员复查确后才能使用。

对每台提升机应建立相应的技术档案或资料。其内容应包括:验收、检修、保养、试验及事故情况。

2. 架体安装与拆除方面

(1) 提升机架体的实际安装高度不得超出设计所允许的最大高度,并在安装作业前做好以下检查:

1）金属结构的成套性和完好性；

2）提升机构是否完整良好；

3）电气设备是否齐全可靠；

4）基础位置和做法是否符合要求；

5）地锚位置、连墙杆(附墙杆)连接埋件的位置是否正确和埋设牢靠；

6）提升机周围环境条件有无影响作业安全的因素。尤其是缆风绳是否跨越或靠近外电线路以及其他架空输电线路。必须靠近时，应保证最小安全距离并采取相应的安全防护措施。

其最小安全距离见表 12-3

缆风绳距外电线路最小安全距离　　　　表 12-3

外电线路电压	1kV 以下	1～10kV	35～110kV	154～220kV	330～500kV
最小安全操作距离（m）	4	6	8	10	15

（2）装设摇臂把杆时，应符合以下要求：

1）把杆不得装在架体的自由端；

2）把杆底座要高出工作面，其顶部不得高出架体；

3）把杆与水平面夹角应在 45°～70°之间，转向时不得碰到缆风绳；

4）把杆应安装保险钢丝绳。起重吊钩应采用符合有关规定的吊具并设置吊钩上极限限位装置。

（3）拆除作业前应作必要的检查，其内容一般是：

1）查看提升机与建筑物的连接情况，特别是有否与脚手架连接的现象；

2）查看提升机架体有无其他牵拉物；

3）临时缆风绳及地锚的设置情况；

4）架体或地梁与基础的连接情况。

拆除作业中严禁从高处向下抛掷物件。

拆除作业宜在白天进行，夜间确需作业的应有良好的照明。如因故中断作业时，应对架体采取临时稳固措施。

（4）物料提升机在安装完毕后，企业必须组织有关职能部门和人员对提升机进行试验和验收，其主要内容有：

1）架体的安装精度：新制作的提升机，架体安装的垂直偏差最大不应超过架体高度的1.5‰，多次使用过的提升机其偏差不应超过3‰；并不得超过200mm；

2）井架截面内，两对角线长度公差不得超过最大边长的名义尺寸的3‰；

3）导轨接点截面错位不大于1.5mm；

4）吊篮导靴或导轮与导轨的间隙应控制在5～10mm以内。

5）附墙架或缆风绳、地锚的位置和安装是否符合设计或规范要求；

6）各安全装置是否灵敏可靠；

7）电气设备及操作系统是否符合相关规范要求及可靠性；

8）卷扬机选型是否符合设计要求，安装位置是否合理，稳固方式是否符合使用要求；

9）通讯或联络装置的使用效果是否良好清晰；

10）钢丝绳、滑轮组的固接和直径比是否符合规范要求。

检查验收合格后，挂上验收合格牌才能交付使用。

检验规则与试验方法，(JGJ 88—92)《龙门架及井架物料提升机安全技术规范》的第九章有较详细的规定，此处不再细述。

3. 使用管理

(1) 除定期检查外，提升机必须做好日常检查工作。日常检查应由司机在每班前进行，主要内容有：

1) 附墙杆与建筑物连接有无松动，或缆风绳与地锚的连接有无松动；

2) 空载提升吊篮做一次上下运行，查看运行是否正常，同时验证各限位器是否灵敏可靠及安全门是否灵敏完好；

3) 在额定荷载下，将吊篮提升至离地面 1～2m 高处停机、检查制动器的可靠性和架体的稳定性；

4) 司机的视线有无障碍物和通讯、联络装置是否正确清晰；

5) 卷扬机各传动部件的连接和紧固情况是否良好。

(2) 装运物料在吊篮内应均匀分布，不得偏重于一处。不得装运超过吊篮尺寸的超长、超宽物件；散装物料应装车或装笼，防止物料滚落；严禁超载使用。

(3) 严禁人员攀登、穿越提升机架体底部，严禁人员乘吊篮上下。

(4) 司机在通讯联络信号不明时不得开机，作业中不论任何人发出紧急停车信号，司机应立即执行。

(5) 装设摇臂把杆的提升机，不得同时使用吊篮运送物料和摇臂把杆起重作业。应严格按各自功能分开使用。

(6) 司机在作业中不得随意动用极限限位装置。作业结束或暂时离开操作位置，司机应将吊篮降至地面，切断电源，锁好控制电箱门，防止其他无证人员擅自启动提升机。

(7) 提升机在工作状态时，不得进行保养、维修、排除故障等工作，如要进行则此时应将电源切断并在醒目处挂“有人检修、禁止合闸”的标志牌，必要时应设专人监护。

第二节　建筑施工升降机

近年来,由于城市的扩建和改造,中、高层建筑的建设任务越来越多,建筑材料、构件、设备和施工人员的垂直运输任务也就更加繁重。我国在中、高层建筑施工中较多的采用了建筑施工升降机(又称施工电梯),建筑施工升降机是一种使工作笼(吊笼)沿导轨架作垂直(或倾斜)运动的机械,用来运送人员和物料。是高层建筑施工中运送施工人员上下及建筑材料和工具设备必备的和重要的垂直运输设施之一。

施工升降机还可以作为仓库、码头、船坞、高塔、高烟囱长期使用的垂直运输机械。

施工升降机按其传动型式分为:齿轮齿条式、钢丝绳式和混合式三种。

本章主要叙述齿轮齿条传动的 SC 系列施工升降机有关安全使用与管理的知识。

一、施工升降机的分类标记

施工升降机的型号由类、组、型、特性、主参数和变型代号组成,见图示:

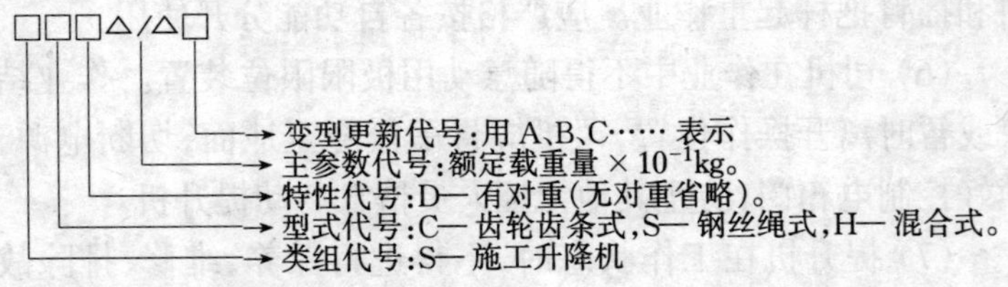

标记示例:

升降机 SC60:表示单吊笼额定载重量为 600kg 的齿轮齿

条式升降机。

升降机 SS100:表示单吊笼额定载重量为 1000kg 的钢丝绳式升降机。

升降机 SH100/80A:表示一吊笼额定载重量为 1000kg 采用齿轮齿条驱动,另一吊笼额定载重量为 800kg 采用钢丝绳提升的第一次更新的混合式升降机。

升降机 SCD100/100:表示双吊笼、有对重,额定载重量为 1000kg 的齿轮齿条式升降机。

二、施工升降机的基本构造及安全装置

图 12-4 为单导轨架、双工作笼齿条驱动的建筑施工升降机的构造简图。这种建筑施工升降机是由钢结构(天轮架、吊笼、导轨架、前附着架、后附着架、和底笼),驱动装置(电动机、蜗轮减速箱、齿轮、齿条、钢丝绳及配重)、安全装置(限速器、制动器、限位器、行程开关及缓冲弹簧)和电器设备(操纵装置、电缆及电缆筒)四部分组成。

SC 型施工升降机的工作原理

施工升降机按其传动型式分为齿轮齿条驱动(SC 型)、卷扬机钢丝绳驱动(SG 型)和混合驱动(SH 型)三种。图 12-4 所示为采用齿轮齿条驱动的建筑施工升降机。它的工作笼内装有驱动装置,驱动装置的输出齿轮与导轨架上的齿条相啮合,当控制驱动电动机正、反转时,吊笼将沿着导轨架上、下移动。

用卷扬机钢丝绳驱动的建筑施工升降机,它的吊笼沿导轨架上、下移动是借助于卷扬机收、放钢丝绳来实现的。SC 型与 SG 型建筑施工升降机相比较,前者可靠性好,可以客货两用,消耗钢材少,但由于采取齿条驱动成本较高,后者由于

安全性差，故只能用于货运。建筑施工中较少采用。

导轨架的结构可分为单柱和双柱两种。一般情况下，SC 型建筑施工升降机多采用单柱式导轨架，而且采取上接节方式。SC 型建筑施工升降机按其吊笼数又分单笼和双笼两种。单导轨架双吊笼的 SC 型建筑施工升降机，在导轨架的两侧各装一个吊笼，每个吊笼各有自己的驱动装置，并可独立地上、下移动，从而提高了运送客货的能力。

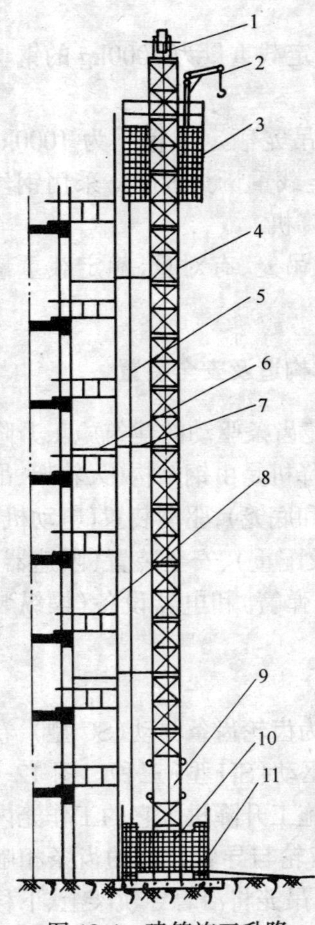

图 12-4 建筑施工升降机构造简图

1—天轮架；2—小起重机；3—吊笼；4—导轨架；5—电缆；6—后附着架；7—前附着架；8—护栏；9—配重；10—底笼；11—基础

（一）施工升降机的基本构造

1. 导轨架

导轨架是吊笼上下运动的导轨、升降机的主体，能承受规定的各种载荷。它由具有互换性的标准节，经螺栓连接成需要的高度。

标准节长 1.508m，用无缝钢管及角钢等组焊而成，每节都装有传动齿条。带对重的双笼升降机的标准节，另装有对重滑道，并相应增加一根齿条，如图 12-5。

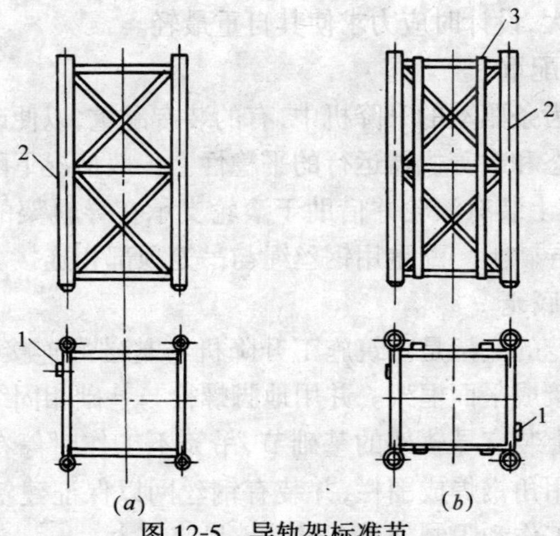

图 12-5　导轨架标准节

(a)单吊笼升降机用标准节;(b)双吊笼升降机用标准节

1—齿条;2—立管;3—对重滑道

2．吊笼

用来输送货物和施工人员的吊笼(见图 12-6)是由角钢焊接成的长方形空间框架。前、后装有可升降的门,供装卸货物和人员的出入。一般进口为单行门,而出口为双行门。吊笼与导轨架相邻一侧装有支承滚轮,并支承在导轨架上。吊笼借助于钢丝绳经天轮架与配重相连接。吊笼的自重对升降机的起重性能

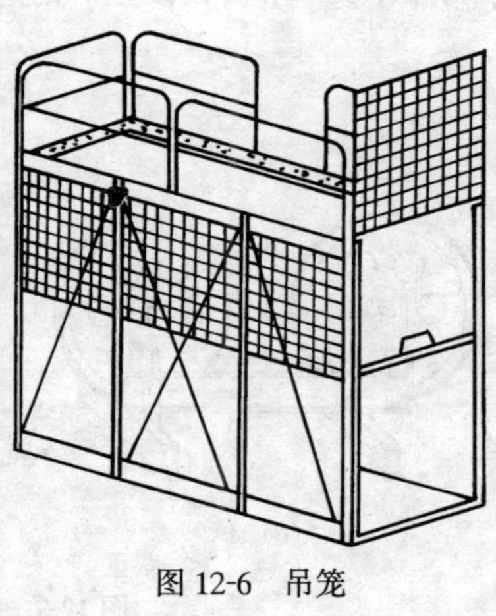
图 12-6　吊笼

影响较大，设计时应力求使其自重最轻。

3. 配重

在齿条驱动的升降机中，有的装有配重，以便改善导轨架受力状态和改善机器运行的平稳性。一般情况下配重为一铸铁块，其上装有滚轮并借助于滚轮支承在导轨架的主弦杆或专用的导轨上。配重用钢丝绳与吊笼顶部相连接。

4. 底笼

底笼的底架是建筑施工升降机与基础的连接部分，多用槽钢焊接成平面框架。并用地脚螺栓与基础相固结。在底笼的底架上装有导轨架的基础节，吊笼不工作时停在其上。底笼四周用角钢焊成围栏，并装有钢丝网以保证建筑施工升降机正常工作和限制施工人员进入吊笼下方。

5. 天轮架及小起重机

天轮架由导向滑轮和天轮架钢结构组成（见图 12-7*a*，*b*），用来支承和导向配重的钢丝绳。

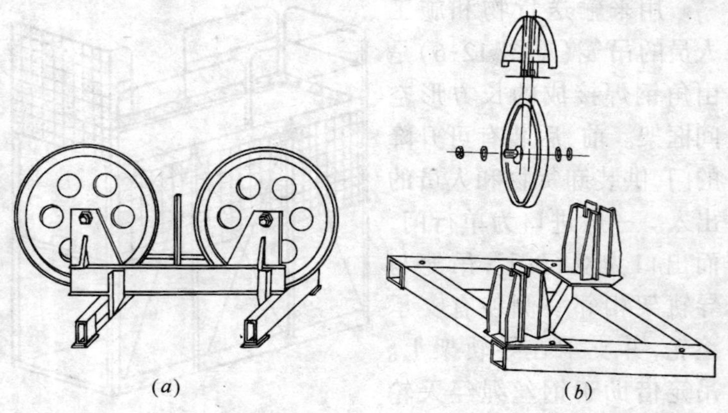

图 12-7　天轮架

（*a*）单笼升降机天轮；（*b*）双管升降机天轮

小起重机由桅杆和起升机构组成(见图 12-8),用来安装导轨架标准节。桅杆由钢管弯制而成,起升机构可采用手动或者电动。

6. 附着架(附墙架)

附着架用来使导轨架能可靠地支承在所施工的建筑物上。图 12-9 是导轨架及建筑物之间的关系。附着架多由型钢或钢管焊成平面桁架。为了便于装卸和调整导轨架与建筑物之间的距离,附着架制造成前附着架和后附着架的型式。前附着架与导轨架之间用螺栓相联接。后附着架与建筑物间用螺栓与联接板相固结。

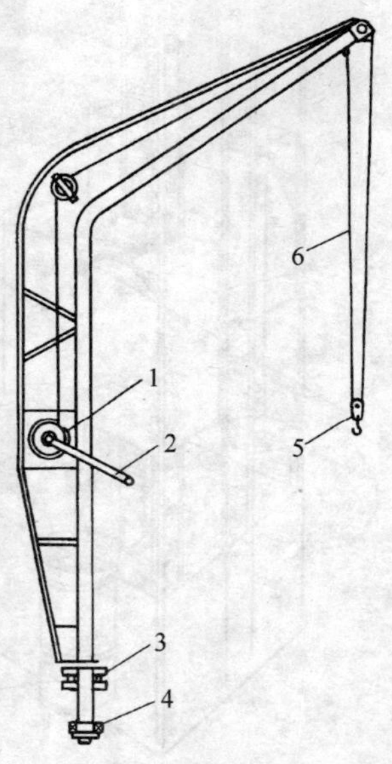

图 12-8 手摇式吊杆
1—手摇卷扬机;2—摇把;3—推力球轴承;4—单列向心球轴承;5—吊钩;6—钢丝绳

7. 电缆导向装置

在吊笼作上下运行时,电缆导

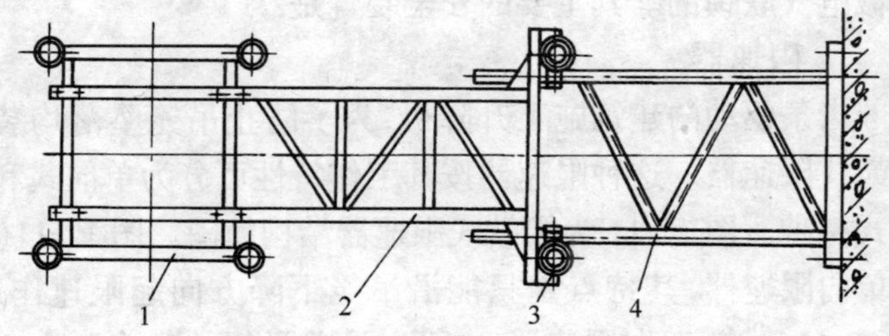

图 12-9 附着架
1—导轨架;2—前附着架;3—立柱;4—后附着架

向装置确保使接入吊笼内的电缆线不至偏离电缆笼或发生不

正常的卡死，以保证升降机正常供电。

施工升降机采用的电缆导向装置的一般型式如图 12-10 所示。即将电缆保护架安装在外侧立管上，电缆通过吊笼上的电缆托架，保持在电缆保护架的“U”形中心。电缆保护架一般沿导轨架高度方向每隔 6m 安装一个。

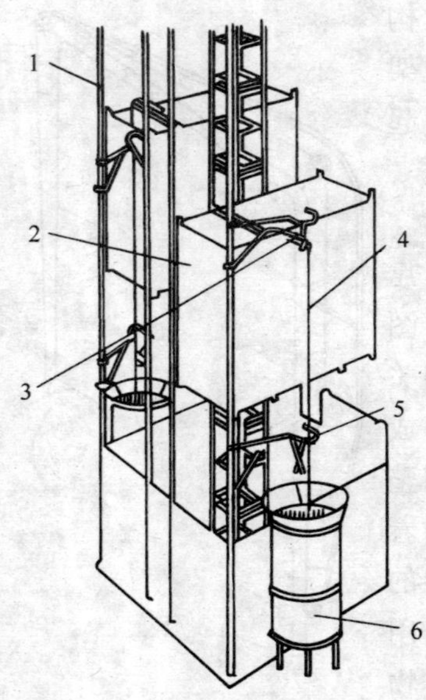

图 12-10　电缆导向装置
1—立管；2—吊笼；3—电缆托架；4—电缆；5—电缆保护架；6—电缆笼

(二) 施工升降机的安全装置

对于客货两用的建筑施工升降机，对其安全的可靠性要求比较高。因此，SC 系列施工升降机装有许多不同类型的安全装置，有机械的、电气的以及机械电气联锁的。其主要的安全装置是：

1. 限速器

齿条驱动的建筑施工升降机，为了防止吊笼坠落均装有锥鼓式限速器。这种限速器按其工作特性可分为单向式和双向式两种。图 12-11 为锥鼓式限速器结构简图。图 12-11(a)为单向限速器，其特点是只能沿吊笼下降方向起限速作用。图 12-11(b)为双向限速器，它可以沿着吊笼的升降两个方向起限速作用。

限速器的结构主要由两部分组成：锥形制动部分和离心限速部分。制动部分由制动毂 1，锥形制动轮 2，碟形弹簧组

3,轴承 4,螺母 5,端盖 6 和导板 7 组成。离心限速部分由离心块支架 8,传动轴 9,从动齿轮 10,离心块 11 和拉簧 12 组成。单向和双向限速器在结构上的差异是双向的离心块 11 呈对称配置,在制动轮 2 的螺杆上装有螺母 4,它的内外螺纹为正反扣,以便保证制动轮 2 沿正反两个方向转动时,使螺母 5 作轴向运动。

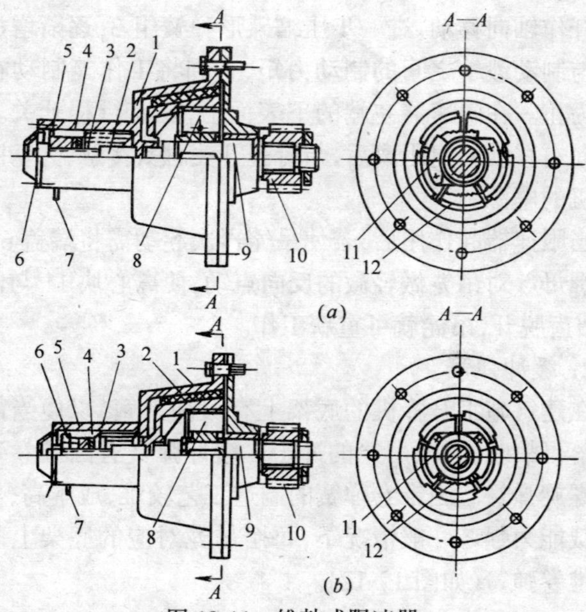

图 12-11 锥鼓式限速器

(a)单向限速器;(b)双向限速器

1—制动毂;2—锥形制动轮;3—碟形弹簧组;4—轴承;5—螺母;6—端盖;7—导板;8—离心块支架;9—传动轴;10—从动齿轮;11—离心块;12—拉簧

限速器的工作原理:当吊笼沿导轨架上、下移动时,齿轮 10 沿齿条随动。当吊笼以额定速度工作时,齿轮 10 带动传动轴 9 及其上的离心块 11 空转。一旦驱动装置的传动件损坏,吊笼将失去控制并沿导轨架快速下滑(当有配重,而且配重大于吊笼一侧载荷时,吊笼在配重的作用下,快速上升)。随着吊笼的速度提高,限速器齿轮 10 的转速 n 也随之增加。当转速 n 增加到限速器的动作转速 n_0 时,离心块 11 在离心力 F 和重力 G 的作用下与制动轮 2 的内表面上的凸齿相啮合,并推动制动轮 2 转动。制动轮 2 尾部的螺杆使螺母 5 沿着螺杆作轴向移动,进一步压缩碟形弹簧组 3,逐渐增加制动轮 2 与制动毂 1 之间的制动力矩,直到将工作笼制动在导轨架上为止。在限速器左端的下表面上,装有行程开关。当导板 7 向右移动一定距离后,与行程开关触头接触,并切断驱动电动机的电源。

当限速器起作用后,若使吊笼再次起动需将端盖 6 取下,退回螺母 5 对吊笼做轻微的反向点动,使离心块 11 与制动轮 2 的凸齿脱开,吊笼就可重新工作。

2. 缓冲弹簧

在建筑施工升降机的底架上有缓冲弹簧,以便当吊笼发生坠落事故时,减轻吊笼的冲击。缓冲弹簧有圆锥卷弹簧和圆柱螺旋弹簧。圆锥卷弹簧的制造工艺较难,成本高,但体积小承载能力强。一般情况下,每个吊笼对应的底架上装有两个圆锥卷弹簧(如图 12-12)。

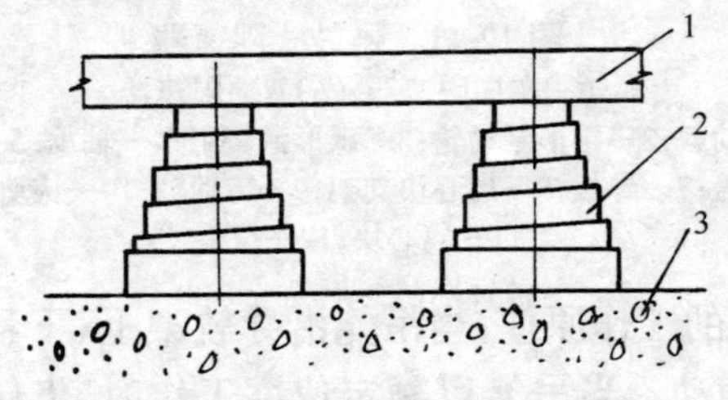

图 12-12 圆锥卷弹簧

1—吊笼底梁;2—圆锥卷弹簧;3—基础

也有采用四个圆柱螺旋弹簧。

在底笼底盘上装有缓冲弹簧的目的，是保证吊笼和配重下降着地时呈柔性接触，以缓冲吊笼和配重着地时的冲击。

3. 上、下限位器

为防止吊笼上、下时超过需停位置时，因司机误操作和电气故障等原因继续上升或下降引发事故而设置。

4. 上、下极限限位器

因为施工升降机属客货两用梯，所以对安全要求比纯货运提升设备要高得多。上、下极限限位器是在上、下限位器一旦不起作用，吊笼继续上行或下降到设计规定的最高极限或最低极限位置时能及时切断电源，以保证吊笼安全。

5. 安全钩

安全钩是为防止吊笼到达预先设定位置，上限位器和上极限限位器因各种原因不能及时动作、吊笼继续向上运行，将导致吊笼冲击导轨架顶部而发生倾翻坠落事故而设置的。安全钩是安装在吊笼上部的重要也是最后一道安全装置，它能使吊笼上行到导轨架顶部的时候，安全钩钩住导轨架，保证吊笼不发生倾翻坠落事故。

6. 吊笼门、底笼门联锁装置

施工升降机的吊笼门、底笼门均装有电气联锁开关，它们能有效地防止因吊笼或底笼门未关闭就启动运行而造成人员坠落和物料滚落，只有当吊笼门和底笼门完全关闭时才能启动行运。

7. 急停开关

当吊笼在运行过程中发生各种原因的紧急情况时，司机应能及时按下急停开关，使吊笼立即停止，防止事故的发生。

急停开关必须是非自行复位的电气安全装置。

8．楼层通道门

施工升降机与各楼层均搭设了运料和人员进出的通道，在通道口与升降机结合部必须设置楼层通道门。此门在吊笼上下运行时处于常闭状态，只有在吊笼停靠时才能由吊笼内的人打开。应做到楼层内的人员无法打开此门。以确保通道口处在封闭的条件下不出现危险的边缘。

楼层通道门的高度应不低于1.8m，门的下沿离通道面不应超过50mm。

三、施工升降机现行的国家标准和行业标准

施工升降机与井架、龙门架在产品的性质上有很大的区别。井架与龙门架是一种尚未定型的垂直运输设备产品，故我国至今没有关于此类产品的国家标准，仅有前一节所述的"安全技术规范"和检查标准中的一个项目，而施工升降机作为一种国家定型产品，有众多系列和品种，且又因其客货两用，对其安全要求相对严格，国家对此颁布了一系列关于升降机的国家标准。

就施工现场安全使用角度出发，施工现场的升降机主要遵循如下几个相关标准，它们分别是：

1．GB 10055—1996《施工升降机安全规则》；

2．GB/T 10052—1996《施工升降机分类》；

3．GB/T 10054—1996《施工升降机技术条件》；

4．GB/T 10056—1996《施工升降机试验方法》；

5．JGJ 59—99《建筑施工安全检查标准》。

这些标准是施工升降机安全方面的最高等级的标准，也是升降机产品和使用管理的最基本的安全要求。

由建设部颁发的(JGJ 59—99)《建筑施工安全检查标准》

是行业标准。这是一个安全检查标准，它通过对施工现场的安全管理和实物的安全状态，用评分的方式，来实现对工地建筑施工安全生产的科学评价。从而达到检查评价工作的标准化、规范化。

在这个行业标准中，施工升降机（该标准也称作外用电梯）与井架、龙门架作为一个项目，占总汇表满分值的10%，并专门列出“外用电梯（人货两用电梯）检查评分表”见表12-4。

外用电梯（人货两用电梯）检查评分表　　表 12-4

序号	检查项目		扣分标准	应得分数	扣减分数	实得分数
1	保证项目	安全装置	吊笼安全装置未经试验或不灵敏的扣10分 门连锁装置不起作用的扣10分	10		
2		安全防护	地面吊笼出入口无防护棚的扣8分 防护棚材质搭设不符合要求的扣4分 每层卸料口无防护门的扣10分 有防护门不使用的扣6分 卸料台口搭设不符合要求的扣6分	10		
3		司　机	司机无证上岗作业的扣10分 每班作业前不按规定试车的扣5分 不按规定交接班或无交接记录的扣5分	10		
4		荷　载	超过规定承载人数无控制措施的扣10分 超过规定重量无控制措施的扣10分 未加配重载人的扣10分	10		
5		安装与拆　卸	未制定安装拆卸方案的扣10分 拆装队伍没有取得资格证书的扣10分	10		
6		安装验收	电梯安装后无验收或拆装无交底的扣10分 验收单上无量化验收内容的扣5分	10		
		小　计		60		

续表

序号	检查项目		扣分标准	应得分数	扣减分数	实得分数
7	一般项目	架体稳定	架体垂直度超过说明书规定的扣 7～10 分 架体与建筑结构附着不符合要求的扣 7～10 分 架体附着装置与脚手架连接的扣 10 分	10		
8		联络信号	无联络信号,扣 10 分 信号不准确,扣 6 分	10		
9		电气安全	电气安装不符合要求的扣 10 分 电气控制无漏电保护装置的扣 10 分	10		
10		避　雷	在避雷保护范围外无避雷装置的扣 10 分 避雷装置不符合要求的扣 5 分	10		
		小　计		40		
检查项目合计				100		

该评分表共 10 个检查项目,其中保证项目有 6 项,17 个内容。一般项目 4 项 9 个内容。

保证项目中既对企业的管理有明确的要求,如安装拆卸方案的制定、安装拆卸的安全技术交底、安装后的验收手续和验收资料的内容量化以及司机必须持证上岗等多方面内容;更体现了行业管理的要求,即对拆装单位必须取得专业资质证书和由此引伸的拆装人员的资格证书等内容。

保证项目在检查评分中不能出现有一项为零分或保证项目小计得分不足 40 分的情况,一旦出现有一项不得分或小计得分不足 40 分时,此检查分表不应得分。

因此施工升降机的实物状态的优劣,反映了一个施工企业对现场的管理监控能力的大小,是体现企业安全管理水平的重要标志之一。应当引起企业领导和管理人员的高度重视。

四、施工现场升降机使用和管理中常见通病及可能导致的后果

由于施工升降机是一种危险性较大的设备,且担负人员和物料的双重运输任务,任何一个疏忽和马虎,都将导致重大伤亡事故的发生。现将施工现场容易产生的常见隐患及其主要表现分述如下:

1. 管理行为方面

(1) 一些中小企业或项目承包者为图省钱,在自己无专业拆装资质的情况下,自行组织一些作业人员擅自安装与拆卸,施工升降机,或外包给不具备拆装施工升降机资质的队伍或个人。严重违反了建设行政主管部门关于从事此项拆装业务的单位必须持有效专业资质证书的规定,给施工升降机的拆装质量和安全运行造成极大的威胁。

(2) 有些虽有专业资质的拆装单位,因业务量较大或为经济利益所驱动,在人手不足的条件下,盲目开展众多的拆装业务,致使技术力量与经培训持有拆装资格的人员缺少,临时拼凑一些未经培训的普工实施拆装作业,造成拆装作业时违章作业,安装质量极差,留下重大安全隐患。甚至在装拆过程中发生高处坠落等各类伤亡事故。

(3) 不按有关规定编制安装拆卸工艺规程和安全技术措施方案或拆装方案,简单草率无针对性,且缺乏必要的审批手续,不向工程所在地的受理安全监督机构报告备案,使整个拆装过程处在无序管理的状态下,安全行为失控。

(4) 有的企业和工地不按国家标准规定,在施工升降机安装完成投入使用前,不履行相关的验收手续和必经的试验程序,甚至不向当地建设行政主管部门指定的专业检测机构

申报检测,轻率地投入使用,极易引发机械、电气故障和各类事故。

2. 安装和拆卸方面

(1) 有的拆装单位对施工升降机在安装、拆卸过程中的危险性认识不足,或由于工期较紧,往往疏忽作业前对全体参与人员的安全技术交底这一重要管理环节。有的只是简单而笼统的进行安全技术交底,并不按各自的分工内容有针对性地根据现场特点详细交底。同时又缺乏必要的监护措施,现场违章作业随处可见,极易发生高处坠落,落物伤害等重大事故。

(2) 安装质量不高。尤其是导轨架的安装精度差,形成导轨架体垂直度严重超过允许偏差,或机件安装间隙超标,或装配不当产生较大的装配应力,给升降机安全运行埋下危险的根子。

(3) 安全装置装设不当更是施工升降机安装大忌。比较多见的是上极限限位器安装位置与上限位开关之间的越程距离大于0.15m(SC型升降机),使上极限位开关在紧急情况下不能及时动作,此时如安全钩安装位置不符合原设计要求,极易发生吊笼冲击导轨,发生吊笼坠落重大伤亡事故。

(4) 楼层门设置不符合要求。最常见的是层门净高度偏低和制作材料选用不当,其次是层门的开关设计不合理,许多工地升降机的楼层门在制作时,门开关设计成楼层内的人员也可打开楼层门,这样就形成楼层门可随意打开的条件,使通道口成为危险的临边口。

由于楼层门的净高度偏低,使得有些运料人员把头伸出门外观察吊笼的运行位置,此时如吊笼正从上往下运行到此,就会发生吊笼把伸头张望者的脑袋卡住甚至切断的恶性伤亡事故。

3. 使用和操作方面

(1) 无证操作。一般情况下,施工升降机的司机都经过当地建设行政主管部门的培训,但有的工地因管理不严,一些司机因事离开驾驶室不关闭总电源,形成升降机无人看管,有的运料人员乘此机会,擅自驾驶,一旦遇到意外情况,不知所措,极易造成事故。

(2) 超载。不按升降机额定荷载控制物料和人员数量,使升降机经常处在超载状况下运行,不但加速升降机传动部件的磨损,更严重的可能导致吊笼以及其他受力部件的变形,甚至破坏了升降机整机设计性能,尤其是吊笼的制动特性,给升降机安全运行带来严重威胁。

(3) 不按设计要求及时装配对重。一些工地在使用中不按原机设计要求及时装上对重。某些型号的升降机在使用说明中明确规定:不装对重时,其额定荷载必须减半。由于升降机要随着建筑物的施工进度,需要经常加节,一些工地为图省事,升降机的对重直到导轨架不再加节时才装上,在此以前,吊笼始终处在无对重的工况下运行,这种做法,极不利于升降机的安全运行。

新颁布的(JGJ 59—99)《建筑施工安全检查标准》中专门将此条列为保证项目,正是为了确保人员的安全而提出的。

(4) 不按规定进行定期试验。限速器应在升降机安装投入使用后每三个月做一次坠落试验。许多工地的升降机只管使用,不做此类试验,一旦发生吊笼下坠失速,限速器失灵必将产生严重后果。

施工升降机在施工现场管理和使用中的常见通病还有许多种,如金属结构和电气金属外壳不接地或接地不符合安全要求、悬挂对重的钢丝绳安全系数达不到8倍、钢丝绳与对重连接不符合设计要求、电气装置不设置相序和断相保护装置等。

五、施工升降机的正确使用和管理

施工升降机是一种客货两用垂直运输设备，不同于井架和龙门架物料提升机，是危险性较大设备。施工升降机的管理和使用要求比龙门架、井架的要求更高，因为管理工作上任何一个环节的疏忽，都可能招致重大的事故发生。因此，为确保施工升降机科学、合理、安全的使用，保持施工过程中大量物流、人流的有序运行，必须做到以下几个方面的要求：

1. 管理方面

(1) 施工企业必须建立和健全施工升降机各类管理制度，落实专职机构和专职管理人员，明确各级安全使用和管理责任制。

(2) 建立和执行定期检查与维修保养制度，除驾驶人员每班作业前检查外，施工现场可设立每周或每旬进行全面检查的制度，查出的隐患，必须按"三定"原则落实整改。整改后须经有关人员复查确认符合安全要求后，才能使用。

(3) 对每台升降机应建立技术档案或运行资料。其内容应包括产品设计参数、出厂日期、产品编号、使用年限、重大修理记录、实际装拆次数，每次安装后的验收、检测记录以及维修保养、试验情况等。

(4) 升降机每次安装与拆除作业之前，企业应根据施工现场工作环境及辅助设备情况编制安装拆卸方案，对作业人员按不同的工种和作业内容进行详细的技术、安全交底。同时将升降机装拆方案报送工程所在地的安全监督机构备案。

升降机每次装拆方案编制完成后，必须经企业技术负责人审批同意后实施。

升降机的装拆作业必须是经当地建设行政主管部门认可、持有相应的装拆资质证书的专业单位实施。参与装拆作业的人员必须持有专门的资格证书。严禁未经培训的无证人员实施装拆作业。

(5) 升降机每次安装后，施工企业应当组织有关职能部门和专业人员对升降机进行必要的试验和验收。确认合格后应当向当地建设行政主管部门认定的检测机构申报，经专业检测机构检测合格后，才能正式投入使用。

具体的验收标准和检测判断标准由企业和检测机构根据国家标准和各地建设主管部门的有关管理规定制定，项目和要求比较详细，此处不再细述。

2. 安装和拆卸作业方面

(1) 升降机在安装作业前，应对升降机各部件做好如下检查：

1) 导轨架、吊笼等金属结构的成套性和完好性；

2) 传动系统的齿轮、限速器的装配精度及其接触长度；

3) 电气设备主电路和控制电路是否符合国家规定的产品标准；

4) 基础位置和做法是否符合该产品的设计要求；

5) 附墙架设置处的混凝土强度和螺栓孔是否符合安装条件；

6) 各安全装置是否齐全，安装位置是否正确牢固，各限位开关动作是否灵敏、可靠；

7) 升降机安装作业环境有无影响作业安全的因素；

(2) 安装作业应当严格按照预先制订的安装方案和工艺

要求实施。安装过程中要确定专人统一指挥，划出警戒区域，并根据安装程序对重要危险点实施专人监控或监护。

(3) 拆卸时要与安装达到同样要求，只是在程序和工艺上有所不同。所不同的是，拆卸时严禁将物件从高处向下抛掷。

无论安装和拆卸作业一般宜在白天进行。安装和拆卸人员在登高作业时，必须按高处作业要求，正确、合理地配备和使用安全防护用品。

(4) 升降机在安装完毕时，应及时搭设地面出入口的防护棚。防护棚搭设的材质要选用普通脚手架钢管、防护棚长度不应小于 5m，有条件的可与地面通道防护棚连接起来。宽度应不小于升降机底笼最外部尺寸。其顶部材料可采用 50mm 厚木板或两层竹笆，上下竹笆间距应不小于 600mm。

3．使用方面

(1) 施工现场除做好前述的定期检查工作外，司机应积极做好日常检查工作。日常检查应在每班前进行，其主要内容有：空载及满载试运行、检查制动器的灵敏性和可靠性，确认正常后，方可正式运行。

(2) 驾驶升降机的司机应是经有关行政主管部门培训、考核、取得合格证的专职人员。严禁无证操作。

(3) 升降机载物、乘人时，应尽量使载荷均匀分布，并严格按升降机额定荷载和最大乘员人数核定，严禁超载使用。

(4) 各停靠层的运料通道两侧必须有良好的防护。楼层门应处于常闭状态，司机应随时注意楼层门的开闭情况，当楼层门未关闭时，司机不应使吊笼上下运行。

楼层门应当与吊笼电气或机械联锁，在目前尚达不到这项技术要求前，楼层门的闭合状态建议由司机负责控制并规定司机为第一责任人,以确保各楼层口始终处于安全状态。

(5) 升降机在运行过程中,严禁以碰撞上、下限位开关来实现停车。

(6) 司机因故离开吊笼,应将吊笼降至地面,切断总电源并锁上电箱门,以防止其他无证人员擅自开动吊笼。

司机下班时,同样按上述要求,并做好相应的落手清工作。

(7) 当升降机顶部风速大于 20m/s 时(风力达 6 级),司机应停止作业,并将吊笼降至地面。

(8) 升降机应装设必要的联络通讯装置,当联络通讯信号不明时,司机应当在确认信号后才能开动升降机。

作业中不论任何人在任何楼层发出紧急停车信号时,司机应当立即执行。

(9) 司机应当按照原机使用说明书上的要求,及时做好升降机各活动部件的润滑和保养工作。并填写例保记录。

每班要做好运行记录及交接班记录。

(10) 严禁在升降机运行状态下进行维修保养工作,如确需进行维修和调整作业,必须切断电源并在醒目处挂上“有人检修,禁止合闸”的标志牌,必要时应设专人监护。

第十三章　起重机械(吊装)

起重机械是现代各工业企业中实现生产过程机械化、自动化、减轻繁重体力劳动、提高劳动生产率的重要工具和设备。现代建筑工程中起重机械的作用越来越大,随着我国改革开放的不断深入,能源、交通和各项基础设施建设步伐加快,规模扩大,土建结构吊装和设备安装任务日趋繁重,起重机械的使用越来越频繁。

但是,起重伤害事故也随着增加,已成为建筑行业“四大伤害”事故之一。起重伤害事故的特点是伤亡人数多,损失巨大。造成事故的原因,分析下来主要有管理人员、起重机械司机和起重吊装工的安全技术知识缺乏,违章指挥、违章操作所造成的。因此,加强对管理者、起重机械司机和起重吊装工的安全技术知识教育,显得尤为重要。为了对起重技术安全进行有效控制,要求起重机械司机和起重吊装作业人员首先要充分掌握各种起重吊装设备的特性,辅助工具的正确选择、合理配套与安全使用,在此基础上才能确保起重机械及吊装作业的安全可靠。

第一节　起重机械分类

一、起重机械的基本类型

起重机械大致可以分为下列四个基本类型。

（一）轻小型起重机

轻小型起重机包括：千斤顶、滑车、绞车、手动和电动葫芦。其特点是构造简单，一般只能完成起升和降落动作。

（二）桥式类型起重机

桥式类型起重机如：通用桥式起重机、龙门起重机、冶金起重机等。其特点是：具有起升机构，大小车运行机构。除吊物作升降运动外，还能作前后和左右的水平运动。三种动作的配合，能使吊物在一定的空间内吊运。

（三）臂架类型（旋转式）起重机

臂架式类型起重机如：移动式的汽车起重机、轮胎式起重机、履带式起重机、铁路式起重机、门座式起重机、塔式起重机、浮船式起重机；固定式起重机有桅杆式旋转起重机、转盘式旋转起重机、转柱和定柱式旋转起重机。其特点是：具有起升机构、变幅机构、旋转机构和行走机构。依靠这三个主要机构的动作配合，可在一定的空间内吊运重物。

（四）升降机

升降机包括：电梯和载货升降机等。升降机虽然只有一个升降动作，但是比起简单起重机要复杂，特别是载人的升降机，必须配置完善的安全保险装置。

二、起重机的基本参数

（一）起重量 Q(t)

起重机在正常作业时所允许起吊物品的最大重量，称为起重机的额定起重量。如使用其他辅助取物装置和吊具（如抓斗和电磁吸盘、夹钳等）时，其额定起重量等于物品的重量与这些取物装置之和即：

$$Q_{额} = Q_{物} + G_{吊具}$$

式中　$Q_{物}$——起重机的额定起重量

$Q_{物}$——物品的最大重量

$G_{吊具}$——可从起重机上取下的取物装置的重量（吊钩除外）

（二）起升高度 H(m)

起升高度是指起重机运行轨道顶面到取物装置“上极限”位置的高度（吊钩量到吊钩的中心，抓斗及其他取物装置量到最低点）。当取物装置可以放到地面以下或轨道顶面以下时，其下放距离称为下放深度。起升高度和下放深度之和称为总起升高度。

$$H_{总}=H_{起升}+H_{下放}$$

（三）跨度 L 和轮距 l

桥式类型起重机运行轨道两条钢轨中心线之间的距离，称为跨度。轮距 l 是指桥式类型起重机的小车运行轨道中心线之间的距离和某些臂架式类型起重机的运行轨道中心线之间的距离。

（四）幅度 R(m)

臂架类型起重机的旋转中心线与取物装置铅垂中心线之间的距离，称为幅度。对非旋转臂架式起重机常用有效幅度表示。所谓有效幅度是指臂架在平面内的起重机内侧轮廓线与取物装置之间的铅垂中心线之间的距离。

（五）额定工作速度 v

工作速度主要包括起升速度、小车、大车运行速度、旋转速度等，额定工作速度是指机构驱动装置在额定转速下，各机构的工作速度。

转速常用单位为转/分(r/min)；起升、小车、大车工作速度常用为米/分(m/min)。

(六) 工作类型

工作类型是指起重机载荷变化程度和工作忙闲程度的指标。可分为轻级、中级、重级、特重级四种工种类型，见表13-1。

起重机工作类型表 **表 13-1**

<table>
<tr><th rowspan="3">工作类型</th><th colspan="4">划分指标</th></tr>
<tr><th colspan="2">工作忙闲程度</th><th colspan="2">载荷变化程度</th></tr>
<tr><th>起重机年工作小时数</th><th>机构运转时间率 JC(%)</th><th>起吊载荷特性</th><th>每小时工作循环数 N</th></tr>
<tr><td>轻　级</td><td>1000</td><td>15</td><td>经常起吊 1/3 额定载荷</td><td>5</td></tr>
<tr><td>中　级</td><td>2000</td><td>25</td><td>经常起吊$\left[\frac{1}{3}\sim\frac{1}{2}\right]$额定载荷</td><td>10</td></tr>
<tr><td>重　级</td><td>4000</td><td>40</td><td>经常起吊额定载荷</td><td>20</td></tr>
<tr><td>特重级</td><td>7000</td><td>60</td><td>起吊额定载荷机会较多</td><td>40</td></tr>
</table>

根据国家新标准，起重机分为 8 个工作级别 $A_1 \sim A_8$。起重机的工作级别是根据利用等级和载荷状态的综合因素来划分的，载荷轻的但使用繁忙的也可能达到特重级工作类型。

(七) 起重机利用等级

起重机是一种循环、间隙运动的机械，具有频繁重复而短时性动作的特征。在进行吊运过程中从堆物处挂钩，通过提升机构的起吊和回转式变幅行走，将所吊运的物件下降到指定的卸料处。接着起重机械作反向运动，使起重机机械的取物装置回到原位，作重复运动，这一个过程称为一个工作循环。起重机械由于使用场所和服务对象不同，对起重机的利用程度也不同。有的不经常使用，有的频繁使用。这种按起重机在整个设计有效寿命(安全使用时间)内总的工作循环次

数 N 分为十级 $U_0 \sim U_9$(表 13-2)总的工作循环次数 N 也就是起重机受力的次数。

起重机的利用等级 **表 13-2**

利用等级	总的工作循环次数 N	附　注
U_0	1.6×10^4	不经常使用
U_1	3.2×10^4	
U_2	6.3×10^4	
U_3	1.25×10^5	
U_4	2.5×10^5	经常轻闲地使用
U_5	5×10^5	经常中等地使用
U_6	1×10^6	不经常繁忙地使用
U_7	2×10^6	繁忙地使用
U_8	4×10^6	
U_9	$>4\times10^6$	

(八) 起重机的载荷状态

起重机在平时使用中,起吊的物件重量一般小于额定起重量,而且实际所起吊的重量是不断变化的,所以将起重机使用场所和服务对象的不同,起重的实际载荷在不断地变化的轻重程度称为起重机的载荷状态。它与两个因素有关,即与受起升的载荷与额定起重量之比$\left(\frac{P_i}{P_{\max}}\right)$和各个起升载荷 P_i 的作用次数 n_i 与总的工作循环次数 N 之比$\left(\frac{n_i}{N}\right)$有关。

表示上述两个因素关系的图形称为载荷谱,可按下式计算出载荷谱系数 K_P。

$$K_P = \Sigma\left[\frac{n_i}{N}\left(\frac{P_i}{P_{\max}}\right)^m\right]$$

式中　P_i——第 i 个起升载荷，$P_i = P_1, P_2 \cdots\cdots$；

n_i——载荷 P_i 的作用次数；

N——总的工作循环次数；$N = \Sigma n_i$；

m——与疲劳设计有关的指数，此处取 $m = 3$；

K_P——载荷谱系数；

载荷状态分为四级，见表 13-3。

起重机的载荷状态及其名义载荷谱系数 K_P　　表 13-3

载荷状态	名义载荷谱系数 K_P	附　　注
Q_1—轻	0.125	很少起升额定载荷，一般起升轻微载荷
Q_2—中	0.25	有时起升额定载荷，一般起升中等载荷
Q_3—重	0.5	经常起升额定载荷，一般起升较重的载荷
Q_4—特重	1.0	频繁起升额定载荷

第二节　塔式起重机

塔式起重机（以下简称塔机）是一种塔身直立，起重臂铰接在塔帽下部，能够作 360°回转的起重机，通常用于房屋建筑和设备安装的场所，具有适用范围广、起升高度高、回转半径大、工作效率高、操作简便、运转可靠等特点。塔式起重机在我国建筑安装工程中得到广泛使用，它具备起重、垂直运输和短距离水平运输的功能，特别对于高层建筑施工来说，更是一种不可缺少的重要施工机械。

由于塔式起重机机身较高，其稳定性就较差，并且拆、装转移较频繁以及技术要求较高，也给施工安全带来一定困难，操作不当或违章装、拆极有可能发生塔机倾覆的机毁人亡事故,造成严重的经济损失和人身伤亡恶性事故。因此,机械操作、安装、拆卸人员和机械管理人员必须全面地掌握塔机的技术性能,从思想上引起高度重视、从业务上掌握正确的安装、拆卸、操作的技能,保证塔机的正常运行,确保安全生产。

一、塔机的类型及其特点

塔机的类型,根据其构造和起重能力,可以从以下几个方面进行分类:

(一) 按旋转方式

(1) 上旋式塔机:即塔身不旋转,而是通过支承装置安装在塔顶上的转塔(起重臂、平衡臂、塔帽等组成)旋转,其优点是:起升高度可根据需要调整,可以在平衡臂超过建筑物高度的情况下更接近建筑物,从而扩大起吊范围。其缺点是:塔机重心高,安装拆卸较复杂,必须严格保证塔机的稳定性。

(2) 下旋转式塔机:即塔身与起重臂同时旋转,旋转支承机构在塔身的底部。其优点是:塔机重心低,稳定性较好。塔身所受的弯矩也较小;全部的工作机构分布在转台和底座上,便于维修、保养和拆装;可以借助本身机构进行架设,简单方便,并可以整体拖运,便于转移。其缺点是:此类型塔机起重力矩较小,起重高度受到限制,多属于小型塔机范畴;旋转平台尾部突出,为了塔机回转方便,必须使尾部与建筑物保持一定的安全距离,同时其幅度的有效利用也较差。

(二) 按变幅方式分

按起重臂的结构特点可分为俯仰变幅起重臂(动臂)式塔机和小车变幅式(水平臂)塔机。

(1) 动臂式变幅塔机:它是依靠起重臂俯仰来实现变幅

的。其优点是:能充分发挥起重臂有效高度、有效长度来提高机械效率;其变幅机构简单,减少高空作业,操作较安全。其缺点是:最小幅度被限制在最大幅度的25%左右,变幅时负荷随起重臂一起升降,对变幅机构的要求必须可靠。

(2) 小车变幅式塔机:塔机的起重臂为水平布置,起重臂的截面为等腰三角形桁架,载重小车在起重臂的轨道上运动。工作时靠调整小车的距离来改变起重的幅度。其优点是:载重小车可靠近塔身,变幅范围大,能满足建筑安装施工的要求;变幅机构简单、变幅迅速,且能带荷变幅,操作方便。其缺点是:起重臂受力情况复杂,所以结构也相应复杂,自重也较大。

(三) 按有无行走机构分

可分为移动式塔机和固定式塔机。移动式塔机根据行走装置不同,又可分为轨道式、轮胎式、汽车式和履带式等四种;固定式塔机根据安装地点不同,又可分为附着自升式(又称外附式)和内爬式两种。

(1) 行走式塔机:塔身固定于行走的底盘上,在专设的轨道上运行,稳定性好,能带载行走,最大特点靠近建筑物,工作效率较高,是建设工程中广泛被采用的机型。

(2) 固定式塔机:没有行走机构,附着自升式塔机能随着建筑物的高度升高而升高,适用于建筑结构形状复杂的高层建筑施工。其主要优点:建筑结构仅仅承受塔机传来的水平方向载荷;对建筑结构不带来破坏,同时对塔机计算自由长度大大减少,有利于塔身结构的承载能力提高,不需要辅设轨道,施工场地占用少的特点。固定式中还有一种称为爬式塔机,它在建筑物内部(电梯井、楼梯间等)借助一套托梁和拉升系统进行爬升。其主要优点是:塔机自我塔身高度不高,30m

左右，不需要设置塔机的独立基础，设备成本相对低些，起重臂有效回转半径大，作业面大。其主要缺点是：由于塔机的全部自重均由建筑承受，对塔机爬升的时间要待建筑物达到一定强度后方能爬升，同时，拆卸时难度较大，而且须配有专用的拆卸设备，周期较长，建筑物留下的爬升孔还须进行后补浇混凝土。

(四) 按起重能力分

(1) 轻型塔机：起重力矩≤40t·m(现改为 kN·m)，一般适用于楼层不高的民用建筑或单层厂房的建筑施工。如红旗Ⅱ-16、QT-15、QT-25、QTG-40 等。

(2) 中型塔机：起重力矩 60～120t·m，适用于高层建筑和工业厂房的综合吊装的施工，如 QTG60、QT60/80、QT80、Z80 等。

(3) 重型塔机：适用于工业厂房、多层工业厂房、水力及核电站施工中的大型设备吊装。如 QTZ200、HZ/36B 等。

二、塔机的技术性能

前面章节中提到的“起重机性能”塔式起重机基本都具备，主要包括：起重力矩、起重量、幅度、起升高度、工作机构速度、轨距、外形尺寸、重量、电气设备和起升钢丝绳等。

(一) 基本参数

1. 工作幅度

起重吊钩中心与塔机旋转中心的水平距离，以“R”表示，单位为米，代号为 m。工作幅度与吊臂长度 L 和仰角 α 有关：

即：
$$R = L\cos\alpha + e$$
式中 e 为起重臂铰销中心线与塔机旋转中心线的水平距离

(m)。

工作幅度本身包含两个参数：最大工作幅度和最小工作幅度，对于动臂式变幅，最大工作幅度就是当起重臂处于塔机所允许的最小仰角时的幅度；最小工作幅度是当起重臂处于允许最大仰角时的幅度。对于小车变幅，最大工作幅度处于起重臂头部端点处时的幅度；最小工作幅度是小车处于起重臂根部端点处时的幅度。塔机基本参数见图 13-1。

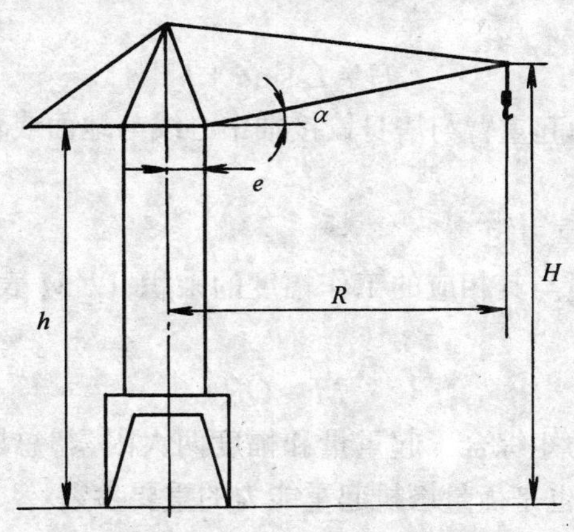

图 13-1　塔机主要参数示意图

2．起重量

塔机所能起吊的重物重量，通常以额定起重量和最大起重量表示，额定起重量是指塔机在各种工况下安全作业允许起吊的最大的重量（不包括吊钩重量）。以 Q 表示，单位为吨，代号为 t。

最大额定起重量是指起重臂在最小幅度时所允许起吊的最大重量。这也是塔机的主要技术参数之一。

3．起重臂仰角

动臂式塔机的起重臂起升后，与其水平中心线的夹角，以 α 表示，单位为度。塔机起重臂仰角一般在 $0^\circ \sim 60^\circ$ 之间。

4. 起升高度

是指地面或轨面到吊钩中心的距离，当吊钩需放到地面以下吊取重物时，则地面以下深度叫下放深度，总起升高度等于起升高度加上下放深度。起升高度以 H 表示，单位为米。动臂式塔机起升高度和起重臂长度 L 和起重臂的仰角 α 有关。即

$$H = L \sin\alpha + h$$

式中　h 为起重臂与塔身铰接轴中心线与地面或轨面的垂直距离。

5. 起重力矩

起重量与其相应的工作幅度的乘积，以 M 表示，单位为 kN·m。

$$M = QR$$

起重力矩综合了起重量和幅度两大因素，总塔机起重性能的反映，也是衡量塔机起重能力的重要参数。

塔机的额定起重力矩是以起重臂最大幅度与相应的额定起重量的乘积表示的。所以当起重臂安装成不同长度（L）时，其最大起重力矩也随之发生变化。对某些塔机（如 TQ60/80），其标定的起重力矩还与塔身的高度有关，安装成不同高度的塔身，其起重力矩也将不同。

总之，塔机的起重量与幅度有关，在起重力矩不变时，工作幅度增大，则起重量应减小；工作幅度减小时起重量可增大，但起重量最大不能超过其额定最大起重量，否则容易造成事故，重则机毁人亡，轻则损坏塔机的内部各结构和零部件。塔机的这种特性可见图 13-2 的起重特性曲线图。

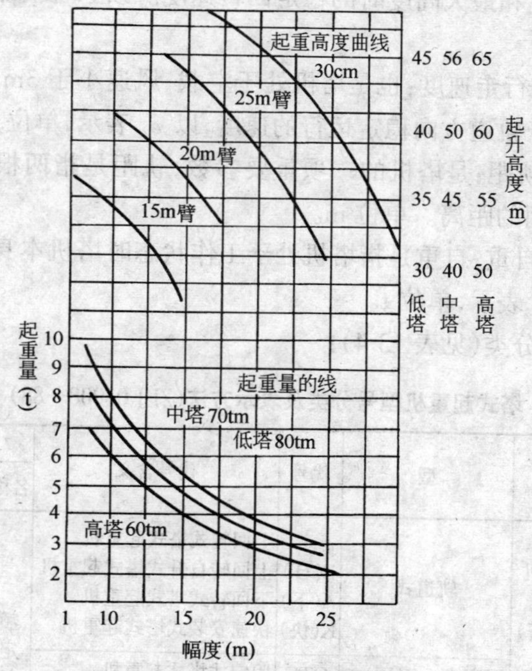

图 13-2　QT60/80 塔机工作特性曲线示意

6. 工作速度

主要包括起升、变幅、回转、行走的速度。

(1) 起升速度是指起重吊钩上升或下降的速度,以 v_q 表示,单位米/分,符号为 m/min。起升速度同牵引机构的牵引速度和吊钩滑轮组的倍率有关。

(2) 变幅速度:是塔机处于空载,风速小于 3m/s,吊钩从最大幅度到最小幅度的平均线速度。以 v_b 表示,单位米/分,符号 m/min。

回转速度:指塔机空载,风速小于 3m/s,吊钩处于起重臂最大幅度和最大高度时的稳定回转速度。以 N 表示，单位 r/min。

(3) 行走速度：也是塔机处于空载、风速小于 3m/s，起重臂平行于轨道方向稳定运行的速度，以 v_a 表示，单位 m/min。

7. 轨距：是塔机的一项重要参数，轨距是指两根轨道中心线之间的距离。单位 m。

8. 自重：自重是指塔机处于工作状态时塔机本身的总重量，以 G 表示，单位 t。

9. 分类(见表 13-4)：

塔式起重机型号分类及表示方法(ZBJ 04008—88) **表 13-4**

类	组	型	代号	代号含义	主参数	
					名称	单位表示
建筑起重机	塔式起重机 Q.T (起、塔)	轨道式	—	上回转式塔式起重机	额定起重力矩	kN·m
			Z(自)	上回转自升式塔式起重机		
			A(下)	下回转式塔式起重机		
			K(快)	快速安装式塔式起重机		
		固定式 G(固)	QTG	固定式塔式起重机		
		内爬升式 P(爬)	QTP	内爬升式塔式起重机		
		轮胎式 L(轮)	QTL	轮胎式塔式起重机		
		汽车式 Q(汽)	QTQ	汽车式塔式起重机		
		履带式 U(履)	QTU	履带式塔式起重机		
		自升式 Z(自)	QTZ	自升式塔式起重机		

按 ZBJ 04008 执行。型号编制图如下。

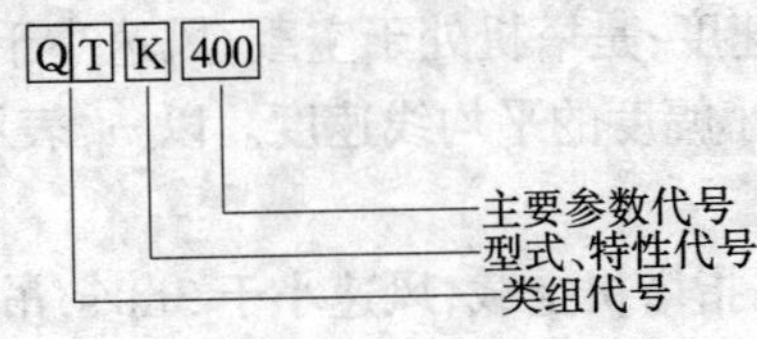

标记示例：

公称起重力矩 400kN·m 的快装式塔式起重机：

QTK400

公称起重力矩 400kN·m 的固定式起重机：

QTG400

塔机的技术性能是选用塔机的主要依据，所以熟悉并了解塔机的主要技术性能，对充分发挥塔机的使用效率和安装塔机是十分有益的。目前常用的几种塔机的技术性能见表 13-5。

（二）塔式起重机的安全装置

为了确保塔机的安全作业，防止发生意外事故，按照起重机械设计规定塔机必须配备各类安全保护装置。

1. 起重力矩限制器

起重力矩限制器主要作用是防止塔机超载的安全装置，避免塔机由于严重超载而引起塔机的倾覆或折臂等恶性事故。

力矩限制器的种类较多，多数采用机械电子联锁式的结构。

目前在 TQ60/80 型塔机的力矩限制器由重力取样装置、幅度取样装置和数字式多功能报警器组合而成。

（1）重力取样装置：由滑轮连杆、油缸及远传压力表等组成。该装置安装于塔顶中部。当起吊超重时，数字式多功能报警器即发出报警信号。

（2）幅度取样装置：由齿轮和余弦电位器等组成。全部装置安装在起重臂根部通轴左端。其作用是将吊点距塔身轴线的幅度经余弦电位器输出的电信号输入到数字式多功能报警器内，显示出吊物所在的幅度。

塔式起重机

下回转快速拆装塔式

型号		红旗Ⅱ-16	QT16	QT25	QT25
起重特性	起重力矩(kN·m)	160	160	250	250
	最大幅度/起重载荷(m/kN)	16/10	16/10	20/12.5	20/12.5
	最小幅度/起重载荷(m/kN)	8/20	8/20	10/25	10/25
	最大幅度吊钩高度(m)	17.2	20.5	23	21
	最小幅度吊钩高度(m)	28.3	31.25	36	31
工作速度	起　升(m/min)	14.1	26.5	25	25
	变　幅(m/min)	4	8.5		22
	回　转(r/min)	1	0.885	0.8	0.68
	行　走(m/min)	19.4	23	20	20
电动机功率	起　升	7.5	11	7.5×2	11
	变　幅	5	5	7.5	1.5
	回　转(kW)	3.5	2.2	3	2.2
	行　走	3.5	4	2.2×2	1.5×2
重量	平衡重	5	6	3	8.5
	压　重			12	
	自　重(t)	13	9.5	16.5	16
	总　重	18	15.5	31.5	24.5
轴距×轨距(m)		3.0×2.8	3.0×2.8	3.8×3.2	×3.5
转台尾部回转半径(m)		2.5	2.5		
拖运方式 拖运尺寸(m)		整体拖运 22×3×4	整体拖运 23×3.6×4.2	整体拖运 19.35×3.8×3.42	整体拖运 15.6×2.3×4.2
臂架结构		俯仰变幅臂架	俯仰变幅臂架	俯仰变幅臂架	小画变幅臂架
塔身结构		法兰盘连接			
生产厂		沈阳建筑机械厂	浙江建筑机械厂	沈阳建筑机械厂	济南建筑机械厂

主要技术性能

起重机主要技术性能 表 13-5

QTG25	QTK25	QTG40	QT40（TQ45）	QT60	QTG60	QTK60	QT70
250	250	400	450	600	600	600	700
20/12.5	20/12.5	20/20	18/25	20/30	20/30	25/22.7	20/35
10/25	10/25	10/46.6	8/60	10/60	10/60	11.6/60	10/70
23	23	30.3	23	25.5	39	32	23
36	35	40.8	34	37	50	43	36.3
28.33	3.3～40	14.5/29	20/13.3	30/3	22	35.8/5	16/24
9	30	14	9	13.3	4.4	30/15	2.46
0.8	0.78	0.82	0.8	0.8	0.72	0.8	0.46
24	25	20.14	25	25	24.5	25	21
12	7.5	11	16	22	23.5	22	22
4	3	10	5.5/7.5	5		2/3	7.5
2.2	2.2	3	4	4	3×2	4	5
2.2×2	2.2×2	3×2	4×2	5×2	3×2	4×2	5×2
	14.4	14	15	17	10	23	12
12							
13	10.5	29.37	20	25	23.7	23	26
25	24.9	43.37	35	42	33.7	46	38
3.8×3.5 3.72	3.2×3.2 3	4.5×4	4.4×4	4.5×4.5 3.5	5×4.5	4.6×4.5 3.57	4.4×4.4 4
整体拖运 21×3.2×4.07	整体拖运 15.65×2.65×3.8	解体拖运	整体拖运 18.6×3.4×4.36	整体拖运 24×3×4.3	解体拖运	整体拖运 13.8×3×4.2	整体拖运
俯仰变幅臂架	俯仰变幅臂架	俯仰变幅臂架	俯仰变幅臂架	俯仰变幅臂架	俯仰变幅臂架	小车变幅臂架	俯仰变幅臂架
		伸缩式塔身、液压立塔	伸缩式塔身、液压立塔	伸缩式塔身、液压立塔	整体塔身	伸缩式塔身	伸缩式塔身
广西建筑机械厂	沈阳建筑机械厂	上海建工机械厂	广西建筑机械厂	沈阳建筑机械厂	上海建工机械厂	哈尔滨工程机械厂	四川建筑机械厂

型　　号		TQ60/80 (QT60/80)	QTG25S	QTZ40	QT60
起重量	起重力矩(kN·m)	600/700/800	250	400	600
	最大幅度/起重载荷(m/kN)	30/20、25/32、20/40	25/10		35/16
	最小幅度/起重载荷(m/kN)	10/60、10/70 10/80	11.3/25	10/40	12/50
起升高度	附着式		100	80	70.5
	轨道行走式(m)	65/55/45		32	41.3
	固定式				
	内爬升式				130～150
工作速度	起升(2绳)(m/min)	21.5	2～26	9,23,36,90	5～20
	(4绳)(m/min)	(3绳)14.3		4.5,11, 18.45	
	变　幅(小车)(m/min)	8.5	20	19.38	12,24
	回　转(r/min)	0.6	0.39/0.52 /0.79	0.4/0.6	0.53
	行　走(m/min)	17.5		21	15
电动机功率	起　升	22	11		22
	变　幅(小车)	7.5	2.2		4/2.5
	回　转(kW)	3.5	0.85/1/1.5		2.2×2
	行　走	7.5×2			7.5×2
	顶　升		3		7.5
重量	平衡重	5/5/5	3	6.4	5.17
	压　重	46/30/30		32	40
	自　重(t)	40.5/37.4 /34.9		24	
	总　重	91.5/72.4 /69.9	25.35	62.4	
起重臂长(m)		15/20/25/30	25	36.8	30
平衡臂长(m)		8	9	9.52	12
轴距×轨距(m)		4.8×4.2		4×4	5×5
生　产　厂		北京、四川建筑机械厂	中建二局机械厂	安徽建筑机械厂	广东软轴钢窗厂

续表

QTZ60	QTZ60	QTP60	QT80	QT80	QT80	QT80A	Z80
600	600	600	800	800	800	1000	800
45/11.2	40/15	20/30	48/13	46/14	45/16	50/15	30/26.7
12.25/60	10/60	10/60	10/80	13/60	16/60	12.5/80	10/80
100	100	—	105	120	100	120	103
	40	—	45	45	45	45.5	43
39.5	40	—	45	45		45.5	—
160		160	—	150	140	140	—
32.7～100	12,40,80	50/25	3.1,13.8	20,45,70	32.7,51.8	29.5～1000	45
			36.4		100		
16.3～50	6,20,40		1.55,6.9		16.3,26,50	14.5～50	22.5
			18.2				
30～60	17/34	28.6/10	25～45	20～40	30.5	22.5	10.3
0.7	0.35/	0.19～0.57	0.295,	0.6	0.6	0.53	0.6
	0.45		0.59				
	20	—	18.5	15	22.4	18	10.3
22	30/24	30		30	22	30	45
	/3.3						
4.4	2.2/3.3	3.5		4/2.5	3.7	3.5	7.5×3.5
4.4	2.6/3.7	3.5		3×2	2.2×2	3.7×2	3.5
	5.5	—			5.5×2	7.5×2	7.5×2
5.5	5.5	—			5.5	7.5	7.5
12.9	4.3	3	7.9	5.4	11.7	10.4	4.08
52	40		60	50	60	56	23
33	32.8	27.5	80	48.4	45.83	49.5	40.12
97.9	77.6	30.5	147.9	103.8	107.53	115.9	76.2
35/40/45	40.6	30	48	47.15	45	50	32.5
9.5	14.6	14		17	12.5	11.9	11.1
	4.5×4.5	—	5×5		5×5	5×5	5×5
四川建筑机械厂	安徽建筑机械厂	上海建工机械厂	广西建筑机械厂	广东建筑机械厂	兰州471厂	北京建筑工程机械厂	四川建筑机械厂

型　号		QT80A	QT80B	QT80C	QT80D
起重量	起重力矩(kN·m)	800	800	800	800
	最大幅度/起重载荷(m/kN)	35/	40/	40/	40/
	最小幅度/起重载荷(m/kN)	10/80	10/80	10/80	10/80
起升高度	附着式	70	80	100	—
	轨道行车式(m)	43.5	43.5	43.5	—
	固定式	—	—	—	—
	内爬升式	140	140	140	160
工作速度	起升(2绳)(m/min)	32,50,96	32,50,96	32,50,96	32,50,96
	(4绳)(m/min)	16,25,48	16,25,48	16,25,48	16,25,48
	变幅(小车)(m/min)	33	33	33	33
	回转(r/min)	0.63	0.63	0.63	0.63
	行车(m/min)	20.3	20.3	20.3	—
电动机功率	起升	30	30	30	30
	变幅(小车)	3.5	3.5	3.5	3.5
	回转(kW)	2.2×2	2.2×2	2.2×2	2.2×2
	行走	5×2	5×2	5×2	—
	顶升	4	4	4	7.5
重量	平衡重	5.5	7.7	6.22	6.22
	压重				
	自重(t)	49.97	46	43.4	—
	总重				
起重臂长(m)		35	40	40	40
平衡臂长(m)					
轴距×轨距(m)					
生　产　厂		江麓机械厂			

注：1.TQ60/80型是轨道行走、上回转、可变塔高(非自升)塔式起重机。

2.QTG25S型具有施工升降机和塔式起重机双重功能。

续表

QT80E	QTZ120	QTZ120	ZT120	QTZ200	FO/23B	H_2/36B
800	1200	1200	1200	2000	1450	2950
45/	50/	50/20	30/40	40/35	50/23	60/40
10/80	16/80	16.45/80	15/80	10/200	14.5/100	24.6/120
100	120	120	160	162	203.8	148
45	50	50	40	55	61.6	56.6
—	—	—	—	55	—	—
140	140	140	—	—	203.8	—
32,50,96	30,60,120	30,60,120	2.4～49.8	6,12,40,80	100	100
16,25,48	15,30,60	15,30,60		3,6,20,40	50	50
30.5	7.5～50	5.5～60	30	22.38	7.5,30,60	7.5,30,60
0.6	0.6	0.6	0.5	0.5	0.8	0.8
22.4	20	20	14	10.38	15～30	15～30
30	30	30	41	45×2	51.5	51.5
3.7	5	0.5～4.4	7.5	5	4.4	4.4
2.2×2	3.7×2	3.7×2	3.5×2	5×2	4.4×2	8.8×2
5×2	7.5×2	7.5×2	7.5×2	3.5×4	3.7×4	2.6/5.2×4
4	7.5	7.5			10	
7.32	14.2	14.2	7	8	16.1	17.5
				51.6	116.6	84
44.9	(行车)52.5	(行车)55.8		141	69	133
			120	200.6	201.7	234.5
45	50	50	40	40	50	61.9
		13.5	18.3	20	11.9	21.2
	6×6	6×6	6×6	6.5×6.5	6×6	6×6
		哈尔滨工程机械厂	上海建工机械厂	北京重型机械厂	北京、四川建筑机械厂	四川建筑机械厂

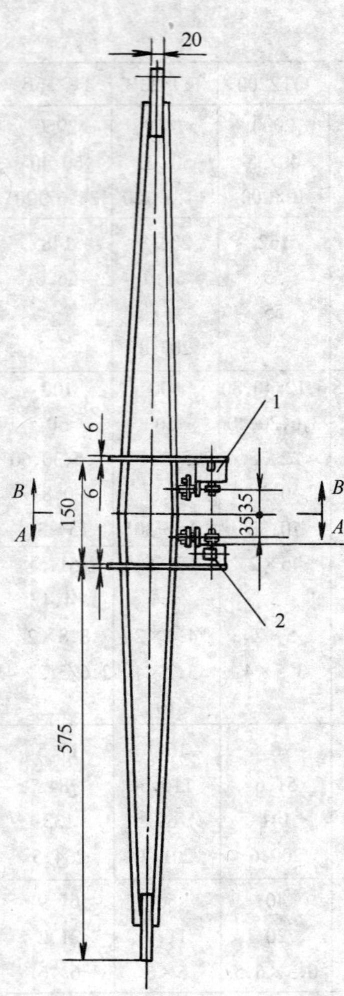

图 13-3　国产力矩限制器

1—弹性板;2—限位开关

目前在国产自升式塔机中采用弹性钢板加限位开关式的力矩限制器如图 13-3 所示。

2. 起重量限制器

起重量限制器是用以防止塔机的吊物重量超过最大额定荷载,避免发生机械损坏事故。

3. 起升高度限制器

起升高度限位器是用来限制吊钩接触到起重臂头部或与载重小车之前,或是下降到最低点(地面或地面以下若干米)以前,使起升机构自动断电并停止工作。

4. 幅度限位器

动臂式塔机的幅度限制器是用以防止臂架在变幅时,变幅到仰角极限位置时(一般与水平夹角为 63～70°之间时)切断变幅机构的电源,使其停止工作,同时还设有机械止挡,以防臂架因起幅中的惯性而后翻。

小车运行变幅式塔机的幅度限制器用来防止运行小车超过最大或最小幅度的两个极限位置。一般小车变幅限位器是安装在臂架小车运行轨道的前后两端,用行程开关达到控制。

5. 塔机行走限制器

行走式塔机的轨道两端尽头所设的止挡缓冲装置,利用安装在台车架上或底架上的行程开关碰撞到轨道两端前的挡块切断电源来达到塔机停止行走,防止脱轨造成塔机倾覆事故。

6. 钢丝绳防脱槽装置

主要用以防止钢丝绳在传动过程中,脱离滑轮槽而造成钢丝绳卡死和损伤。

7. 回转限制器

有些上回转的塔机安装了回转不能超过 270°和 360°的限制器,防止电源线扭断,造成事故。

8. 风速仪

自动记录风速,当超过六级风速以上时自动报警,使操作司机及时采取必要的防范措施,如停止作业,放下吊物等。

9. 电器控制中的零位保护和紧急安全开关

所谓零位保护是指塔机操纵开关与主令控制器连锁,只有在全部操纵杆处于零位时,开关才能接通,从而防止无意操作。

紧急安全开关则是一种能及时切断全部电源的安全装置。

10. 夹轨钳

装设在台车金属结构上,用以夹紧钢轨,防止塔机在大风情况下被风吹动而行走造成塔机出轨倾翻事故。

11. 吊钩保险

吊钩保险是安装在吊钩挂绳处的一种防止起重千斤绳由

于角度过大或挂钩不妥时,造成起吊千斤绳脱钩,吊物坠落事故的装置。

吊钩保险一般采用机械卡环式,用弹簧来控制挡板,阻止千斤绳的滑钩。

三、塔机的安装与拆卸

随着建筑业的迅速发展,建筑结构和施工方法的不断改进,施工周期越来越短,塔机的转场也较频繁,对塔机的安装和拆卸、运输的安全性要求也越来越高。目前,建设部和各地建设行业主管部门对塔机的装拆企业要求进行拆装的资质管理,企业必须通过拆装的资格审核、给予相对应的拆装塔机的资质等级。防止无证企业和闲散力量进行拆装造成恶性事故。

(一) 塔机的安装和拆卸注意点

(1) 尽量利用塔机的自身机构进行安装、拆卸,以减少其他机械使用和节约人工。

(2) 减少高处作业,能在地面、楼层顶上的拼装、拆卸尽量先做好,减少在高空中进行拼装、拆卸,减少危险因素。

(3) 安装拆卸工作要充分考虑到塔机在运输过程中的场地和空间、安装及拆卸时的场地及空间。

由于塔机的结构不同以及施工现场条件不同,因而塔机的安装和拆卸的方法差异较大。目前安装与拆卸的方法主要有:旋转法、竖直装拆法、整体起扳法、折叠法和顶升法等五种。

(二) 上旋式塔机的安装和拆卸方法

上旋式塔机一般采用旋转法和竖直拆装法进行安装和拆卸。

(1) 旋转法:是利用塔机自身的起升机构、起重臂并以门架为支点自行旋转起放塔身的方法。对于如 QT_2～6、QT60/80 等塔身不能旋转的塔机一般采用旋转法。

采用旋转法安装与拆卸塔机,前期准备工作较多,需埋设地锚、旋转塔身占用的场地较大,高空作业、人员配备和用工量较大,配合不好,容易出事故。

(2) 竖直拆装法:是利用汽车吊或轻型塔机进行安装和拆卸塔机的方法。

目前,这种竖直拆装法采用的较多,特别对中型和重型塔机的拆装。竖直拆装法占用施工场地小,高空作业相对少些,尤其适用那些施工场地条件不能采用旋转法的塔机安装和拆卸。

(三) 下旋式塔机的安装和拆卸

下旋式塔机的安装和拆卸,是利用塔机上的变幅机构或专用机构进行。一般都采用整体起扳法来提升或放下塔身和起重臂。下旋式塔机采用整体起扳法时,可不设置地锚、占用场地较少,同上旋式塔机的安装和拆卸相比较,整体起扳法有装拆方便,操作较安全,节省人工等优点。

有些下旋转塔机为了压缩拖运长度、实现整体架设、设置了专用的液压架机构,将塔身制成伸缩式的,而起重臂则制成折叠式的。如 QT45 及 QT60 类型的塔机就是采用专门的液压架设机构,先竖立塔身,然后拔塔、拉臂的安装法。

这种液压架设机构是以液压油缸进行驱动的多杆件铰链机构,由底盘、缸筒、活塞杆、外塔、内塔、臂架、架设压杆等八大构件组成。

(四) 自升(附着式)塔机的安装和拆卸

高层建筑的施工高度一般都在 50m 以上,为了适应高层建筑施工的需要，目前都采用自升式塔机。这种塔机一般是固定使用，即附着式和内爬式固定，随建筑物施工高度增加而相应升高。塔机的升高加节和下降都采用自身的顶升机构进行。此类塔机的进场安装都采取竖直安装法。内爬塔机和附着式塔机的拆卸方法不一样。内爬塔机的拆卸必须配备专用拆卸的起重机械。

（五）安装拆卸的安全注意事项

1．对装拆人员的要求

(1) 参加塔机装拆人员，必须经过专业培训考核，持有效的操作证上岗。

(2) 装拆人员严格按照塔机的装拆方案和操作规程中的有关规定、程序进行装拆。

(3) 装拆作业人员严格遵守施工现场安全生产的有关制度，正确使用劳动保护用品。

2．对塔机装拆的管理要求

(1) 装拆塔机的施工企业，必须具备装拆作业的资质、并按装拆塔机资质的等级进行装拆相对应的塔机。

(2) 施工企业必须建立塔机的装拆专业班组并且配有起重工(装拆工)、电工、起重指挥、塔机操纵司机和维修钳工等组成。

(3) 进行塔机装拆，施工企业必须编制专项的装拆安全施工组织设计和装拆工艺要求。并经过企业技术主管领导的审批。

(4) 塔机装拆前，必须向全体作业人员进行装拆方案和安全操作技术的书面和口头交底，并履行签字手续。

3．装拆作业中的安全要求

(1) 装拆塔机的作业，必须在班组长的统一指挥下进行，并配有现场的安全监护人员,监控塔机装拆的全过程。

(2) 塔机的装拆区域应设立警界区域,派有专人进行值班。

(3) 作业前,对制动器、连接件,临时支撑要进行调整和检查。对起重作业需要的吊索具要保持完好,符合安全技术要求。

(4) 作业中遇有大雨、雾和风力超过四级时应停止作业。

(5) 行走式塔机就位后,应将夹轨钳夹紧。

(6) 塔机在安装中对所有的螺栓都要拧紧,并达到紧固力矩要求。对钢丝绳要进行严格检查有否断丝磨损现象,如有损坏,立即更换。

(7) 对整体起扳安装的塔机,特别是起扳前要认真、仔细对全机各处进行检查,路轨路基和各金属结构的受力状况、要害部位的焊缝情况等应进行重点检查,发现隐患及时整改或修复后,方能起扳。

(8) 对安装、拆卸中的滑轮组的钢丝绳要理整齐、其轧头要正确使用(轧头规格使用时比钢丝绳要小一号)轧头数量按钢丝绳规格配置。

4. 塔机的顶升及拆卸

(1) 顶升的环境条件:

1) 顶升作业应在白天进行,若遇特殊情况必须在夜间顶升作业时,须配备足够的照明设备,并要实施重点监控。

2) 四级风力以上不准顶升作业。

(2) 顶升前的准备:

1) 按顶升加节所需的塔身标准节,吊放在塔身顶升加节时的引进方向侧;

2）将起重臂旋至塔身引进方一侧，使起重臂与引进方向重合，然后锁住回转机构；

3）放松电源电缆线，电缆的长度要大于顶升的总高度；

4）确立顶升指挥者（一般是机长），确定液压顶升系统操作人，落实观察顶升套架和塔身之间的四角滚动导轮滚动情况的监控人员，还要确定下支座与塔身之间用螺栓和销轴连接的安装人员；

5）吊起一节塔身的标准节，放入顶升套架的引进轨道；

6）以顶升油缸的支承面为中心，按理论计算数据、用吊钩吊起的重量移动到一定的幅度（距离）使塔机前后的弯矩平衡，方能开始顶升；

7）顶升前，还须将顶升套架滚动导轮与塔身之间的间隙调整好，一般以2～5mm为宜；

8）合上液压油泵电动机的电源，检查液压顶升系统运行是否正常。

（3）顶升过程的操作：

1）启动油泵；

2）通过换向阀，使完全回缩的油缸内活塞杆推出。使油缸上的扁担横梁放入（坐在）就近塔身的顶升踏梁上，要注意充分接触；

3）卸掉连接下支座与塔身的螺栓或销轴；

4）通过操纵换向阀，使油缸内活塞杆继续推出，扁担横梁顶住塔身的踏梁，注意就位必须正确。顶升套架顶着塔机的上半部，沿着塔身主杆轨道徐徐上升；

5）当油缸活塞杆全长大部分推出后，使顶升套架上的爬爪支承在塔身的踏梁上；

6）扁担横梁退出塔身的顶身踏梁，油缸活塞全部收回；

7）连续从工序2)到工序6)反复进行若干次。当油缸内活塞杆推出，爬升套架徐徐上升，下支座与塔身之间距离能够引进一个塔身标准节的高度时，停止油缸内活塞杆的推出，定位不动；

8）将爬升套架引进轨道上的标准节引入到套架内，与原塔身对正；

9）通过换向阀，使油缸内活塞杆回缩，顶升套架沿着塔身主杆轨道徐徐下降，使新引进的塔身标准节与原塔身和下支座相接；

10）用螺栓或销轴把新引进的标准节与原塔身紧固连接，连接时应先用少量螺栓或过渡销轴把新引进的塔身标准节与下支座紧固连接；

这样反复几次，当顶升高度达到要求时，新引进的塔身标准节与下支座穿上所有的螺栓和规定的销轴紧固连接。

(4) 顶升后的工作：

1）全面检查新接高的标准节之间的螺栓紧固度，是否达到规定的紧固力矩要求、连接销轴的止动销是否齐全、特别对下支座与塔身之间的连接检查。

2）行走式塔机在顶升加节后，应将套架放下至底架处。附着式或内爬式塔机在顶升后，应将顶升套架导轮与塔身之间的间隙调大，使顶升套架与塔身的立杆（角钢）完全脱离。

3）对顶升套架平台进行打扫，零星的螺栓或螺帽及工具收拾干净，防止坠落伤人。最后检查油泵液压系统电源是否切断。

4）经检查验收合格后才能重新投入使用。

(5) 拆卸：

自升式塔机的拆卸,常规的拆卸方式是:先卸下平衡重→拆起重臂→拆平衡臂→拆塔帽→拆驾驶室→拆卸转台和支承座→拆顶升套架→拆液压顶升机构→拆塔身标准节和基础节→拆底架及行走台车。

拆卸时一般采用50t以上汽车吊进行配合,内爬式另外有辅助起重机械进行拆卸。

上述塔机的安装、顶升、拆卸的要求是一般的操作程序和常规的要求。各种塔机的顶升和拆卸应按各自使用说明书的要求严格执行。

(六) 塔机的附着施工

1. 基本要求

(1) 熟悉掌握塔机使用说明书中关于附着锚固的规定。

(2) 建筑物附着点所承受的载荷,必须通过计算,包括附着撑杆的长度、强度及杆件的截面尺寸,都需经过设计计算,确保塔机的稳定性。

(3) 当附着时撑杆的实际支撑角度与设计角度不一致时,要重新计算支撑点及撑杆受力情况,确定长度、验算杆件的应力及稳定性。

(4) 附着框架形式:

1) 第一种是框架对塔身主杆内侧(对角线方向靠塔身中心一侧)无约束形式。此种形式框架安装在塔身与塔身连接处;如有障碍应在该平面下方,尽量靠近连接平面。

2) 第二种是框架对塔身杆内侧有约束形式。安装时无特殊要求,只要求结构空间允许即可。

(5) 施工单位应按塔机附着锚固点的要求施工,确保该处结构有足够的强度,承受最大的支撑载荷。同时应考虑到塔机在使用过程中的交变荷载的作用,此时锚固点就将受到的载荷既有受拉又有受压的两种情况。

(6) 固定式塔机或行走式改附着使用,附着前基准面必须经过水平调整。行走式塔机附着使用时,要采用止动靴及撑杆固定台车,保持台车不移动。

(7) 附着施工前,应在塔身附着点处,搭设临时操作平台,防护设施齐全,确保作业人员的安全工作。

2. 锚固的过程

(1) 建筑物上安装附着支撑架的连接座、埋件的焊接要保证焊接质量;

(2) 吊装附着框架;

(3) 调整塔身垂直度;

(4) 吊装附着撑杆;

(5) 按各连接点要求,穿上销轴或螺栓。

3. 调整

(1) 用经纬仪在沿轨道方向和垂直轨道方向的两个方向上进行监测。

(2) 调整附着撑杆的调节螺杆,在经纬仪监测下,使塔身处于垂直要求后,用锁紧螺母锁紧。

4. 检查验收

(1) 附着后,应对框架的固定情况进行检查,不得有任何松动和位移。

(2) 检查撑杆的连接点是否安全可靠、撑杆调节螺母是否紧固。与建筑物连接点处是否安全可靠。各项都达到要求后,方能使用。

(七) 内爬式塔机的爬升注意事项

由于文章篇幅有限,只介绍内爬式的一些注意事项。

(1) 爬升作业应在白天操作,风力大于四级时,应立即停止作业。

(2) 爬升时机上和机下人员之间及上部楼层和下一层楼之间配合人员的联系要始终保持畅通，最好采用对讲机。爬升中如遇故障或有异常情况，应立即停机检查，找出原因、排除故障后，才能继续爬升。

(3) 爬升过程中，禁止起升、回转、变幅等动作。

(4) 当塔机爬升到预定高度后，应及时拔出塔身底座的支承梁或支腿，通过爬升框架固定在结构上，以承受塔机上部传来的垂直方向荷载。

(5) 内爬塔机是通过导向装置、楔板和爬升框架与结构附着，所以，爬升到指定层楼时，应立即顶紧导向装置或用楔块塞紧，以承受水平载荷。内爬塔机的附着间距一般不得小于 3 个楼层。

(6) 凡设置爬升框架的楼层，各楼层板下面应设支撑作临时加固。搁置塔机底座支承梁的楼层下两层楼板，均需设置支撑作临时加固。

(7) 每次爬升完后，楼板上留下的孔洞，应用钢筋混凝土将其补浇封闭。

(8) 塔机爬升结束后，必须对附着情况、爬升框架的固定、底座支承梁的紧固、楼板下的临时支撑等情况要一一加以检查验收，确认无误后，才可使塔机投入使用。

四、塔机的安全使用

塔式起重机在建筑施工中，使用的频率和范围越来越广，实际起吊运行过程中，起重量的变化相当大。而使用中有意和无意识的违章超负荷使用或被任意增减平衡重量，就会使塔机失去平衡状态，严重时就会发生机毁人亡的事故，造成严重的损失。

从近年来所发生的多起机械和人身伤亡事故案例的原因分析来看,绝大多数属于违章超载起吊所造成的。所以为了杜绝重大机械和人身伤亡事故的发生,这里对塔机的安全使用过程中的基本知识,塔机的稳定性作一些介绍,使塔机的操作工和机械管理人员有所了解,加强安全防范措施,确保塔机的安全使用。

(一) 塔机的稳定性

塔机的稳定是靠本身的自重和一定数量的压重或配重来保持的。

塔机的稳定性,一般用稳定系数来表示 K。

$$稳定系数\ K = \frac{稳定力矩\ M_{稳}}{倾覆力矩\ M_{倾}}$$

式中 $M_{稳}$——考虑现场倾斜角度在内的塔机重量所产生的稳定力矩;

$M_{倾}$——载重时所产生的倾覆力矩(包括风力、吊物重量、惯性力)。

目前,我国采用的稳定系数是:考虑风力动载时为:$K \geqslant 1.15$,无风静载时为:$K \geqslant 1.4$。

塔机的安全操作技术规程的规定主要是为了塔机的稳定要求而制定的。所以在规程中,对塔机的行走路基、轨道铺设中的纵横的平整度有很高的要求,一般是1‰的标准。路轨的高低过大,塔和自重及平衡的重心便向倾覆轮缘移去,这时吊钩的起吊幅度增大了,而稳定力矩减小了;反之倾覆力矩却增大了,稳定系数当然就变小了。所以要求起重指挥及司机,平时必须严格检查轨道的平整度。塔机的设计中考虑了风力的作用,但如碰到六级以上大风时再加上其他不可预料的不利因素凑合在一起,会造成对稳定的不利,因此“十不吊”中明确规定六级以上强风区不准吊。并将塔身可靠地固定,以防塔机倾覆。再有“十不吊”中不准斜吊和超载起吊。斜吊时吊钩与吊物不垂直,两者之间产生了斜吊距离,将这个距离同起重量相乘就得出了斜吊时产生的张拉力矩(高空作业斜吊所产生的张拉力矩比地面斜吊的张拉力矩更大)。增加的张拉力矩再加上原起重力矩时,往往容易造成超载。一旦起吊物接近满荷载再加上斜吊时,那么就很容易造成事故。

另外,在斜吊过程中,由于水平分力向中心摆动,起吊过快时,还会造成吊物伤人的事故。所以塔机使用中必须将吊钩与吊物保持基本垂直,防止斜吊确保作业安全。

超载起吊的关键是人为地破坏了塔机的稳定性,导致了塔机的失稳而倒塔。吊物重量越大,其倾覆力矩也就随之增加,超载重量大于稳定力矩时,塔机就会出事。

(二) 安全装置的正确使用和保养

塔机在工作过程中,由于力矩限制器失灵,即会造成司机在操作中盲目或无意超载起吊;还有个别塔机司机有意关闭力矩限制器装置,这样的违章作业,其后果更危险;有些塔机司机不注意机械的例行保养制度,安全装置失灵或损坏后,不及时整修而盲目地继续使用,这些情况一旦遇到意外和超载时,事故就很难避免。

所以塔机司机不但要严格按操作规程操作,更应按照上班前的例行保养制度进行检查、保养,一旦发现安全装置不灵敏或失效必须进行整改,符合安全使用要求后,方能作业。

(三) 塔机的常见事故分析

国内有关权威部门对 1200 例塔机事故的调查分析,将事故分成五类并将其所占比例作了统计,见表 13-6。

塔机事故分类表 **表 13-6**

塔机事故分类	占 %
整 机 倾 覆	52
起重臂折断或碰坏	18
塔身折断或底架碰坏	27
塔 机 出 轨	2
机 构 损 坏	1

上表的分类很明显地发现:塔机的倾覆和断臂等事故占了70%。而这些事故的主要原因是超载而引起的,极小部分是操作不当或人为失误所造成的,见表13-7。现将常见事故原因分析如下:

塔机常见事故原因分析表 **表 13-7**

塔机事故原因	占 %
超 载	55
违章作业	12
行走轨道铺设不符要求	9
塔机本身制作质量不符	8
安装事故	4
风 灾	4
其 他	8

(1) 违章作业,在无可靠安全装置前提下或盲目解除(关闭)安全防护装置,超载起吊或斜吊等。

(2) 没有正确地挂钩,盛放或捆绑吊物不妥,致使吊物坠落。

(3) 起重指挥失误或与司机配合不当,造成失误。

(4) 施工现场管理不善,塔机工作环境不安全。如两机相邻过近、周边输电线路和建筑物、构筑物的妨碍等。

(5) 塔机装拆管理不严、人员未经过培训、企业无塔机的装拆资质。

(6) 塔机本身的结构件或连接件等未及时更新或检修、带病工作。

(7) 恶劣气候中起吊作业(大风、雷雨等)。

(8) 设备缺乏定期检修保养,安全装置失灵等造成事故。

(四) 塔机使用中的基本安全技术要求

(1) 起重司机持有的操作证同所操纵的塔机的起重力矩应相对应。

(2) 起吊作业中司机和指挥必须遵守"十不吊"的规定:指挥信号不明或无指挥不吊;超负荷和斜吊不吊;细长物件单点或捆扎不牢不吊;吊物上站人不吊;吊物边缘锋利,无防护措施不吊;埋在地下的物体不吊;安全装置失灵不吊;光线阴暗看不清吊物不吊;六级以上强风区无防护措施不吊;散物装得太满或捆扎不牢不吊的"十不吊"。

(3) 行走式塔机的轨道铺设从基础到排水和钢轨的轨矩、钢轨顶部的平整度均应符合安全使用的技术条件规定。

(4) 自升式塔机的基础,必须按使用说明书的要求设置,或经过专门设计。

(5) 塔机运行时,必须严格按照操作规程要求规定执行。最基本要求:起吊前,先鸣号,吊物禁止从人的头上越过。起吊时吊索应保持垂直、起降平稳,操作尽量避免急刹车或冲击。严禁超载,当起吊满载或接近满载时,严禁同时做二个动作及左右回转范围不应超过90°。

(6) 塔机停用时,吊物必须落地不准悬在空中。并对塔机的停放位置和小车、吊钩、夹轨钳、电源等一一加以检查，确认无误后，方能离岗。

(7) 塔机在使用中不得利用安全限制器停车；吊重物时不得调整起升、变幅的制动器；除专门设计的塔机外，起钓和变幅两套起升机构不应同时开动。

(8) 塔机的装拆必须是有资质的单位方能作业。拆装前，应编制专项的拆装方案并经企业技术主管负责人的审批同意后方能进行。同时要做好对装拆人员的交底和安全教育。

(9) 自升式塔机使用中的顶升加节工作，要有专人负责。塔机安装完后的验收和检测工作是必不可少的，顶升加节后的验收工作也应该严格执行。对塔机的垂直度、爬升套架、附着装置等都必须进行检查验收。

塔机的安全技术要求包括了安装质量、安全操作和拆卸三个方面的要求。只有严格按照规定去做才能确保塔机的正常使用。

第三节　吊装作业及吊、索具安全使用常识

一、吊装作业的安全常识

在了解起重吊装作业过程中的安全常识之前，我们也必须了解吊装作业安全技术中的一些基本知识，下面先简单介绍一些力的基本概念：

(一) 力的概念

力就是一个物体对另一个物体的作用。力的作用是使运动速度和运动方向发生改变或使物体发生形变。

1. 力的三要素

力对物体作用后产生的效果,完全取决于:(1)力的大小,单位是牛顿(N)或千牛顿(kN);(2)力的方向;(3)力的作用点。在三要素中,任何一个要素改变时,力对物体的作用效果也随之改变。

2. 作用力反作用力定律

作用力和反作用力总是同时存在,且数量相等,方向相反,并且作用在同一直线上。

3. 平衡概念和二力平衡条件

物体相对于参照物(如地面)保持静止或作均速直线运动状态,称为平衡状态。

要使作用在一个物体上两个力平衡,这两个力必须大小相等,方向相反,作用在同一直线上。这就是二力平衡条件。

4. 力的分解和合成

力的分解是指作用在物体上的一个已知力,可用两个或两个以上同时作用的力来代替,这种方法叫做力的分解。

力的合成,指所有作用于物体上的力,对物体产生的作用效果,可用一个力来表示力的大小和方向,此力称为诸力的合力(数力合成的意思),就是求出诸力的矢量之和。

5. 力矩

(1) 力对物体的作用,可以使物体移动,同样也可以使物体转动,当扳手拧紧螺帽时,螺母转动。为了度量力对物体转动的效果,这就需要知道作用在扳手上的力的大小以及力到作用点的距离(力臂),就是力乘以力臂等于力矩。所以力矩的大小,不但和力的大小有关,而且还和力的作用线到转动轴的垂直距离有关。力矩的单位为牛顿米(N·m)。

(2) 平面平行力系及物体的重心

平面内所有力都互相平行的力系称为平面平行力系。

一个物体的每一部分都要受到地球的引力也就是重力的作用,这些力的方向都是指向地面的,构成一个平行力系,这个平行力系的合力就是整个物体所受的重力。所以一个物体不论在什么地方,不论怎样安放,这个平行力系的合力总是通过物体上某一确定的点,这一点就是物体的重心。在起重作业过程中,如对设备的吊装、翻身、就位及钢丝绳的受力分配等,都要考虑物体的重心,如重心没有找准,起吊时由于受力分配不均,极有可能造成吊物倾斜或翻转等危险。只有正确找到重心位置才能确保起吊安全。图 13-4 为对称物体与一般物体的重心位置图。

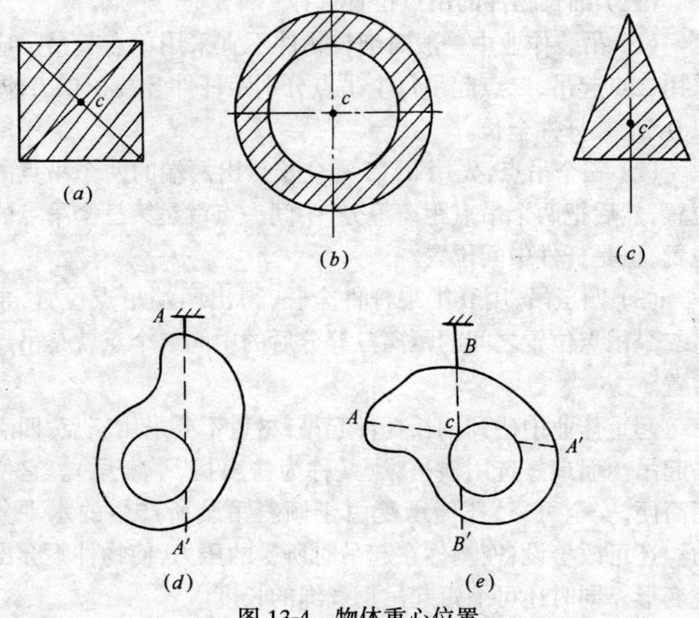

图 13-4　物体重心位置

(a)、(b)、(c)对称物体重心;(d)、(e)一般物体重心

(二) 吊点的选择

(1) 在吊运机械设备、构件时吊点位置应采用原设计的吊耳起吊。

(2) 吊运的设备或物件没有吊耳,可在设备两端四个点上捆梆吊索、然后根据设备的形状通过适当调整选择吊点、使吊点与重心在同一垂直线上。

(3) 平吊长形物件,两个吊点的位置应在距重心相等距离的两端(因重心在中间)吊力的作用线应通过重心。竖吊物件的吊点位置应在重心上端。

(4) 吊运方形物件时,四根吊索应拴在吊物重心的四边起吊。

(三) 细长物件的吊点位置选择

(1) 吊装作业中一般对细长物件不宜采用单点起吊。应采用二点起吊,二点起吊每个吊点分别距杆件各端 $0.21L$,即以 0.21 乘杆件全长。

(2) 三个吊点,先用 0.13 乘全长得出两端的两个吊点的位置,然后把两个吊点距离等分,中间一点就是第三个吊点的位置,也是杆件中间位置。

(3) 四点吊,用 0.1 乘杆件全长,得出两端吊点位置,再将二个吊点位置之间的距离三等分后的中间二个点就是吊点位置。

起重作业中碰到细长杆件起吊,尽量不要采用三点、四点法起吊。而最好选用横吊梁(又称为铁扁担、平衡梁)。它使用简便,安全可靠,还能承受由于倾斜吊装所产生的水平分力。还可改善设备、构件在起吊时所受的压力,使物件不会出现变形。同时还可缩短起吊钢丝绳的长度。

(四) 吊索的内力计算

(1) 吊索的内力计算

吊索的内力应根据所吊物件的重量、吊索的根数和吊索与垂直线所形成夹角的角度大小决定。

每根吊索的内力为：

$$S=\frac{Q}{n}\cdot\frac{1}{\cos\alpha}=\frac{Q}{n}\cdot K$$

式中 Q——起吊物的重量(kg)；

n——吊索的根数；

K——由 α 角而定的整定系数；

α——带索与垂直线之间所成的夹角。

吊索内力计算中的整定系数 **表 13-8**

垂直偏角 α	30	35	40	45	50	55	60	75
$K=\frac{1}{\cos\alpha}$	1.15	1.22	1.31	1.41	1.56	1.87	2	3.86

从以上公式中可得出，若起吊重量和吊索的根数相同，整定系数 K 越大(即 α 越大)则吊索上产生的拉力也越大。所以在起重吊装作业中，一定要避免吊索过短引起夹角 α 过大的现象，在受力合理的条件下，中心夹角以 60°～90°为宜，如大于 100°吊索钢丝绳可能从吊钩中滑脱。

(2) 吊索的安全系数：

吊索在起重吊装作业中，在捆绑和起吊时直接与吊运物件相接触摩擦、磨损较块。起吊捆扎中有时还会弯曲使用，工作速度变化而产生的动载荷又相当大，因此在选择吊索钢丝绳或其他起重钢丝绳时，必须充分考虑到受力不均匀和计算上的不精确等不利因素。即要给钢丝绳有一个储备能力，这个储备能力也就是我们通常所说的安全系数(俗称保险系数）。

吊索钢丝绳的安全系数一般应取大一些，也就是 6～10 的要求。

二、吊具、索具与地锚

（一）吊具（吊钩、吊索、卸扣与横吊梁）

1．吊钩

（1）吊钩是起重机械上的主要组成部分，吊钩除要承受吊物的重量外，还要受到起升和制动时产生的冲击载荷，所以对吊钩的制作材料有很高的要求，必须具有较高的机械强度和冲击韧性。所以要选用 20 号优质碳素钢经锻打等热处理加工。

（2）吊钩的危险断面和报废标准：

吊钩的危险断面是指吊钩承载时，弯曲应力最大的截面处，该处弯矩最大。根据吊钩受力分析：吊钩底部断面受剪切应力；吊钩的背弯部受弯曲应力最大（内侧受拉、外侧受压）；而吊钩上部钩柱受拉伸应力。

当起重机械的吊钩有下列情况之一的即应更换：

1）表面有裂纹、破口；开口度比原尺寸增加 15%；

2）危险断面及钩颈有永久变形，扭转变形超过 10 度；

3）挂绳处断面磨损超过原高度 10%；

4）吊钩衬套磨损超过原厚度 50%，心轴（销子）磨损超过其直径的 3%～5%。

起重机的吊钩严禁补焊，主要是因焊接产生的高温将引起材料内的金相组织改变和机械物理性能的变化，增加材料的脆性。

（3）吊钩在使用中的安全装置：

起重吊装作业中，由于挂钩时马虎或吊索间的角度过大，起吊中容易造成脱钩，所以吊钩上应装有防止脱钩的安全保险装置（见图13-5）。

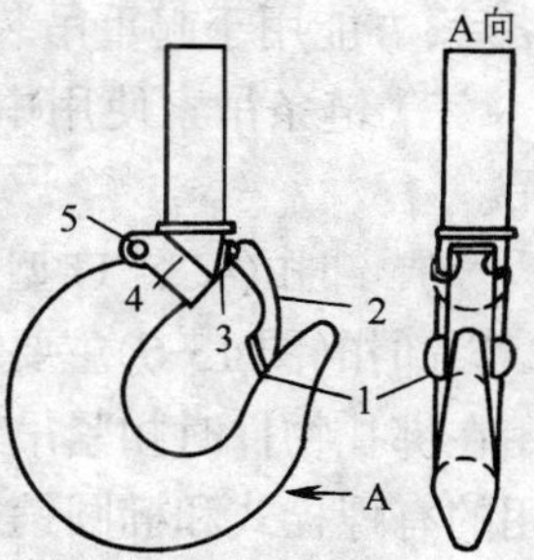

图13-5 吊钩安全装置图
1—突缘；2—钢栓；3—不锈钢弹簧；4—夹子；5—固定螺栓

（4）吊钩使用时的注意事项：

1）吊钩在使用中应按起重机械安全规程要求进行检查、维修，达到报废标准的必须立即更换。

2）起重机械不得使用铸造的吊钩。

3）吊钩表面应光洁、无毛刺、裂纹、锐角和剥裂。

4）吊钩需更换时，新吊钩应有制造单位的合格证和其他技术证明文件，方可投入使用。

5）吊钩每隔二年还应进行一次退火处理，以免由于疲劳而产生裂纹。

2. 吊索（千斤绳、捆绑绳）

（1）钢丝绳吊索的使用要求：

1）吊索钢丝绳应选用6×19或6×37型钢丝绳制作；

2）常用吊索有环式、两端绳套采用编插而成，编插长度不得小于钢丝绳直径的20倍，并不得短于300mm，目前已有一种新的加工方法，即固接钢丝绳接头，它是采用铝合金套管将要固接的钢丝绳穿在里面经专用压力机压接而成，相当牢固。

吊索的安全使用要求在前面章节中已有讲述。

（2）铁链条吊索的使用要求：

1）应采用短环焊接链条吊索；

2）新链条使用前，应用1/2荷载做破坏性试验，试验合

格后,方能用于起重吊装中;

3) 链条吊索使用中,不允许有振动荷载;不允许超载起吊。

3. 卸扣(又名U型卡、卡环)

卸扣(图13-6)主要用于吊索和构件吊索之间的连接,或用在绑扎物件时扣紧吊索。它由弯环和销子两部分组成。常用的有螺栓式和椭圆销卸扣二种。

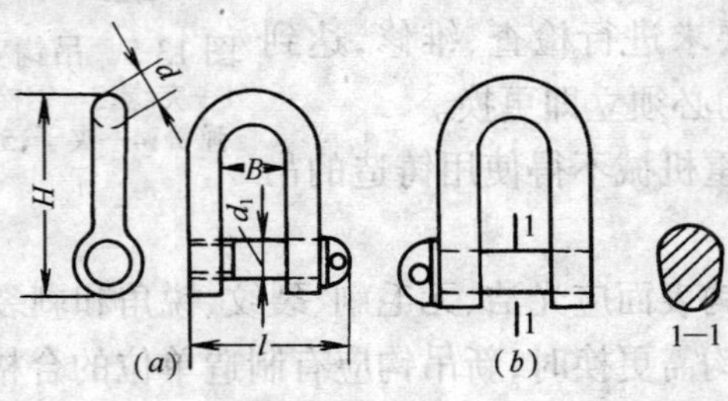

图13-6 卸扣

(a)螺栓式卸扣;(b)椭圆销卸扣

卸扣在使用时只能垂直受力不得横向(两侧)起重受力,严禁超过规定荷载使用。在使用中如无法确定其起重量时,可采用估算方法: $Q \approx 6d^2$:

式中 d——卸扣弯环的直径(mm)

4. 横吊梁(铁扁担)

横吊梁常用于柱子和屋架等构件及细长物件的吊装和搬运。采用横吊梁吊柱子柱身容易保持垂直,吊屋架时可降低起吊高度及吊索拉力和吊索对构件的压力,构件不会出现变形损坏。因此横吊梁在起重吊装作业中使用较普遍。

横吊梁常用有滑轮横吊梁、钢板横吊梁及钢管横吊梁等(见图13-7～图13-9)。钢板横吊梁主要用于吊装吨位较大的柱子(12t以下)。

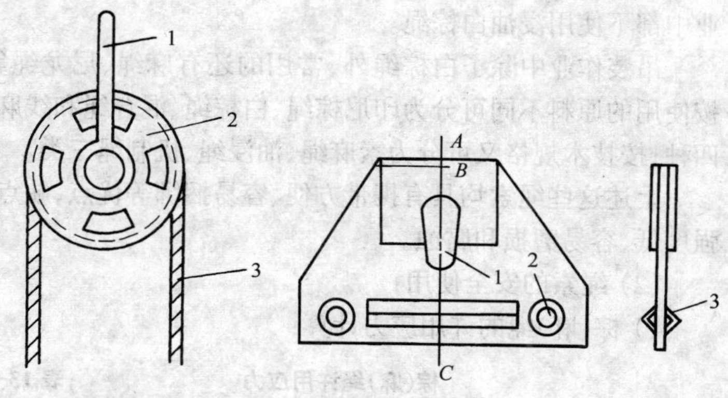

图 13-7　滑轮横吊梁

1—吊环；2—滑轮；3—吊索

图 13-8　钢板横吊梁

1—挂钩孔；2—挂卡环孔；3—扣焊角钢

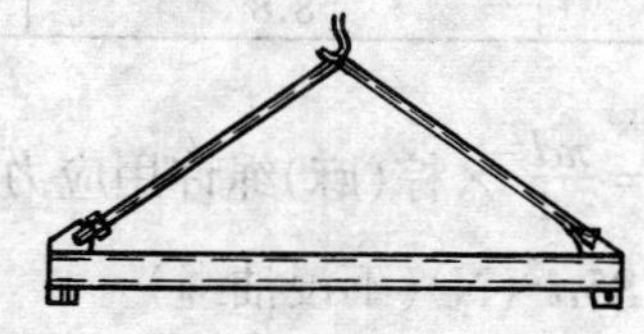
图 13-9　钢管横吊梁

吊装屋架时，应采用钢管横吊梁，也可采用桁架式横吊梁，长度一般为 6～12m，钢管应采用无缝钢管。

当屋架翻身或跨度很大时，需多点起吊时，应采用三角形桁架式横吊梁。

（二）索具

1．棕麻绳

（1）白棕绳的构造和种类：

白棕绳有三股、四股和九股三种。又有浸油和不浸油白棕绳之分。浸过油后棕绳不易腐烂，但质地变硬、不易弯曲，同时强度也比不浸油的降低 10%～20%，所以，一般吊装作业中都不使用浸油白棕绳。

吊装作业中除了白棕绳外，常用的还有麻绳、尼龙绳等。按使用的原料不同可分为印尼棕绳、白棕绳、混合绳和线麻绳四种；按技术规格又可分为素麻绳、油浸绳、机制绳三类。

上述这些绳索均具有携带方便、容易捆绑等优点，缺点是强度低、容易磨损和腐蚀。

(2) 绳索的安全使用：

1) 棕(麻)绳的许用应力计算：

棕(麻)绳许用应力 **表 13-9**

规　格	起重用(MPa)	捆绑用(MPa)
棕(麻)绳	9.8	4.9
浸油棕(麻)绳	8.8	4.4

棕(麻)绳 P(许) $=\dfrac{\pi d^2}{4}\times$ 棕(麻)绳许用应力

估算：$P\approx7.85d^2$(N)(不浸油绳)

$P\approx7.06d^2$(N)(浸过油绳)

式中　d——绳子直径(mm)

2) 因棕(麻)绳强度低、容易磨损和腐蚀，因此只能用于手动起重设备、临时性轻型吊装作业中捆绑物件和用作次要拉索。机动的机械一律不得使用棕(麻)绳。

3) 穿绕滑车时，滑轮直径应大于绳子直径的 10 倍，绳子有结头时严禁穿过滑轮。

4) 使用时要将绳抖直，长度不够时，不宜打结接长，应尽量采用编结接长。

5) 捆绑中遇有棱角或缺口时，应垫以木板或软性衬垫，以免棱角损伤绳子。

6) 使用中，不得超过其许用拉力。

2. 钢丝绳

钢丝绳具有强度高,承载能力大,对于冲击载荷的承载能力也较强,卷绕过程平稳;还具有韧性好,耐磨性较强,断丝、磨损容易检查等优点。其主要缺点是刚性较大、在传动中对滑轮和卷筒的直径比值要求较严,否则钢丝绳容易损坏、缩短其使用寿命。

(1) 钢丝绳的分类:

钢丝绳按接触状态可分为点接触、线接触和面接触三种。起重吊装中常用的是点接触钢丝绳中的多股钢丝绳。

钢丝绳的分类有很多方法,主要有:

1) 按钢丝绳绳芯可分为:麻芯、棉芯、石棉芯、钢丝芯等四种。

2) 按钢丝绳的捻绕次数,可分为:单捻、双捻。所有起重机的起升、变幅钢丝绳和捆绑钢丝绳一般都用双捻钢丝绳。

3) 按钢丝绳股的捻向可分为:右向捻和左向捻,观察是左向还是右向的方法是将钢丝绳垂直于地放量,从绳股捻制的螺旋方向来进行判别,从中心线左侧开始向上、向右的称为右向捻。用字母"Z"表示;绳股捻制的螺旋方向,是从中心线右侧开始向上、向左时,称为左向捻,用字母"S"来表示。

4) 按钢丝绳的捻绕方法又可分为:同向捻、交互捻和混合捻三种。还可根据钢丝绳的绳股断面形状分为:圆型股钢丝绳、异型股钢丝绳。还有按钢丝的韧性及钢丝表面情况分类的,这里就不再一一介绍。

(2) 钢丝绳的使用注意事项:

1) 钢丝绳的使用:

根据钢丝绳的性能、工作类型和载荷来决定。

a. 吊装作业中必须使用交互捻的钢丝绳。

b. 常用作缆风绳的钢丝绳是 6×7(6 股、每股 7 丝);此钢丝绳刚性大,绕曲性差。

c. 用于吊索和卷扬机上,一般使用 6×19 钢丝绳;对高速转动的起重机械和穿绕滑轮组的,都采用 6×37 钢丝绳。

2) 安全系数的一般规定(见表 13-10):

各类钢丝绳的安全系数表 **表 13-10**

用 途	缆 风 绳	缆索起重机承重绳	起重设备手动	起重设备机动	作吊索无弯曲	作吊索捆绑
K	3.5	4.25	4.5	5~6	6~7	10

3) 钢丝绳破坏的形式:

超负荷使用,疲劳破坏,由于反复弯曲、伸长、挤压、摩擦等引起;表面磨损、强度降低;钢丝绳表面产生断丝,断丝的产生和增加使钢丝绳中的钢丝受力不均匀情况加大,断丝现象加快,最终减少了钢丝绳的总的破断力。这些原因的存在,使钢丝绳的安全系数逐渐消失,最后造成破断拉力小于荷载而断裂。

(3) 钢丝绳报废标准:

1) 钢丝绳的断丝数达到表 13-11 中的数值时应报废。

表 13-11

安全系数 \ 断丝数 \ 钢丝绳	钢丝绳结构(GB 1102—74)			
	绳 6W(19),6×(19)		绳 6×(37)	
	一个节距中的断丝数			
	交互捻	同向捻	交互捻	同向捻
小于 6	12	6	22	11
6~7	14	7	26	13
大于 7	16	8	30	15

如钢丝绳的外表面出现磨损，报废断丝数应按表 13-11 的数值乘以表 13-12 中的折减系数；

折减系数表 **表 13-12**

钢丝表面磨损量或锈蚀量%	10	15	20	25	30～40	大于 40
折减系数%	85	75	70	60	50	0

2）钢丝绳表面钢丝被腐蚀、磨损超过钢丝直径的 40%以上；

3）钢丝绳断股；

4）钢丝绳直径减少达 7%或更多时；

5）钢丝绳出现变形：波浪型、笼状畸变、钢丝挤出等；

6）钢丝绳扭结、塑性变形；

7）绳芯脱出和损坏；

8）受到电弧等高温灼伤。

(4) 一般钢丝绳的可用程度判断：

我们可以通过表 13-13 的各种情况来判断其可用程度。

一般钢丝绳的可用程度判断 **表 13-13**

判断方法	使用场合	可用程度
新钢丝绳、使用过的钢丝绳各股钢丝位置未动，摩擦轻微并无绳股凸起现象。	重要场所	100%
(1) 各股钢丝已有变位、压扁凸出现象，但尚未露出绳芯。 (2) 钢丝绳个别部位有轻微锈蚀。 (3) 钢丝绳表面上的个别钢丝有断丝现象，每米长度内断丝数目不多于钢丝总数的 3%	重要场所	75%
(1) 个别部位有明显锈蚀。 (2) 绳股凸出不大危险，绳芯未露出。 (3) 钢丝绳表面上的个别钢丝有断丝现象，每米长度内断丝数目不多于钢丝总数的 10%。	次要场所	50%

续表

判 断 方 法	使用场合	可用程度
(1) 绳股有明显的扭曲,绳股和铜丝有部分变位,有明显突出现象。 (2) 钢丝绳全部都有锈痕,将锈痕刮去后,钢丝绳留有凹痕。 (3) 钢丝绳表面上的个别钢丝有断丝现象,每米长度内断丝数目不多于钢丝总数的25%。	辅助工作或不重要的场所	40%

(5) 如何查表判断钢丝绳的报废:

如一根6×19+1的交捻钢丝绳,断丝数为10根,同时又发现外层钢丝绳磨损量达钢丝直径20%,这根钢丝绳是否应当报废?(钢丝绳使用情况的安全系数为$K=5$)

查表得出该钢丝绳报废标准的断丝数为12根。同时,表面磨损为20%,查表折减系数为70%,故降低后报废标准为12×70%=8.4根,而现在有10根断丝数,故应立即报废不得使用。

当钢丝绳在一个节距内有部分断丝后,其可用程度应折减。

(6) 钢丝绳的正确使用及保养:

钢丝绳的安全使用在很大程度上取决于良好的维护、定期的检查。

1) 钢丝绳要每月润滑一次。正确方法是先用煤油洗尽钢丝绳表面油污,然后浸蘸在加热到80℃的润滑油中(钢丝绳麻芯脂),使油浸到绳芯中去。

2) 起重机上钢丝绳,每天都应进行检查,包括对端部的连接部位,特别是滑轮附近的钢丝绳的检验。

3）钢丝绳开卷时，要防止打结、扭曲，造成钢丝绳损坏和强度降低。

4）切断钢丝绳时，应有防止绳股和钢丝的松散措施。

5）钢丝绳在使用中，在卷筒上要排列整齐，或设置排绳装置。

6）钢丝绳穿越滑轮时，滑轮槽的直径应比绳的直径大1～2.5mm，滑轮槽过大，则绳易被压扁；滑轮槽过小，绳则容易磨损。滑轮边缘破损的不宜使用，以免损坏钢丝绳。

7）用钢丝绳绑扎边缘锐利的金属构件时，应加衬垫麻袋、木板或半圆钢管等物，以保护钢丝绳不损伤。

8）钢丝绳和滑轮直径之比，按用途一般要求为18～30倍。

(7) 钢丝绳的许用拉力计算：

$$F_{许}=\frac{\Sigma S_{p}\times\varphi}{K}$$

式中 $F_{许}$——钢丝绳许用拉力 (N)；

φ——钢丝绳受力不均匀系数(见表13-15)；

ΣS_{p}——钢丝绳破断拉力总和(见表13-14)；

K——安全系数(见表13-10)。

【例】 6×19—12.5—170钢丝绳用于吊装(机动)，求出钢丝绳的最大许用拉力。

【解】 $d=12.5$mm(钢丝绳)查(表13-14)

ΣS_{P}为95000N，用于吊装查(表13-10)得$K=6$，绳是6×19查(表13-15) $\varphi=0.85$

则：$F_{许}=\frac{\Sigma S_{P}\times\varphi}{K}=\frac{95000\times0.85}{6}=13458$N

圆股钢丝绳(GB 1102—74)

表 13-14

绳 6×19
股(1+6+12)
绳纤维芯

绳 6×37
股(1+6+12+18)
绳纤维芯

名称：钢丝绳
主要用途：各种起重、提升和牵引设备。
标记示例：
钢丝 6×37，钢丝绳直径 15mm，公称抗拉强度 1700MPa($170kgf/mm^2$)，I 号甲组单镀锌钢丝制成，右同向捻的钢丝绳：
钢丝绳 6×37—15.0—170—I—甲—镀—右同 GB 1102—74

直径，mm		钢丝总断面积 $(mm)^2$	参考质量 (kg/100m)	钢丝绳公称抗拉强度，MPa=(kgf/mm^2)									
				1400(140)		1550(155)		1700(170)		1850(185)		2000(200)	
				钢丝破断拉力总和，不小于									
钢丝绳	钢丝			kN	kgf	kN	kgf	kN	kgf	kN	kgf	kN	kgf
6.2	0.4	14.32	13.53	20	2000	22	2210	24	2430	26	2640	28	2860
7.7	0.5	22.37	21.14	31	3130	34	3460	37	3800	41	4130	44	4470
9.3	0.6	32.22	30.45	44	4510	49	4990	54	5470	58	5960	63	6440
11.0	0.7	43.85	41.44	60	6130	67	6790	73	7450	80	8110	86	8770
12.5	0.8	57.27	54.12	78	8010	87	8870	95	9730	103	10550	112	11450
14.0	0.9	72.49	68.50	99	10100	110	11200	121	12300	131	13400	142	14450
15.5	1.0	89.49	84.57	123	12500	136	13850	149	15200	162	16550	175	17850
17.0	1.1	108.28	102.3	149	15150	164	16750	180	18400	196	20000	212	21650
18.5	1.2	128.87	121.8	177	18000	196	19950	215	21900	233	23800	253	25750
20.0	1.3	151.24	142.9	207	21150	229	23400	252	25700	274	27950	296	30200

续表

绳 6×19
股(1+6+12)
绳纤维芯

绳 6×37
股(1+6+12+18)
绳纤维芯

名称：钢丝绳
主要用途：各种起重、提升和牵引设备。
标记示例：
钢丝 6×37，钢丝绳直径 15mm，公称抗拉强度 1700MPa(170kgf/mm²)，I 号甲组单镀锌钢丝制成，右同向捻的钢丝绳：
钢丝绳 6×37—15.0—170—I—甲—镀—右同 GB 1102—74

直径，mm		钢丝总断面积 (mm²)	参考质量 (kg/100m)	钢丝绳公称抗拉强度，MPa=(kgf/mm²)									
				1400(140)		1550(155)		1700(170)		1850(185)		2000(200)	
				钢丝破断拉力总和，不小于									
钢丝绳	钢丝			kN	kgf	kN	kgf	kN	kgf	kN	kgf	kN	kgf
21.5	1.4	175.40	165.8	241	24550	266	27150	292	29800	318	32400	344	35050
23.0	1.5	201.35	190.3	276	28150	306	31200	335	34200	365	37200	395	40250
24.5	1.6	229.09	216.5	314	32050	348	35500	381	38900	415	42650	449	45800
26.0	1.7	258.63	244.4	355	36200	393	40050	431	43950	469	47800	507	51700
28.0	1.8	289.95	274.0	398	40550	440	44900	483	49250	526	53600	568	57950
31.0	2.0	357.96	338.3	491	50100	544	55450	597	60850	649	66200	702	71550
34.0	2.2	433.13	409.3	594	60600	658	67100	722	73600	786	80100		
37.0	2.4	515.46	487.1	708	72150	783	79850	859	87000	935	95350		
40.0	2.6	604.95	571.7	830	84650	919	93750	1005	102500	1093	111500		
43.0	2.8	701.60	663.0	963	98200	1064	108500	1067	119000	1270	129500		
46.0	3.0	805.41	761.1	1103	112500	1221	124500	1339	136500	1460	149000		

钢丝绳受力不均匀系数　　表 13-15

钢丝绳规格	6×19	6×37	6×01
φ	0.85	0.82	0.80

(8) 钢丝绳连接的安全要求:

钢丝绳连接方法很多,有倒圆锥铸铅法、斜楔固定法和编结心形垫环固定法,见图 13-10。

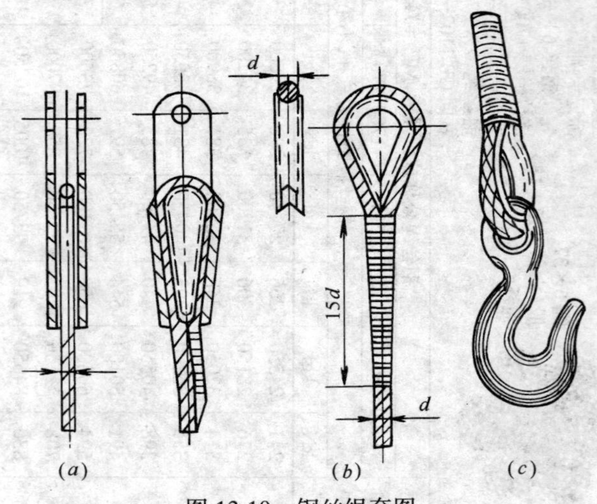

图 13-10　钢丝绳套图

(a)用斜楔固定;(b)、(c)用心形垫环固定

1) 绳卡(轧头)连接时,绳卡数量视钢丝绳的直径而定,应达到表 13-16 的要求;同时应保证连接强度不得小于钢丝

用绳卡连接时的安全要求　　表 13-16

安　全　要　求				
钢丝绳直径(mm)	7～16	19～27	28～37	38～45
绳卡数量(个)	3	4	5	6
绳卡压板应在钢丝绳长头一边,绳卡间距不应小于钢丝绳直径的 6 倍				

绳破断拉力的85%。

2）用楔块、楔套连接时，楔套应用钢材制作，连接强度不得小于钢丝绳破断拉力的75%。

3）用锥形套浇铸法连接时，连接强度应达到钢丝绳的破断拉力。

（三）地锚

1．地锚的分类及构造

（1）桩式地锚：适用于固定作用力不大的系统，是以角钢、钢管或圆木作锚桩垂直或斜向（向受拉的反方向倾斜）打入土中，依靠土壤对桩体的嵌固和稳定作用，使其承受一定的拉力；锚桩长度一般为1.5～2.0m，入土深度为1.2～1.5m，按照不同使用要求又可分为一排、两排或三排打入土中，生根钢丝绳拴在距地面约50mm处。同时，为了增加桩的锚固力，在其前方距地面约400～900mm深处，紧贴桩木埋置较长的挡木一根。桩式地锚承受拉力较小，但设置简便，因此被较普遍采用。

（2）卧式地锚：是将圆木或方木或者型钢横卧在预先挖好的坑底，绳索捆扎在材料上从坑的前端槽中引出，埋好后回土夯实即可。埋置深度一般在1.5～3.5m。但是卧式地锚承受拉力时既有水平分力又有垂直向上分力，并形成一个向上拔的力。所以要采用垂直挡板加固的办法扩大其受压面积，降低土壁的侧向压力。这种卧式地锚常用在普通系缆、桅杆或起重机上。其作用荷载能力不大于75kN，超过75kN还须进行加固后使用。

以上是施工现场常见的地锚形式。另外还有混凝土锚桩、活动地锚等形式。

2．地锚的埋设和正确使用

(1) 地锚埋设前经过周密计算。

(2) 设置地锚处场地应平整不积水，因为积水和土被浸泡，这样会降低土壤的摩擦力，使地锚松动而造成危险。

(3) 木质地锚的材质应使用落叶松、杉木，严禁使用油松、杨木、柳木、桦木、椴木。不得使用腐朽或木节较多的木料。

(4) 卧木上绑扎的钢丝绳生根可采用编接或卡接。使其牢固可靠。

(5) 使用时生根钢丝绳的方向应与地锚受力方向一致。地锚使用前必须进行试拉，合格后方能使用。

(6) 地锚附近不准开挖取土，否则容易造成锚桩处土壁松动。同时，地锚拉绳与地面的夹角应保持在 30°左右，角度过大会造成地锚承受过大的竖向拉力。

(7) 固定的建筑物和构筑物，可以利用作地锚，但必须经过核算。树木、电杆等严禁作地锚使用。

三、常用的小型起重设备

1. 千斤顶的安全使用

(1) 使用前底部必须放在结实可靠的基础上，下面用铁板或厚木板垫平稳，顶部也需设置木板垫实，否则千斤顶顶升底部倾斜即会造成重物滑动引起事故。

(2) 顶升时载荷要同千斤顶轴垂直，顶升时防止重心不对、产生位移而发生危险。

(3) 千斤顶的顶升高度，不得超过其规定顶程，以免损坏设备。

(4) 几台千斤顶联合使用时，每台千斤顶的起重能力不得小于计算载荷的 1.2 倍，并且要做到顶升同步。

2．手拉葫芦的安全使用

(1) 起吊前要核对吊物重量,不得超载;并仔细检查吊钩、链条等主要受力零件。

(2) 要先进行试吊。盲目起吊、估算吊物重量失误时,就有可能发生危险。

(3) 操作中,手拉链条时要用力均匀、平稳,切忌猛拉致使链条跳动或卡环;拉不动时不要硬拉,应立即进行检查是否超载还是机件损坏。必须处置后再使用。否则,超载起吊或硬拉即使不出事故,也会损坏葫芦。

(4) 应定期做好保养、润滑工作,使用 3 个月以上要进行拆洗、检查和加油。如遇齿轮损坏或磨损达原齿厚的 10%;链条发生塑性变形伸长达原长 5%、或卡链;链环直径磨损达原直径 10%则应报废。吊钩如达到报废要求也应立即更换(可参照塔机吊钩报废标准)。

3．滑车的安全使用

滑车的种类较多常见的有:单滑车、双滑车、多轮滑车,滑轮的个数也称“门数”。

按照连接方式又可分为:吊钩型、链环形、吊梁型、吊环形等。

滑车的正确使用要求:

(1) 使用前应检查滑轮的轮槽、轮轴、颊板、吊钩(环)等部分有无裂缝或损伤,滑轮转动是否灵活。

(2) 必须按其标定的荷载值使用,严禁超载使用。滑轮起重不明可用估算公式:

$$Q \approx \frac{D^2}{16}(\mathrm{kg})$$

式中　D——滑轮直径

(3) 滑轮的吊钩或吊环应与起吊物件的重心在一直线上不能使滑轮侧向受力，否则导致吊物不平稳，造成危险。

(4) 吊运起重量较重的构件或提升高度较高时，应采用吊环、链环或吊梁形滑轮，以防止脱钩。

(5) 滑轮组上、下和定、动滑轮之间严防距离过近，一般应保持在1.5～2m的极限距离。

4. 手扳葫芦

手扳葫芦又叫钢丝绳手扳滑车。它是由挂钩、手柄、钢丝绳、自锁夹钳装置和吊钩组成。当上下扳动手柄时，它的两对自锁夹钳便象钢爪一样交替夹紧钢丝绳，并沿着钢丝绳爬行。从而达到牵引的功能。

手扳葫芦体积小、重量轻、使用方便，可在水平、垂直、倾斜状态下工作，在结构吊装和吊篮升降中使用。

手扳葫芦的安全使用：

(1) 使用前应对自锁夹钳装置进行检查，夹紧钢丝后不能移动。否则严禁使用。

(2) 使用初，应在其受力后再检查一次，确认自锁功能良好时，方可正常开始作业。

(3) 用作吊篮升降时，应加装保险绳，每根提升钢丝绳都应加保险绳。保险绳固定在永久性的结构上。

(4) 必须按其额定容许值范围使用。严禁超载使用。

(5) 使用完毕后应拆卸进行清洗、检查保养，特别是对自锁钳的磨损情况进行检查。

5. 桅杆

桅杆，又称拔杆。在平时土法吊装中采用很普遍。常用桅杆有木桅杆、钢管桅杆、格构式桅杆、人字型桅杆、回转式桅杆和龙门桅杆等。

使用要求：

（1）使用前要合理选择桅杆结构的型式和对承载能力的计算。计算时起吊重量按设计要求确定，加上起重滑轮组和吊索具及 1/2 钢丝绳重量。还要乘上吊重时的动力荷载系数。

（2）木桅杆不能采用有伤疤和腐朽的木杆。

（3）悬挂滑车的钢丝绳必须系在桅杆上部，并至少绕 3 圈后落在横木支撑杆上（见图 13-11）。

（4）缆风绳视桅杆高度和载荷大小确定，一般不少于 4～6 根。

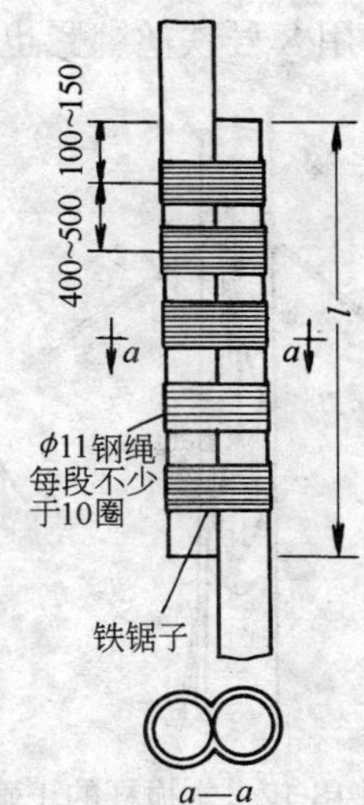

图 13-11　木桅杆搭接方法

（5）起板桅杆时，必须先将桅杆端部两根夹角为 60°的绳索固定好，然后才能用卷扬机或人力牵引，将桅杆端头慢慢地抬起与地面成 70°角度时，再用缆风绳找正固定。

（6）缆风绳与桅杆连接，以及滑车绳与桅杆的连接最好交汇在一个点上（见图 13-12）。这样木杆件形成节点受力。如不连接在一个点上，这样木杆就会产生附加弯曲，受力不好。这种绑扎法是错误的（见图13-13）。

人字拔杆正确的架设方法：

（1）两根拔杆相交角度没有明确规定，但夹角愈大拔杆受力越大，一般选用 55°。

（2）捆绑人字拔杆交叉绳扣时，两根拔杆交叉 45°角平放在地上，在下拔杆上绑背扣；然后在两杆的小头上绕 10 圈以上。再打围脖 3～4 圈，最后将绕出绳头在围脖绳上打倒扒扣。用8号铁丝绑紧也可以用铁钉钉牢(见图13-14)。

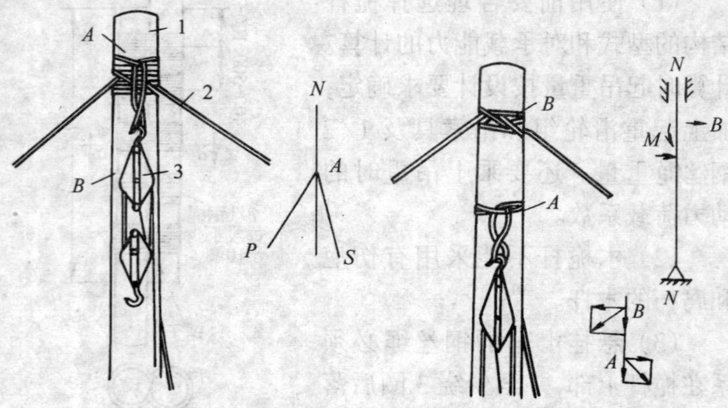

图13-12　木桅杆的正确绑结　　图13-13　木桅杆的不正确绑结

1—木桅杆;2—缆风绳;3—滑车组

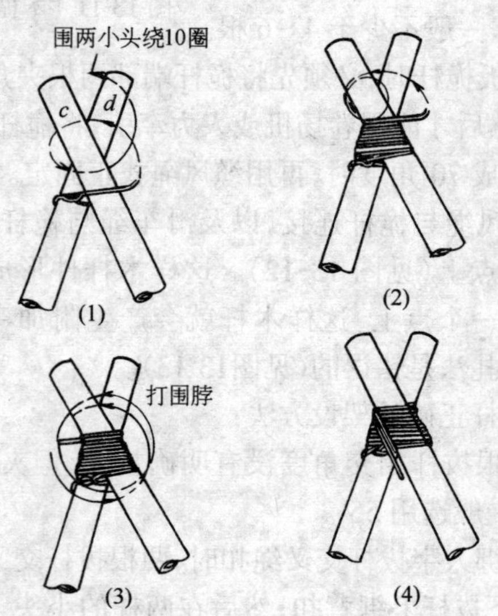

图13-14　人字拔杆的绑结

(3) 将滑车组钢丝绳扣的一端拴在两杆小头上,分别交叉围绕一圈成“8”字型。然后穿卸扣,卸扣悬挂在交叉处的下面,滑车组挂在卸扣上。

拴缆风绳时,先将一根长绳在中心打一个羊蹄扣,套在两拔杆的交叉处,见图 13-15(1)两绳头分别在小头上绕一圈,绳头必须压在绳圈下面,见图 13-15(2),注意左边绳头必须压在右边的小头上。同时,右边的绳头也必须压在左边的小头上。缆风绳的绳头最后必须从交叉的中部绕出,见图 13-15(3)。

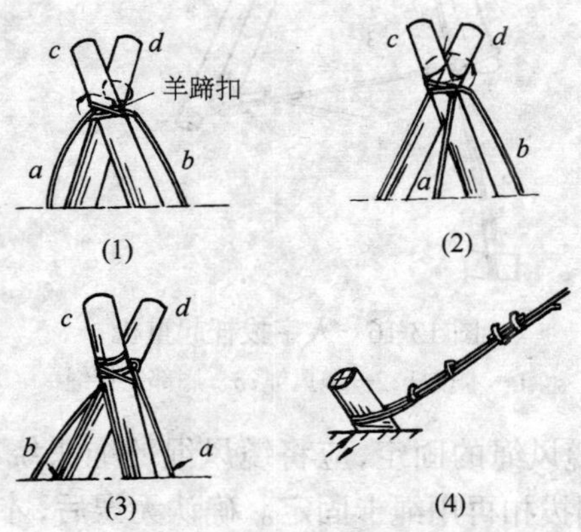

图 13-15　人字拔杆缆风绳的绑结

(4) 立拔杆时,两杆大头处要用绳索固定,平放地面,同时展开。两大头杆距约为杆长的一半,小头交叉处距端顶不小于 600～900mm。把滑车固定在拔杆交叉处后,一面用人工抬起两种小头,采用人力或卷扬机缓缓地拉起拔杆,当与地面成 70°夹角时,停止起扳,再用缆风绳进行找正位置将两根缆风绳固定,见图 13-15(4)。

(5) 安装完后,要检查拔杆与地面夹角,测量出交叉点至大头底部距离。为了防止拔杆往外张开,应采用绳索将大头处封住,见图 13-16。

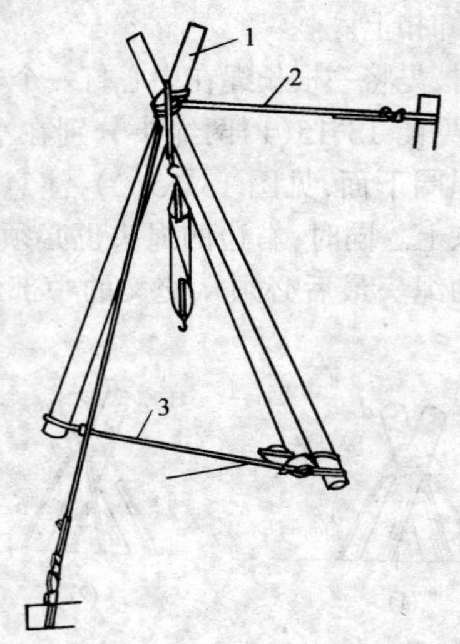

图 13-16　人字拔杆起重机

1—木拔杆;2—缆风绳;3—底部连接绳

(6) 对缆风绳的固定,应将缆风绳的绳头绕在锚桩上一圈,打二个倒拔扣再用绳卡固定。确认无误后,才能开始起吊作业。

四、吊装的基本安全技术要求及预防措施

(1) 吊装作业前,要编制吊装工程的施工方案。方案编制前,技术人员应通过实地考察吊装现场,在同有经验的主要吊装作业工人(如吊车指挥,司机和有经验的起重工等)进行商讨的基础上,制定出切实可行的吊装方案和安全技术措施,方案须经上级审批通过。作业前,向参与吊装作业人员进行

安全操作交底。

(2) 参与吊装作业人员必须严格按交底的要求和基本操作规程进行作业。

(3) 对吊装区域不安全因素和不安全的环境,要进行检查、清除或采取保护措施。如对输电线路的妨碍,如何确保与高压线路的安全距离;作业周围是否涉及到主要通道、警戒线的范围、场地的平整度;作业中如遇大风怎么采取措施等不利条件都要准备好对策措施。

(4) 做好吊装作业前的准备工作是十分重要的,如检查起吊用具和防护设施;对辅助用具的准备、检查;确定吊物回转半径范围、吊物的落点等情况的准备工作。

(5) 吊装中要熟悉和掌握捆绑技术,及捆绑的要点。应根据形状找中心、吊点的数目和绑扎点、捆绑中要考虑吊索间的夹角;起吊过程中必须做到"十不吊"的规定。各地区对"十不吊"的理解和提法不一样、但绝大部分是保证起重吊装作业的安全要求,参与吊装作业的指挥、司机要严格遵守。

(6) 起重作业人员在吊装过程中要选择安全位置、防止吊物的冲击、晃动、坠落伤人发生事故。

(7) 起重指挥人员必须坚守岗位,准确、及时传递信号,司机要对指挥发的信号、吊物的捆绑情况、运行通道、起降的空间,确认无误后才能进行操作。多人捆扎时,只能由一人负责指挥。

(8) 采用桅杆吊装时,四周应不准有障碍物,缆风绳不准跨越架空线,如相距过近时,必须要搭设防护架;

(9) 起吊作业前,应对机械进行检查,安全装置要完好,灵敏。起吊满载或接近满载时,应先将吊物吊起离地 20～50cm 处停机检查,检查起重设备的稳定性、制动器的可靠性、吊物的平稳性、绑扎的牢固性。确认无误后方可再行起吊。吊运中起降要平稳，不能忽快忽慢和突然制动。

(10) 对自制或改装的起重机械、桅杆起重设备，在使用前，要认真检查和试验、鉴定，确认合格后方准使用。

(11) 高空作业人员、必须经医生检查合格。作业时必须拴好安全带固定牢靠，做到高挂低用。

第十四章 职业卫生

第一节 概 述

职业安全卫生管理体系是继质量管理体系和环境管理体系标准之后,世界各国关注的又一管理标准化问题。目前,美国、英国、澳大利亚、日本等国家正在实施职业安全卫生管理体系。我国建筑业参照国外先进标准并结合行业的实际情况,建立职业安全卫生管理体系,建立健全建筑企业安全生产的自我约束机制,是强化企业安全管理,提高企业安全管理水平,是建立现代建筑企业制度的重要内容,也是确保建筑企业安全生产,提高竞争能力的重要措施。

一、职业安全卫生管理体系的基本要求

我国党和政府一贯重视安全卫生和劳动保护工作,并已在建筑领域建立了一些安全生产、劳动保护、健康卫生的法规、规范和技术标准。这有利于我国的建筑安全和卫生法规、规范、标准与国际接轨,推动我国建筑安全与卫生工作进一步向前发展。最近,国家经济贸易委员会起草了《职业安全卫生管理体系试行标准》,它是企业建立和认证机构审核职业安全卫生管理体系的基本依据。建筑企业也可根据具体情况直接采用国外先进标准建立安全卫生管理体系。

建筑业是世界上主要的产业部门之一,尽管建筑业的机

械化水平逐步在提高，但是它仍然是在主要的就业部门之一，这一行业劳动力总数一般占一个国家全部劳动人口的9%～12%，有时高达20%。在许多国家建筑业又是事故发生频率较高的行业，尽管有许多事故未被发觉或未报告，从而难以获得准确的统计数字。但是，已知的建筑业的伤亡事故往往超过其他产业的事故。为此，我国的建筑业制定了一系列有关安全生产、劳动保护、卫生环境等方面的行政法规，其内容主要是明确管理体制、管理工作的原则、办法和内容及相应的安全生产责任制。随着建筑业的发展，现在提出了职业安全卫生管理体系的基本要求，目的是使组织能够控制其职业安全卫生危险，持续改进职业安全卫生绩效。

二、职业安全卫生管理体系的适用范围

我们说职业安全、职业卫生和工作环境是同一个问题的两个方面。职业安全、职业卫生和工作环境在合理可行的范围内，通过把工作环境中内在危险因素减少到最低限度的做法来预防源于工作、与工作有关或在工作过程中发生的事故及其对健康的危害。尽可能地保证工作环境中不存在由空气污染、噪声或振动而诱发的任何危害。国家经贸委组织起草的《职业安全卫生管理体系试行标准》，也适用于建筑业任何有以下愿望的组织：

(1) 建立职业安全卫生管理体系，有效地控制和消除员工和其他有关人员可能遭受的危险及危害因素。

(2) 实施、维护并持续改进其职业安全卫生管理体系。

(3) 保证遵循其声明的职业安全卫生方针。

(4) 向社会表明其职业安全卫生工作原则。

(5) 谋求外部机构对其职业安全卫生管理体系进行认证

和注册。

(6) 进行自我评价并公开评价结果。

《职业安全卫生管理体系试行标准》中提出的所有要求，旨在帮助组织建立职业安全卫生管理体系，其适用的程序取决于组织的职业安全卫生方针、业务活动的特点及其危险性和复杂性。其根本的目标是消除最危害的条件和最严重的危害、预防工作条件对工人健康的损害、保护员工免受其职业中危害健康的因素、创造并保持一种适合生理和心理条件的工作环境，使工作适合人的情况，而每个员工则要适应他的工作。

三、职业安全卫生管理体系的术语和定义

1. 审核 audit

判定活动和有关结果是否符合计划的安排，以及这些安排是否得到有效实施并适用于实现组织的方针和目标的一个系统化的验证过程。

2. 持续改进 Continual improvement

强化职业安全卫生管理体系的过程，目的是根据组织的职业安全卫生方针，从总体上改善职业安全卫生绩效。

3. 事故 accident

造成死亡、职业病、伤害、财产损失或其损失的意外事件。

4. 危害 hazard

可能造成人员伤害、职业病、财产损失、作业环境破坏的根源或状态。

5. 危害辩识 hazard identification

识别危害的存在并确定其性质的过程。

6. 事件 incident

造成或可能造成事故的事件。

7. 相关方 interestd Parties

关注组织的职业安全卫生状况或受其影响的个人或团体。

8. 不符合 non-conformance

任何能够直接或间接造成伤亡、职业病、财产损失或作业环境破坏的违背作业标准、规程、规章或管理体系要求的行为或偏差。

9. 目标 objectives

组织制定的为激发员工安全表现行为、并预期必须要达到的职业安全卫生工作目的、要求和结果。

10. 职业安全卫生 occupational health and safety

影响作业场所内员工、临时工、合同工、外来人员和其他人员安全与健康的条件和因素。

11. 职业安全卫生管理体系 occupationcl health and satety management sustem

组织全部管理体系中专门管理职业安全卫生工作的部分，包括为制定、实施、实现、评审和保持职业安全卫生方针所需的组织机构、规划活动、职责、制度、程序、过程和资源。

12. 组织 organization

具有自身职能和行政管理的企业、事业单位或社团。

13. 绩效 perfomence

组织根据职业安全卫生方针和目标，在控制和消除职业安全卫生危险方面所取得的成绩和达到的效果。

14. 危险 risk

特定危险事件发生的可能性与后果的结合。

15. 危险评价 risk assessment

评价危险程度并确定其是否在可承受范围的全过程。

16. 安全 Safety

免遭不可接受的危险的伤害。

17. 可承受的危险 tolerable risk

组织根据法律义务和职业安全卫生方针，将危险降低至可接受的程度。

第二节　方针、计划、目标和管理方案

职业安全卫生管理体系是要应用现代化安全卫生系统工程原理和方法，加强职业安全卫生管理，即在规定的环境、时间、劳动力和成本等条件下，采用系统工程的办法，进行分析、评价、控制系统中的事故研究，及时调整工艺、设备、操作、管理、生产、周期和费用投资等因素，使系统中发生的事故减少到最低限度，达到最佳的职业安全卫生状态。

一、职业安全卫生管理的一般要求、方针、计划

建筑企业在实施职业安全卫生管理体系时，一般要求组织应建立并保持职业安全卫生管理体系(图 14-1～图 14-3)。

(一) 职业安全卫生方针

组织应有一个经最高管理者批准的职业安全卫生方针，以阐明整体职业安全卫生目标和改进职业安全卫生绩效的承诺。

方针应该一是适合于组织职业安全卫生特点，危险性质和规模；二是包括持续改进的承诺；三是包括对组织应遵守的国家有关职业安全卫生法律、法规和其他要求的承诺；四是形成文件、付诸实施，予以保持；五是传达到全体员工，使每个人

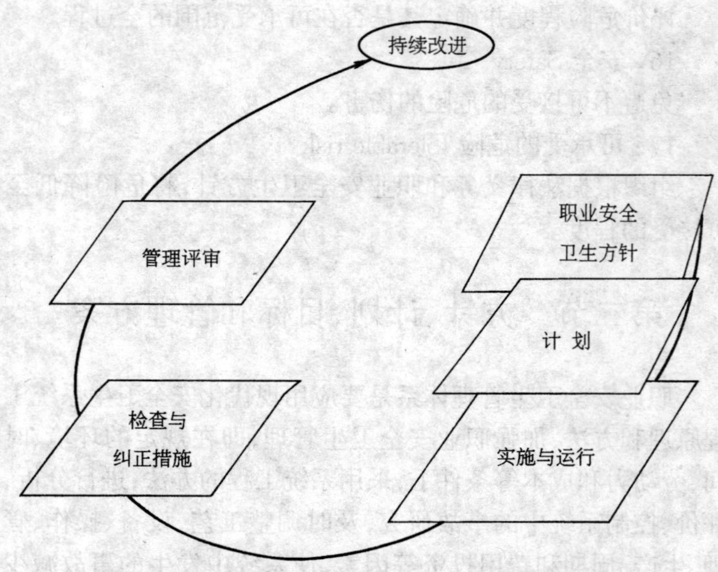

图 14-1　成功的职业安全卫生管理要素

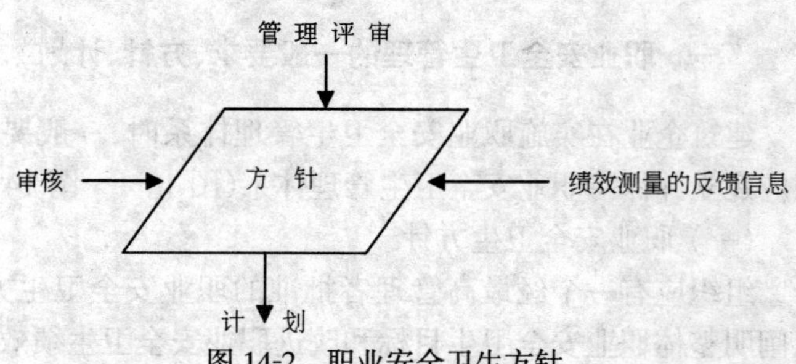

图 14-2　职业安全卫生方针

都认识其在职业安全卫生方面的义务；六是可为相关方所获取；七是定期进行评审，确保其适宜性。

（二）职业安全卫生的计划

危害辨识、危险评价和危险控制计划。组织应建立和保

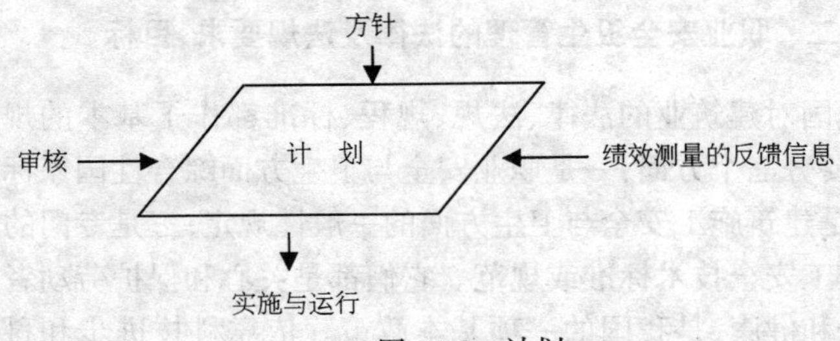

图 14-3　计划

持危害辨识、危险评价和必要控制措施的实施程序，实施程序应包括：一是常规和非常规的活动；二是所有进入作业场所人员的活动；三是作业场所内的设施，无论是由组织还是由外部所提供的设施。因此，建筑企业一定要尽可能预防工作场所出现危险，避免多余的或不必要的艰苦工作岗位的搬动；组织工作时考虑工人的安全和卫生，从安全和卫生角度采用适当的材料和产品；采用有效方法，使工人不受化学、物理和生物媒介的有害影响。建筑企业全面提供安全和卫生的工作场所，落实国家法律或条例规定的安全和卫生措施，在保证职工安全与卫生方面承担责任和义务。组织应确保在确立职业安全卫生目标时，对这些危险评价的结果及控制的效果进行考虑，并将此文件能保持最新。

关于组织新采用的危害辨识和危险评价的方法，应该一是依据其范围、性质和时间安排进行确定，以保证其方法切实可行，具有可操作性；二是确定危险级别；三是与运行经验和新采用的危险控制措施的能力相适应；四是为确定设备要求，明确培训需求和开展运动控制，提供适宜信息；五是提供必要的监测活动，保证实施的有效性和及时性。

二、职业安全卫生管理的法律及法规要求、目标

我国对建筑业的法律、法规、规程、标准都作了基本的规定，主要分三个方面：一是职业安全与卫生方面综合性国家标准；二是建筑施工安全与卫生方面的一般性规定；三是专门的建筑施工安全技术标准或规范。它们都是关心和保护劳动者的安全和健康，是我国的一项基本政策。依靠科技进步和科学管理，采取安全和卫生工程技术及组织措施，消除劳动过程中危及人身安全健康的不良条件和行为。建筑企业组织应建立并保持遵守职业安全卫生法律和法规的程序。组织保存的法律、法规、规程、标准应是最新的，并应将其要求传达给全体员工和其他相关方。保护职工在施工生产过程中的安全卫生和健康，历来就是我们党和国家的一项重要政策，在实施职业安全卫生管理体系过程中，建筑企业遵守所规定的法律、法规、规程、标准是一项义不容辞的任务。

建筑企业为了贯彻执行"预防为主"的安全卫生工作方针和宪法中有关国家保护环境和自然资源，防治污染和其他公害以及改善劳动条件，加强劳动保护的规定。在实施职业安全卫生时，应制定切合实际的目标，组织应针对其内部相关职能和层次，建立职业安全卫生目标，并使之形成文件。组织在建立和评审职业安全卫生目标时，应考虑法律和法规要求，自身职业安全卫生危害和危害的特点，可选技术方案、财务、运行和经营要求，以及相关方的观点。目标应符合职业安全卫生方针，并包括对持续改进和承诺。

三、职业安全卫生管理方案

建筑企业的职业安全卫生管理体系一定要尊重科学、严

格管理，在实施过程中应该有周密、详情、科学、实用的管理方案。组织应制定并保持旨在实现职业安全卫生目标的管理方案。这方案应包括：

(1) 规定组织相关职能和层次实现职业安全卫生目标的职责和权限。

(2) 制定实现目标的方法和时间表。

此外，组织应建立并保持程序，定期在计划的时间内对职业安全卫生管理方案进行评审，针对组织的活动、产品、服务或运行条件的变化，对职业安全卫生管理方案进行修订。

第三节　职业安全卫生管理全过程

职业安全卫生管理必须根据建设工程的产品特点：流动性大、露天高处作业、手工操作与机械运转、变化大、规则性差、操作人员更替频繁、危险性大的情况。职业安全卫生必须全员、全方位、全过程管理。

一、实施与运行

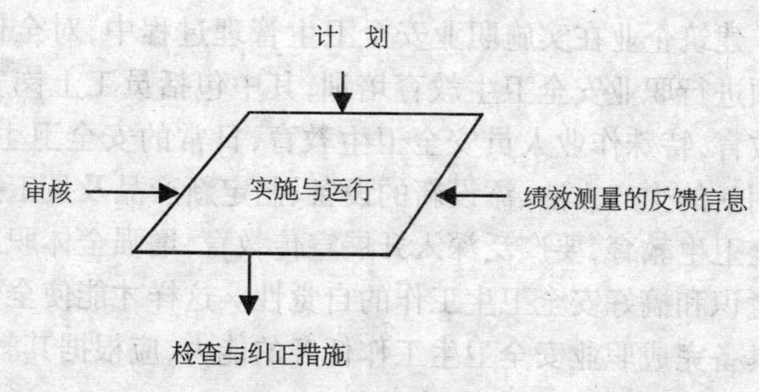

图 14-4　实施与运行

在职业安全卫生管理体系实施与运行过程中，必须明确机构和职责。为便于实施有效的职业安全卫生管理，组织内各岗位人员的作用职责和权限应予以界定和文件化，并予以传达。职业安全卫生的最终责任由最高管理者承担。组织应在最高管理层任命一名成员(一般为分管生产的副职)承担特定的安全卫生职责，确保职业安全卫生管理体系的正确实施和运行。

管理层应当为实效、控制和改进职业安全卫生管理体系提供必要的资源，包括人力资源和专项技能、技术和财力资源。组织任命的分管安全卫生工作的领导应被规定有明确的职责和权限，以便：

(1) 明确组织建立、实施与保持职业安全卫生管理体系。

(2) 向最高管理者汇报职业安全卫生管理体系的绩效，以便为评审和改进职业安全卫生管理体系提供依据。所有承担管理职责的人员，都应该表明其对职业安全卫生绩效持续改进的承诺。

二、培训、意识、能力、协商和交流

建筑企业在实施职业安全卫生管理过程中，对全体员工必须进行职业安全卫生教育培训，其中包括员工上岗安全卫生教育，特殊作业人员安全卫生教育，日常的安全卫生教育，采用新的生产方法、添设新的设备、制定新产品及员工换岗的安全卫生教育，要广泛深入开展宣传教育，增强全体职工的安全意识和搞好安全卫生工作的自觉性。这样才能使全体人员应具备完成职业安全卫生工作任务的能力，应根据其教育、培训和经历，对能力进行鉴定。

组织应建立并保持程序，使工作在每一相关职能和层次的员工都意识到:一是遵循职业安全卫生方针与程序,以及职业安全卫生管理体系要求重要性;二是工作活动中安全卫生状况的改善,以及个人行为的改进所带来的职业安全卫生效益;三是在执行职业安全卫生方针和程序,实现职业安全卫生管理体系要求方面的作用与职责;四是偏离规定的运行程序可能带来的后果。在职业安全卫生的教育培训过程中,培训程序应考虑不同层次的需求。

组织应建立并保持程序,以确保与员工和其他相关方进行有关的职业安全卫生信息的交流。确保信息的传递正确、迅速、有效,推动职业安全卫生的管理工作。员工的参与和协商计划应形成文件,并向相关方通报。员工应参与职业安全卫生工作方针和程序的制定和评审;参与改善作业场所安全卫生状况的讨论;他在安全卫生事务上享有代表性;了解谁是职业安全卫生员工代表和分管安全卫生工作的领导。

三、文件、资料控制和运行控制

职业安全卫生管理体系是一个系统工程,软件资料在该系统工程中,占有相当重要的地位。因此,建筑企业应有适应的工具,如书面或电子形式建立并保持有关信息;一是对管理体系核心要素及其相互作用的描述;二是提供查询相关文件的途径。

在文件和资料控制中,组织应建立并保持程序,控制职工安全卫生管理标准所要求的所有文件和资料,从而确保它们能够被恰当定位;确保对它们进行定期评审,必要时予以修订并由授权人员确认其适宜性;确保职业安全卫生管理体系的关键岗位,都能得到有关文件和资料的现行版本;确保及时将失效文件和资料从所有发放和使用场所撤回,或采取其他措施防止误用；确保法律、知识性文件和资料，予以适当标识并保存。

职业安全卫生管理运行控制中，组织应确定制定危险和相关因素的运行程序和活动，并应对这些活动与维护工作加以规则，使之符合下列条件：

(1) 考虑到缺乏程序指导可能导致偏离职业安全卫生方针、目标的运行情况；

(2) 在程序中规定运行标准；

(3) 对于组织所购买和使用的货物、设备和服务中已标识的职业安全卫生危险，建立并保持管理程序；

(4) 为了从根本上消除或降低职业安全卫生危险，对于作业场所、过程、装置、机械、运行程序和作业组织的设计，包括人力的配置等建立有效的管理程序。

职业安全卫生管理应急预案与响应方向，组织应建立并保持计划和程序，确定潜在的事故或紧急情况，并作出应急预案与响应，以预防或减少疾病和伤害。组织应制定评价应急预案与响应实际效果的计划和程序，并应定期检验上述程序。

四、检查与纠正措施

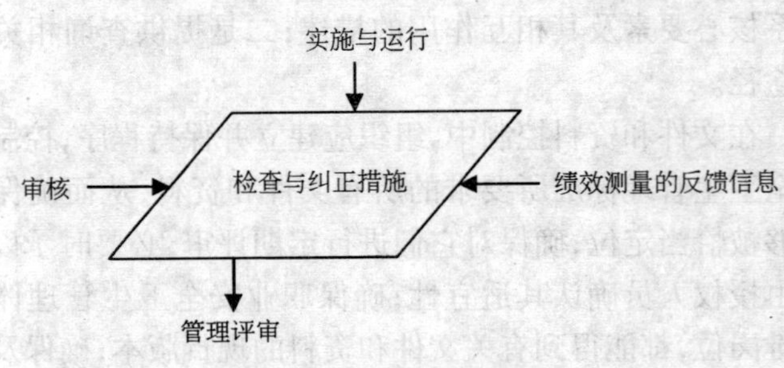

图 14-5　检查与纠正措施

职业安全卫生管理的检查，适用一切建筑企业及其行政主管部门对建筑施工安全卫生工作的评价。科学地评价建筑施工安全卫生工作的情况，提高职业安全卫生工作的管理水平，预防各类事故的发生，实现职业安全卫生工作的标准化、规范化。

职业安全卫生管理的绩效测量和监测方面，组织应建立和保持程序，对职业安全卫生绩效进行监测和测量。这些程序应提供适用于组织所需的定性和定量测量；提供与组织的职业安全卫生目标相适应的监测；提供主动的绩效测量，监测职业安全卫生管理方案、运行标准和适用的法律、法规要求的执行情况；提供被动的绩效测量，监测事故、职业病、事件（包括未遂过失）和其他不良的职业安全卫生绩效的历史证据；提供足够的数据记录和监测与测量结果，以便对以后的纠正措施和预防措施进行分析。如果绩效测量和监测需要用到监测设备，组织应建立并保持程序，对这类设备进行校准和维护，并应校准和维护活动及结果予以记录保存。

关于事故、事件、不符合、纠正与预防措施，组织应建立并保持程序，用来规定有关的职责和权限，以便：

（1）处理和调查事故、事件、不符合。

（2）采取措施减少由事故、事件或不符合产生的影响。

（3）采取纠正和预防措施并予以完成。

（4）确认所采取的纠正和预防措施的有效性。

这些程序应要求，通过实施前的危险评价过程对所有拟定的纠正和预防措施进行评审。任何旨在消除实际和潜在不符合原因的纠正措施，应与问题的严重性和伴随的危险相适应。对于纠正和预防措施引起的对成文程序的更改，组织应遵照实施并予以记录。

对于记录和记录管理。组织应建立和保持程序,用来标识、保存和处置职业安全卫生记录以及审核和评审结果。职业安全卫生记录应字迹清楚、标识明确,并可追溯相关的活动。保存管理的职业安全卫生记录应便于查阅、避免损坏、变质或遗失。应规定其保存期限并予以记录。组织应保存记录,在适宜时来证明符合《职业安全卫生管理体系试行标准》的要求。

职业安全卫生管理体系的审核,组织应建立并保持定期开展职业安全卫生管理体系审核的方案和程序,目的是,

判定职业安全卫生管理体系是否:

(1) 符合职业安全卫生管理工作的计划安排和《职业安全卫生管理体系试行标准》的要求。

(2) 得到了正确的实施和维护。

(3) 有效地满足组织的方针和目标。

(4) 评审以前审核的结果。

(5) 向管理者报送审核结果的信息。

组织的审核方案,包括时间表,应立足于组织活动的危险评价结果和以前审核的结果。审核程序中应包括审核的范围、频次、方法和能力,以及实施审核和报告结果的职责和要求。

五、管 理 评 审

职业安全卫生管理体系的管理评审是组织的最高管理者,应定期对职业安全卫生管理体系进行评审,以确保体系的持续适用性。管理评审过程中应确保收集到必须的信息资料,供管理者进行评价。评审工作应形成文件。

职业安全卫生管理体系的管理评审应根据职业安全卫生

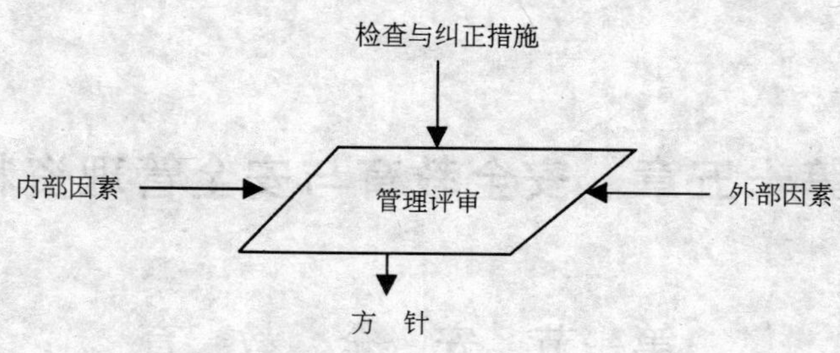

图 14-6　管理评审

管理体系审核的结果，不断变化的客观环境和对持续改进的承诺，指出可能需要修改的方针，目标以及职业安全卫生管理体系的其他要素。

第十五章　安全教育与安全管理资料

第一节　安　全　教　育

一、概　述

建筑施工具有流动性大、劳动强度大，施工生产受环境及气候的影响大，建筑产品的外形与内容复杂变化大等特点。施工作业过程中的不安全因素较多，而目前的安全管理与安全技术还无法跟上并适应生产规模与施工工艺的发展速度；同时，由于部分作业人员缺乏基本的安全生产知识，自我保护意识差，导致了建筑施工行业伤亡事故多发的趋势。

因此，高度重视并加强对建筑行业的安全生产和劳动保护工作，加强对职工的安全生产教育，始终是我国政府坚定不移的一贯方针，也体现了“以人为本”的思想。

1956 年国务院就发布了“三大规程”，即《工厂安全卫生规程》、《建筑安装工程安全技术规程》和《工人职员伤亡事故报告规程》(该规程于 1991 年 5 月 1 日被废止，代之以国务院第 75 号令《企业职工伤亡事故报告和处理规定》)。在这些规程中，都涉及到了生产的安全与卫生问题，其中《建筑安装工程安全技术规程》就是专门为建筑安装工程制定的安全技术规程。说明了建筑行业安全工作的重要性，也说明了党和国家早就开始注意并重视建筑行业的安全生产和劳动保护工作。

此后，党和国家及地方的各级人大、政府等先后制定颁发了一系列安全生产、劳动保护的方针、政策、法律、法规和规章。特别是1997年经全国人大常委会通过的《中华人民共和国建筑法》，在第五章“建筑安全生产管理”第46条中规定，“建筑施工企业应当建立健全劳动安全生产教育培训制度，加强对职工安全生产的教育培训；未经安全生产教育培训的人员，不得上岗作业”。1994年颁布的《中华人民共和国劳动法》，在第六章“劳动安全卫生”第52条规定，“用人单位必须建立、健全劳动安全卫生制度，严格执行国家劳动安全卫生规程和标准，对劳动者进行劳动安全卫生教育，防止劳动过程中的事故，减少职业危害”。第55条又规定，“从事特种作业的劳动者必须经过专门培训并取得特种作业资格”。这些都说明了国家对安全生产，包括安全教育工作的重视。这些重要的文件是我们开展安全生产、劳动保护工作的法律依据和行动准则，也是我们对广大职工进行安全生产教育培训的主要内容。

改革开放以来，随着社会主义市场经济的逐步建立，建设规模的逐渐扩大，建筑队伍也急剧膨胀，大批未经过安全培训教育的人员，尤其是来自农村和边远地区的大量农民工，被补充到建筑队伍中来。这虽然给蓬勃发展的建筑市场提供了可观的人力资源，弥补了劳动力不足的问题，但是由于他们中的绝大数人，原先所从事的工作是农业生产，他们对新的工作及工作环境所潜在的事故隐患、职业危害的认识及预防能力，都要比城市工人差，这就使他们往往会成为伤亡事故和职业危害的主要受害者。同时，一些企业和个人为片面追求经济效益，见利忘义，在新工人进入施工现场上岗前，没有对他们进行必要的安全生产和安全技能的培训教育；在工人转岗时，也没有按规定进行针对新岗位的安全教育。这些因素是近年来建筑行业伤亡事故多发的重要原因，特别是新上岗的工人发生的伤亡事故比例相当高。伤亡事故给个人、家庭、企业和国家都带来了无法弥补的损失，还给社会的安定带来不利的影响。

针对上述情况，当前亟需对建筑施工的全体从业人员、尤其是新职工，进行普遍地、深入地、全面地安全生产和劳动保护方面的教育。使他们了解我国安全生产和劳动保护的方针、政策、法规、规范，掌握安全生产知识和技能，提高每个人的安全防范意识，树立起群防群治的安全生产新观念，真正从思想上认识安全生产的重要性，从工作中提高遵章守纪的自觉性，从实践中体验劳动保护的必要性。所以，安全教育也是安全生产和劳动保护工作的一个主要内容。

二、安全教育的特点

安全教育既是施工企业安全管理工作的重要组成部分，也是施工现场安全生产的一个重要方面工作，安全教育具有以下几个特点。

1．安全教育的全员性

安全教育的对象是企业所有从事生产活动的人员，因此，从企业经理、项目经理，到一般管理人员及普通工人，都必须接受安全教育。安全教育是企业所有人员上岗前的先决条件，任何人不得例外。

2．安全教育的长期性

安全教育是一项长期性的工作，这个长期性体现在三个方面。

(1) 安全教育贯穿于每个职工工作的全过程。从新工人进企业开始，就必须接受安全教育，这种教育尽管存在着形式、内容、要求、时间等的不同，但是，对个人来讲，在其一生的工作经历中，都在不断地、反复地接受着各种类型的安全教育，这种全过程的安全教育是确保职工安全生产的基本前提条件。因此，安全教育必须贯穿于职工工作的全过程。

(2) 安全教育贯穿于每个工程施工的全过程。从施工队伍进入现场开始，就必须对职工进行入场安全教育，使每个职工了解并掌握本工程施工的安全生产特点；在工程的每个重要节点，也要对职工进行施工转折时期的安全教育；在节假日前后，也要对职工进行安全思想教育，稳定情绪；在突击加班赶进度或工程临近收尾时，更要针对麻痹大意思想，进行有针对性地教育，等等。因此，安全教育也贯穿于整个工程施工的全过程。

(3) 安全教育贯穿于施工企业生产的全过程。有生产就有安全问题，安全与生产是不可分割的统一体。哪里有生产，哪里就要讲安全；哪里有生产，哪里就要进行安全教育。企业的生存靠生产，没有生产就没有发展，就无法生存；而没有安全，生产也无法长久进行。因此，只有把安全教育贯穿于企业生产的全过程，就安全教育看成是关系到企业生存、发展的大事、安全工作才能做得扎扎实实，才能保障生产安全，才能促进企业的发展。

安全教育的长期性所体现的这三种全过程要求告诫我们，安全教育的任务“任重而道远”，不应该也不可能会是一劳永逸的，这就需要经常地、反复地、不断地进行安全教育，才能减少并避免事故的发生。

3. 安全教育的专业性

施工现场生产所涉及的范围广、内容多。安全生产既有管理性要求,也有技术性知识,安全生产的管理性与技术性结合,使得安全教育具有专业性要求。教育者既要有充实的理论知识,也要有丰富的实践经验,这样才能使安全教育做到深入浅出、通俗易懂,并且收到良好的效果。

安全教育的目的是,通过对企业各级领导、管理人员及工人的安全培训教育,使他们学习并了解安全生产和劳动保护的法律、法规、标准,掌握安全知识与技能,运用先进的、科学的方法,避免并制止生产中的不安全行为,消除一切不安全因素,防止事故发生,实现安全生产。

三、安全教育的主要文件

有关安全教育的文件,主要有以下内容。

1. 国务院 1956 年颁发的《建筑安装工程安全技术规程》,第三条“施工单位的技术领导人必须熟悉本规程的各项规定,在所编制的施工组织设计中应提出安全技术措施,并且应该对工人讲解安全操作方法。凡是不了解本规程的工程技术人员和未受过安全技术教育的工人,都不许参加施工工作。”

这是国务院第一次采用政府法规形式,正式提出应该对工人进行安全技术教育的要求。

2.《国务院关于加强企业生产中安全工作的几项规定》(1963 年 3 月 20 日印发,国经薄字 244 号),该文件中共有五项规定,因此,简称“五项规定”。其中一项规定为“安全生产教育”。其中具体内容有:

(1) 第一次明确提出了企业必须进行“三级安全教育的要求”。企业单位必须认真地对新工人进行安全生产的入厂教育、车间教育和现场教育，并且经过考试合格后，才能准许其进入操作岗位”。

(2) 第一次明确规定了必须对转换岗位的工人进行转岗安全教育。“在采用新的生产方法、添设新的技术设备、制造新的产品或调换工人工作的时候，必须对工人进行新操作法和新工作岗位的安全教育”。

(3) 同时又规定了对特殊工种的工人，必须进行专门的安全操作技术训练，经过考试合格后，才能准许他们操作。以及对职工进行经常性的安全教育等。

这些安全教育规定作为企业的基本制度被确定下来。

3.《建筑安装工人安全技术操作规程》(〈80〉建工劳字第24号)。这是原国家建工总局颁发的一个安全技术操作规程，共有四十章、832条规定。它是对国务院《建筑安装工程安全技术规程》的细化和补充，是一个实施细则。这个操作规程的内容，至今仍是我们对建筑工人进行安全技术教育培训的主要教材。

4.《关于加强集体所有制建筑企业安全生产的暂行规定》(原城乡建设环境保护部〈82〉城劳字第248号)。该规定的第三款为“建立安全生产教育制度”，对工人及特殊工种工人都规定了具体的教育培训要求。

5.《国营建筑企业安全生产工作条例》(原城乡建设环境保护部〈83〉城劳字第333号)。条例的第五章为“安全教育”，其中有如下规定：

(1)“企业要建立经常性的安全教育和培训考核制度。要把《建筑安装工人安全技术操作规程》作为安全教育的重要内容和考核、评定工人技术水平的重要依据，考核成绩要记入职工技术档案”。

(2) 对新工人的入厂安全教育规定了具体内容,“包括安全技术知识、设备性能、操作规程、安全制度和严禁事项”。

(3) 对“电工、焊工、架子工、司炉工、爆破工、机操工及起重工、打桩机和各种机动车辆司机等特殊工种工人,除进行一般安全教育外,还要经过本工种的安全技术教育。经考核合格发证后,方准独立操作;每年还要进行一次复审。对从事有尘毒危害作业的工人,要进行尘毒危害和防治知识教育”。

(4) 提出“定期轮训企业各级领导干部和安全干部,提高政策思想水平,熟悉安全技术、劳动卫生业务知识,做好安全工作”。

6. 建设部《关于开展施工多发性伤亡事故专项治理工作的通知》(建监〈1995〉第525号)中,提出了“深入开展遵章守纪的安全教育”要求。指出“各地区、各单位要结合本地区、本单位的实际情况,积极开展多形式、多层次的安全教育工作:一是加强法制教育,使每个管理人员和作业人员都认识到,安全生产法规是施工客观规律的科学总结,是用鲜血换来的宝贵经验,是施工中人人都必须遵循的行为准则;二是搞好各级领导和管理人员的安全教育,特别是对企业经理、项目经理、施工员、工长,要每年定期或不定期地组织他们学习国家和行业现行的安全生产法规和施工安全技术规范、规程、标准,使他们了解、熟悉和掌握有关规定,并在组织施工时认真贯彻执行;三是对工人特别是一线施工生产工人,要进行遵章守纪的安全教育,使他们既熟悉本企业安全生产的规章制度和本工程项目的安全生产措施,又能掌握本岗位的安全操作规程,在施工中服从指挥,按照规范的要求作业;四是认真进行安全技术交底,使工人在施工中做到不伤害自己,不伤害别人,也不被别人伤害”。

7. 建设部《建筑业企业职工安全培训教育暂行规定》(建教〈1997〉83 号)规定了企业职工的安全培训教育具体要求:"建筑业企业职工每年必须接受一次专门的安全培训"。

(1) 企业法定代表人、项目经理每年接受安全培训的时间,不得少于 30 学时。

(2) 企业专职安全管理人员除按照建教(1991)522 号文《建设企事业单位关键岗位持证上岗管理规定》的要求,取得岗位合格证书并持证上岗外,每年还必须接受安全专业技术业务培训,时间不得少于 40 学时。

(3) 企业其他管理人员和技术人员每年接受安全培训的时间,不得少于 20 学时。

(4) 企业特殊工种(包括电工、焊工、架子工、司炉工、爆破工、机械操作工、起重工、塔吊司机及指挥人员、人货两用电梯司机等)在通过专业技术培训并取得岗位操作证后,每年仍须接受有针对性的安全培训,时间不得少于 20 学时。

(5) 企业其他职工每年接受安全培训的时间,不得少于 15 学时。

(6) 企业待岗、转岗、换岗的职工,在重新上岗前,必须接受一次安全培训,时间不得少于 20 学时。

四、安全教育的内容

安全教育主要有五个方面的内容,即安全法制教育、安全思想教育、安全知识教育、安全技能教育和事故案例教育等。这些内容在进行安全教育时,是互相结合、互相穿插,各有侧重的,从而形成了安全教育生动、触动、感动、带动的连锁效应,为安全生产打下了基础。

1. 安全法制教育

安全法制教育就是通过对职工进行安全生产、劳动保护方面的法律、法规的宣传教育，促使每个职工从法制的角度去认识搞好安全生产的重要性，明确遵章守法、遵章守纪是每个职工应尽职责；而违章违规的本质也是一种违法行为，轻则会受到批评教育；造成严重后果的，还将受到法律的制裁。

安全法制教育就是要使每个劳动者懂得遵章守法的道理。作为劳动者，既有劳动的权利，也有遵守劳动安全法规的责任。要通过学法、知法来守法，守法的前题首先是“从我做起”，自己不违章违纪；其次是要同一切违章违纪和违法的不安全行为作斗争，以制止并预防各类事故的发生，实现安全生产的目的。

2．安全思想教育

安全思想教育就是通过对职工进行深入细致的思想政治工作，帮助职工端正思想，提高他们对安全生产重要性的认识。在提高思想认识的基础上，才能正确地理解并积极贯彻执行党和国家的安全生产方针、政策。要从政治高度来对待安全生产工作，使每个职工都清醒地认识到，安全生产是一项关系到国家经济发展、社会稳定、企业兴旺和家庭及个人幸福的大事。

各级管理人员，特别是领导干部要加强对职工安全思想教育，要从关心人、爱护人、保护人的生命与健康出发，重视安全生产，做到不违章指挥；工人要增强自我保护意识，施工过程中要做到互相关心、互相帮助、互相督促，共同遵守安全生产规章制度，做到不违章操作。

3．安全知识教育

安全知识教育是一种最基本、最普通和经常性的安全教育活动。安全知识教育就是要让职工了解施工生产中的安全注意事项、劳动保护要求，掌握一般安全基础知识。从内容看，安全知识是生产知识的一个重要组成部分，所以，在进行安全知识教育时，也往往是结合生产知识交叉进行教育的。

安全知识教育要求做到因人施教、浅显易懂，不搞“填鸭式”的硬性教育，因为教育对象大多数是文化程度不高的操作工人，特别要注意教育的方式、方法，注重教育的实际效果。如对新工人进行安全知识教育，往往由于没有对施工现场现状有一个感性认识，因此，需要在工作一个阶段后，有对现场感性认识后，再重复进行安全教育，使其的认识能达到从感性到理性，再从理性到感性的再认识过程，从而加深对安全知识教育的理解能力。

安全知识教育的主要内容是：本企业生产的基本情况，施工流程及施工方法，施工中的主要危险区域及其安全防护的基本常识，施工设施、设备、机械的有关安全常识，电气设备安全常识，车辆运输安全常识，高处作业安全知识，施工过程中有毒有害物质的辨别及防护知识，防火安全的一般要求及常用消防器材的使用方法，特殊类专业（如桥梁、隧道、深基础、异形建筑等）施工的安全防护知识，工伤事故的简易施救方法和报告程序及保护事故现场等规定，个人劳动防护用品的正确穿戴、使用常识等。

4．安全技能教育

安全技能教育是在安全知识教育基础上，进一步开展的特殊安全教育，安全技能教育的侧重点是在安全操作技术方面。它是通过结合本工种特点、要求，以培养安全操作能力，而进行的一种专业安全技术教育。主要内容包括安全技术、安全操作规程和劳动卫生规定等。

根据安全技能教育的对象不同，这种教育主要可分为以下两类。

(1) 对一般工种进行的安全技能教育。即除国家规定的特种作业人员以外,对其余所有工种,如钢筋工、木工、混凝土工、瓦工等的教育。

(2) 对特殊工种作业人员的安全技能教育。根据国家标准(GB 5306—85)《特种作业人员安全技术考核管理规则》的规定,特种作业共分十一种类别,与建筑行业有关的主要有:电工作业、锅炉司炉、起重机械作业、爆破作业、金属焊接(气割)作业、机动车辆驾驶、建筑登高架设作业等。

特种作业人员需要由专门机构进行安全技术培训教育,并对受教育者进行考试,合格后方可持证从事该工种的作业。同时,还必须按期进行审证复训。因此,安全技能教育也是对特殊工种进行上岗前及定期培训教育的主要内容。

5. 事故案例教育

事故案例教育是通过对一些典型事故,进行原因分析、事故教训及预防事故发生所采取的措施,来教育职工,使他们引以为戒,不蹈覆辙。事故案例教育是一种独特的安全教育方法,它是通过运用反面事例,进行正面宣传,以教育职工遵章守纪,确保安全生产。因此,进行事故案例宣传教育时,应注意以下几点。

(1) 事故应具有典型性。要注意收集具有典型教育意义的事故,对职工进行安全生产教育。典型事故一般是施工现场常见的、有代表性的、又具有教育意义的,这些事故往往是因违章原因引起的。如进入现场不戴安全帽、翻爬脚手架、高空抛物等。从这些事故中说明一个道理,“不怕一万,只怕万一”,违章作业不出事故是偶然性的,而出事故是必然性的,侥幸心理要不得。

(2) 事故应具有教育性。选择事故案例应当以教育职工遵章守纪为主要目的，指出违纪违章必然要导致事故；不要过分渲染事故的恐怖性、不可避免性，减少事故的负面影响，从而真正起到用典型事故教育人的积极作用和警钟长鸣的效果。

五、安全教育的类别

安全教育的类别主要有：领导干部的安全培训教育、新工人的三级安全教育、经常性的安全教育、季节性施工的安全教育、节假日加班的安全教育、变换工种的安全教育，等等。

1. 领导干部的安全培训教育

加强对企业领导干部的安全培训教育，是社会主义市场经济条件下，安全生产工作的一项重要举措。1993 年国务院印发了“关于加强安全生产工作的通知”(国发〈1993〉50 号)，指出“在发展社会主义市场经济过程中，各有关部门和单位要强化搞好安全生产的职责，实行企业负责、行业管理、国家监察和群众监督的安全生产管理体制”。并且强调“企业法定代表人是安全生产的第一责任者，要对本企业的安全生产全面负责。“这个通知是在我国实行市场经济条件下，对安全生产管理体制作了重大调整，即增加并把“企业负责”作为第一项规定，从而改变了 1985 年确定的“国家监察、行政管理、群众监督”管理体制。使企业在走向市场的同时，也真正实行对自己负责的客观要求。

为加强对企业负责人的安全培训教育，劳动部于 1990 年 10 月 5 日印发了《厂长、经理职业安全卫生管理资格认证规定》(劳安字〈1990〉25 号)，明确规定企业厂长、经理必须经过职业安全卫生管理资格认证，做到持证上岗。从而使企业领导干部的安全培训教育，进入规范化管理的行列。

建设部为了督促施工企业落实主要领导的安全生产责任制，根据国务院文件精神，明确提出了“施工企业法定代表人是企业安全生产的第一责任人，项目经理是施工项目安全生产的第一责任人”。明确了企业与项目的两个安全生产第一责任人，使安全生产责任制得到了具体落实。

总之，要通过对企业领导干部的安全培训教育，全面提高他们的安全管理水平，使他们真正从思想上树立起安全生产意识，增强安全生产责任心，摆正安全与生产、安全与进度、安全与效益的关系，为进一步实现安全生产和文明施工打下基础。

2. 新工人的三级安全教育

1963年国务院明确规定必须对新工人进行三级安全教育，此后，建设部又多次对三级安全教育提出了具体要求，特别是建设部关于印发《建筑业企业职工安全培训教育暂行规定》的通知，除对安全培训教育主要内容作了要求外，还对时间作了规定，使安全培训教育工作能保质保量完成。

三级安全教育是每个刚进企业的新工人必须接受的首次安全生产方面的基本教育。三级一般是指公司(即企业)、项目(或工程处、施工队、工区)、班组这三级。由于企业的所有制性质、内部组织结构的不同，三级安全教育的名称可以不同，但必须要确保这三个层次安全教育工作的到位。因为这三个层次的安全教育内容，体现了企业安全教育有分工、抓重点的特点。三级安全教育是为了使新工人能尽快地了解安全生产的方针、政策、法律、规章，逐步适应施工现场安全生产的基本要求。

三级安全教育一般是由企业的安全、教育、劳动、技术等部门配合进行的。受教育者必须经过考试,合格后才准予进入生产岗位;考试不合格者不得上岗工作,必须重新补课并进行补考,合格后方可工作。

为加深新工人对三级安全教育的感性认识和理性认识。一般规定,在新工人上岗工作六个月后,还要进行安全知识复训、即安全再教育。复训内容可以从原先的三级安全教育的内容中有重点地选择,复训后再进行考核。考核成绩要登记到本人劳动保护教育卡上,不合格者不得上岗工作。

施工企业必须给每一名职工建立职工劳动保护(安全)教育卡,教育卡应记录包括三级安全教育、变换工种安全教育等的教育及考核情况,并由教育者与受教育者双方签字后入册,作为企业及施工现场安全管理资料备查。

(1) 公司安全教育:

按建设部的规定(指建设部建教〈1997〉83 号文,下同),公司级的安全培训教育时间不得少于 15 学时。主要内容是:

1) 国家和地方有关安全生产、劳动保护的方针、政策、法律、法规、规范、标准及规章;

2) 企业及其上级部门(主管局、集团、总公司、办事处等)印发的安全管理规章制度;

3) 安全生产与劳动保护工作的目的、意义等。

(2) 项目安全教育:

按规定,项目安全培训教育时间不得少于 15 学时。主要内容是:

1) 建设工程施工生产的特点,施工现场的一般安全管理规定、要求;

2) 施工现场主要事故类别,常见多发性事故的特点、规律及预防措施,事故教训等;

3）本工程项目施工的基本情况（工程类型、施工阶段、作业特点等），施工中应当注意的安全事项。

（3）班组教育：

按规定，班组安全培训教育时间不得少于20学时，班组教育又叫岗位教育。主要内容是：

1）本工种作业的安全技术操作要求；

2）本班组施工生产概况，包括工作性质、职责、范围等；

3）本人及本班组在施工过程中，所使用、所遇到的各种生产设备、设施、电气设备、机械、工具的性能、作用、操作要求、安全防护要求；

4）个人使用和保管的各类劳动防护用品的正确穿戴、使用方法及劳防用品的基本原理与主要功能；

5）发生伤亡事故或其他事故，如火灾、爆炸、设备及管理事故等，应采取的措施（救助抢险、保护现场、报告事故等）要求。

3．经常性的安全教育

经常性的安全教育是施工现场开展安全教育的主要形式，可以起到提醒、告诫职工遵章守纪，加强责任心，消除麻痹思想。

经常性安全教育的形式多样，可以利用班前会进行教育，也可以采取大小会议进行教育；还可以用其他形式，如安全知识竞赛、演讲、展览、黑板报、广播、播放录像等进行。总之，要做到因地制宜，因材施教，不摆花架子，不搞形式主义，注重实效，才能使教育收到效果。经常性教育的主要内容是：

（1）安全生产法规、规范、标准、规定。

（2）企业及上级部门的安全管理新规定。

（3）各级安全生产责任制及管理制度。

(4) 安全生产先进经验介绍，最近的典型事故教训。

(5) 施工新技术、新工艺、新设备、新材料的使用及有关安全技术方面的要求。

(6) 最近安全生产方面的动态情况，如新的法律、法规、标准、规章的出台，安全生产通报、批示等。

(7) 本单位近期安全工作回顾、讲评等。

总之，经常性的安全教育必须做到经常化(规定一定的期限)、制度化(作为企业、项目安全管理的一项重要制度)。教育的内容要突出一个"新"字，即要结合当前工作的最新要求进行教育；要做到一个"实"字，即要使教育不流于形式，注重实际效果；要体现一个"活"字，即要把安全教育搞成活泼多样、内容丰富的一种安全活动。这样，才能使安全教育深入人心，才能为广大职工所接受，才能收到促进安全生产的效果。

4. 季节性施工的安全教育

季节性施工主要是指夏季与冬季施工。季节性施工的安全教育，主要是指根据季节变化，环境不同，人对自然的适应能力变得迟缓、不灵敏。因此，必须对安全管理工作进行重新调整和组合，同时，也要对职工进行有针对性的安全教育，使之适合自然环境的变化，以确保安全生产。

(1) 夏季施工安全教育：

夏季高温、炎热、多雷雨，是触电、雷击、坍塌等事故的高发期。闷热的气候容易造成中暑，高温使得职工夜间休息不好，打乱了人体的"生物钟"，往往容易使人乏力、走神、瞌睡，较易引起伤害事故；南方沿海地区在夏季还经常受到台风暴雨和大潮汛的影响，也容易发生大型施工机械、设施、设备及施工区域，特别是基坑等的坍塌；多雨潮湿的环境，人的衣着单薄、身体裸露部位多，使人的电阻值减小，导电电流增加，容

易引发触电事故。因此,夏季施工安全教育的重点是:

1) 加强用电安全教育。讲解常见触电事故发生的原理,预防触电事故发生的措施,触电事故的一般解救方法,以加强职工的自我保护意识。

2) 讲解雷击事故发生的原因,避雷装置的避雷原理,预防雷击的方法。

3) 大型施工机械、设施常见事故案例,预防事故的措施。

4) 基础施工阶段的安全防护常识。基坑开挖的安全,支护安全。

5) 劳动保护工作的宣传教育。合理安排好作息时间,注意劳逸结合,白天上班避开中午高温时间,"做两头、歇中间",保证职工有充沛的精力。

(2) 冬季施工安全教育:

冬季气候干燥、寒冷且常常伴有大风,受北方寒流影响,施工区域出现了霜冻,造成作业面及道路结冰打滑,既影响了生产的正常进行,又给安全带来隐患;同时,为了施工需要和取暖,使用明火、接触易燃易爆物品的机会增多,又容易发生火灾、爆炸和中毒事故;寒冷使人们衣着笨重、反应迟钝,动作不灵敏,也容易发生事故。因此,冬季施工安全教育应从以下几方面进行:

1) 针对冬季施工特点,避免冰雪结冻引发的事故。如施工作业面应采取必要的防雨雪结冰及防滑措施,个人要提高自身的安全防范意识,及时消除不安全因素。

2) 加强防火安全宣传。分析施工现场常见火灾事故发生的原因,讲解预防火灾事故的措施,扑救火灾的方法,必要时可采取现场演示,如消防灭火演习等,来教育职工正确使用消防器材。

3) 安全用电教育。冬季用电与夏季用电的安全教育要求的侧重点不同,夏季着重于防触电事故,冬季则着重于防电气火灾。因此,应教育工人懂得施工中电气火灾发生的原因,做到不擅自乱拉乱接电线及用电设备;不超负荷使用电气设备,免得引起电气线路发热燃烧;不使用大功率的灯具,如碘钨灯之类照射易燃、易爆及可燃物品或取暖;生活区域也要注意用电安全。

4) 冬季气候寒冷,人们习惯于关闭门窗,而施工作业点也一样,在深基坑、地下管道、沉井、涵洞及地下室内作业时,应加强对作业人员的自我保护意识教育。既要预防在这种环境中,进行有毒有害物质(固体、液态及挥发性强的气体)作业,对人造成的伤害,也要防止施工作业点原先就存在的各种危险因素,如泄漏跑冒并积聚的有毒气体,易燃、易爆气体,有害的其他物质等。要教会职工识别一般中毒征状,学会解救中毒人员的安全基本常识。

5. 节假日加班的安全教育

节假日期间,大部分单位及职工已经放假休息,因此也往往影响到加班职工的思想和工作情绪,造成思想不集中,注意力分散,这给安全生产带来不利因素。加强对这部分职工的安全教育,是非常必要的。教育的内容是:

(1) 重点做好安全思想教育,稳定职工工作情绪,使他们集中精力,轻装上阵;鼓励表扬职工节假日坚守工作岗位的优良作风,全力以赴做好本职工作。

(2) 班组长要做好上岗前的安全教育,可以结合安全交底内容进行,工作过程中要互相督促、互相提醒,共同注意安全。

(3) 重点做好当天作业将遇到的各类设施、设备、危险作业点的安全防护工作，对较易发生事故的薄弱环节，应进行专门的安全教育。

6. 变换工种的安全教育

施工现场变化大，动态管理要求高，随着工程进度的发展，部分工人的工作岗位会发生变化，转岗现象较普遍。这种工种之间的互相转换，有利于施工生产的需要。但是，如果安全管理工作没有跟上，安全教育不到位，就可能给转岗工人带来伤害事故。因此，必须对他们进行转岗安全教育。根据建设部的规定，企业待岗、转岗、换岗的职工，在重新上岗前，必须接受一次安全培训，时间不得少于20学时。对待岗、转岗、换岗职工的安全教育主要内容是：

(1) 本工种作业的安全技术操作规程。

(2) 本班组施工生产的概况介绍。

(3) 施工区域内各种生产设施、设备、工具的性能、作用、安全防护要求等。

总之，要确保每一个变换工种的职工，在重新上岗工作前，熟悉并掌握将要工作岗位的安全技能要求。

六、安全教育的形式

开展安全教育应当结合建筑施工生产特点，采取多种形式，有针对性地进行，还要考虑到安全教育的对象，大部分是文化水平不高的工人，就需要采用比较浅显、通俗、易懂、印象深、便于记的教材及形式。目前安全教育的形式主要有：

(1) 会议形式。如安全知识讲座、座谈会、报告会、先进经验交流会、事故教训现场会、展览会、知识竞赛。

(2) 报刊形式。订阅安全生产方面的书报杂志；企业自编自印的安全刊物及安全宣传小册子。

(3) 张挂形式。如安全宣传横幅、标语、标志、图片、黑板报等。

(4) 音像制品。如电视录像片、VCD 片、录音磁带等。

(5) 固定场所展示形式。劳动保护教育室、安全生产展览室等。

(6) 文艺演出形式。

(7) 现场观摩演示形式。如安全操作方法、消防演习、触电急救方法演示等。

第二节　安全管理资料

一、概　　述

上海建立建设工程施工现场安全管理资料,是从开展"施工现场安全标准化管理"达标工作之后开始的,至今已有十多年时间。从最初简单的现场安全记录、内业资料,逐渐完善并发展成既包括施工现场安全防护设施、安全防护用品及与安全生产有关的物的安全监控记录,也体现了人对现场管理的能动作用及留下的安全管理痕迹。在安全工作不断深入、管理措施不断完善、技术水平不断提高的基础上,上海的施工现场安全生产、文明施工管理又上了一个新台阶,出现了一个良好发展的新趋势。

1998 年 8 月经上海市建设委员会批准,并于同年 10 月 1 日起正式施行的上海市地方标准《施工现场安全生产保证体系》(DBJ 08—903—98),是全国第一个建设工程施工现场安全生产管理方面的地方标准。这个标准是上海贯彻"安全第一、预防为主"安全生产方针的重要措施,它要求施工现场建立一种安全生产的自我约束机制和科学的长效管理体系，从而在现场形成一种安全文明的良性循环施工过程，确保生产的安全正常地运行。

为配合《施工现场安全生产保证体系》(以下简称“安保体系”)的进一步实施，《施工现场安全生产保证体系管理资料》在本市建筑业有关同行的努力下，在有关专家的指导下，终于正式出台并从2000年元月起在本市新开工地全面使用。这套管理资料以安保体系为主线、结合了行业安全新要求，力求体现上海建设工程安全生产、文明施工十余年的管理要求和管理水平。我们希望安保体系资料的全面推行，能进一步推进上海市建设工地实施安保体系的工作，从而确保上海建设工地在安全生产、文明施工上，再创新高。

本节“安全管理资料”的主要内容，是对上海市建设工程安全监督总站编制的《施工现场安全生产保证体系管理资料》(工地安全管理台帐)的填写制作要求进行讲解。需要强调的是，这套安全管理资料集中了施工现场主要的和基本的，但不是全部的安全管理资料。就是说除了本管理资料给出的各类表式外，各工地还应当根据本工程施工的特点，补充相关的安全管理资料；还应当根据行业管理部门的规定(如建设部JGJ 59—99《建筑施工安全检查标准》、上海市建委、市建筑业管理办公室、市建设工程安全监督总站印发的有关安全生产、文明施工等方面内容)，增加具体的书面资料。同时，随着行业管理的不断完善，管理部门将会不断出台一些新的管理措施与要求，并作为施工现场安全管理的痕迹，记录到安全管理资料中，从而使安全管理资料跟上形势发展的需要。

二、安全管理资料的类别

《施工现场安全生产保证体系管理资料》(以下简称"安保体系、管理资料")共分八个大类、三十八个小类,共有三十九种固定表式。

这八个大类是按照安保体系十一个要素在安全管理资料中的分配而划分的。每个大类均以"安"(即安保体系)字为头,后面分别是他们的代号。

这八个大类的名称分别是"安 1. 安全生产管理职责";"安 2. 安全生产保证体系文件";"安 3. 采购";"安 4. 分包管理";"安 5. 安全技术交底及动火审批";"安 6. 检查、检验";"安 7. 事故隐患控制";"安 8. 安全教育和培训"。

三十八个小类及记录表式是:

安 1—1 工程概况;安 1—2 工程项目部安全管理组织结构图;安 1—3 安全保证体系要素、职能分配表;安 1—4 工程项目部各级人员的安全生产岗位责任制。

安 2—1 安全生产保证体系的程序文件;安 2—2 施工现场安全、文明施工各项管理制度;安 2—3 经济承包责任制;安 2—4 支持性文件;安 2—5 内部安全生产保证体系审核记录。

安 3—1 合格供应商名录;安 3—2 安全用品验收记录;安 3—3 不合格产品处理记录。

安 4—1 合格分包方名录;安 4—2 本工程分包方名录。

安 5—1 总包对分包的进场安全总交底;安 5—2 对作业人员按工种进行安全操作规程交底;安 5—3 施工作业过程中的分部、分项安全技术交底;安 5—4 安全防护设施交接验收记录;安 5—5 动火许可证;安 5—6 模板拆除(安全)申请表;安 5—7 脚手架拆除申请表。

安6—1安全检查记录表;安6—2脚手架搭设验收单;安6—3特殊类脚手架搭设验收单;安6—3—1模板支撑系统验收单;安6—4井架与龙门架搭设验收单;安6—5—1上回转塔式起重机安装(加节)验收单;安6—5—2下回转塔式起重机安装验收单;安6—6施工升降机安装(加节)验收单;安6—7落地操作平台搭设验收单;安6—8悬挑式钢平台验收单;安6—9施工现场临时用电验收单;安6—9—1接地电阻测验记录;安6—9—2移动及手持电动工具定期绝缘电阻测验记录表;安6—9—3电工巡视维修工作记录卡;安6—10施工机具验收单。

安7—1事故隐患处理表;安7—2违章处理登记表;安7—3事故(月)报表。

安8—1职工劳动保护教育卡汇总表;安8—1—1职工劳动保护教育卡;安8—2安全教育记录;安8—3班前安全活动、周讲评记录;安8—4安全员及特种作业人员名册;安8—4—1中小型机械作业人员名册。

三、安全管理资料编制填写的基本要求

安全管理资料与现场安全管理是施工现场安全工作的两个组成部分。安全管理资料中的安保体系程序文件,对施工现场的安全工作起着决策指导作用,资料记录了施工现场的安全状态;施工现场的现状、也反映了安全管理工作的效果,并为下一步决策提供了信息。因此,安全管理资料的填写与制作必须遵循“如实记录工作、真实反映现状”的原则,使现场与内业管理真正统一起来,从而全面、全员、全过程地实施安全管理。

编写安全管理资料的基本要求是:

(1) 表式中的各类名称、单位等必须采用全称,不宜使用简称。

(2) 资料中的空格处一般要求都必须填写,对无法填写(如暂时不掌握的),可以空缺,待在今后了解后,及时补充填写清楚。

(3) 资料应做到由专人填制、专人保管,书写字迹应端正、不潦草,不乱涂乱改、不缺页污损。

(4) 资料采用活页形式,是为了便于编制工作的需要,装订时可以分类进行。对于常用的表式(如安全检查记录表、各类验收单等),可以另外使用单行本或复印表。

(5) 本资料的分类是按八个大类(第一次);三十八个小类(第二层次);再往下可分为第三、第四层次,编号可以写作(如:安 2—5—1〈代表第三层次〉、安 2—5—2—1〈代表第四层次〉),依次类推。

(6) 资料中图表样式说明。按各类图表的不同用途,大致可以分为以下三种类型:

1) 固定式。是按统一要求格式印制的表式(如安 1—1),要求按表格内容填写,不得随意变更栏目。

2) 半固定式。即可变更部分内容的表式,这类表式的内容可以分为两个方面,即固定部分是工作要求,非固定部分是工作落实对象(组织机构、人员等)。非固定部分的栏目可以变更,即按每个工地的实际情况,填写相关的内容(如安 1—3)。

3) 非固定式。表式由各单位自行设计制作,所以,在管理资料中没有给出样张,制作者可以参照《施工现场安全生产保证体系的建立和实施》一书中的有关章节内容设计。总之,对这类表式的要求是,必须根据现场实际(组织、管理、人员等的组合),结合表式的主题要求进行编制,使表式反映出相关工作内容。

(7) 管理资料填制人员一般应经过《施工现场安全生产保证体系》的专业培训,即在全面学习并理解的基础上,开展工作。

(8) 参考有关书籍及其他单位制作的管理资料时,切忌照搬照抄,而要根据本工地的实际进行编制。

(9) 对现场的检查、验收(安6部分的表)的记录,必须尽量按照"先定量、后定性"的原则进行,即现场的实际情况有具体数据的,必须填写实际数据;无法写清数据的,才可以用文字说明。

(10) 各单位在编制安全管理资料时,还应根据行业及地方有关管理部门的规定,增加相关要求并记录到资料中,使安全管理要求更趋完善、更符合安保体系的要求。

四、安全管理资料的编制说明

下面对安全管理资料的编写制作作一些要点说明。

安1　安全生产管理职责

安1—1工程概况

编制说明

本表中的"工程安全管理目标"是根据安保体系标准要求制定的,同时,这也符合建设部JGJ 59—99《建筑施工安全检查标准》(以下简称"JGJ 59—99"或"安全检查标准")表3.0.2"安全管理检查评分表"中,关于制定安全管理目标的要求。制定工程安全管理目标是"工程概况"表中的重要内容。

1. 工程安全管理目标的内容

(1) 事故控制。具体要求是,杜绝死亡、火灾、管线、设备等四大类事故，即死亡、火灾、管线、设备事故为零的目标。

应当说明，在工程安全管理目标中，一般不提事故负伤率，这是由于对事故的负伤情况较难掌握，目前还难以实施。但是，作为项目部在提高安全管理要求时，可以作为从严要求的一个目标。上海市建设委员会于1998年3月16日印发了《上海市建筑施工企业安全生产管理考核暂行办法》(沪建建〈1998〉第163号)，对施工企业的伤亡事故控制提出了三条规定:1)职工因工年重伤率低于万分之5;2)因工死亡率低于万分之1.2;3)无三级以上重大事故或两起四级重大伤亡事故。这三条规定是考核施工企业达到安全合格标准的基本条件之一，因此，各项目部在制定目标时，应当高于这个标准。

(2) 创优达标。"达标"的含义有两层意思，一是指必须达到JGJ 59—99的合格标准要求，这是建设部对全国建筑工地的最起码要求；二是指达到上海市建设工程安全标准化管理的标准。后者是在前者基础上创优提高的结果。

创优的目标按两级(市及区、县、局)管理原则，有两个层次(部分工程例外)，主要有区、县、局(集团、总公司)安全标准化管理工地及文明工地；市级安全标准化管理工地、市创安达标工地、市文明工地等。

2. 制定实施安全管理目标的考核规定

按照JGJ 59—99目标管理要求，项目部还应制定在实施安全管理目标过程中，对各职能部门和责任人的考核规定或办法。考核规定应有具体考核内容，有考核时间(月、季、年)等要求。

安1—2 工程项目安全管理组织结构图

编制说明

本结构图由各项目部根据本工程安全管理组织的实际进

行编制(可参考《施工现场安全生产保证体系的建立和实施》一书中的 P104)。项目经理是施工现场安全生产保证体系第一责任人,是结构图的第一层次,项目领导班子(副经理等)是第二层次,各施工队、部门是第三层次。结构图中要求做到纵向到底、横向到边,责任到人。

安 1—3 工程项目部安全生产保证体系要素及职能分配表

编制说明

本表是对安保体系的十一个要素进行分解,这也符合 JGJ 59—99 目标管理中"进行安全责任目标分解"的要求。

本表中的十一个要素是固定不变的,横向的要素分配对象为项目部的领导及各职能部门。由于每个项目规模有大小、职能部门及领导岗位设置也不同,因此,项目部对表中横向的领导及职能部门栏目的填写,应按实际设置情况编写。

本表中的符号共有三种,即★、●、▲,分别表示安保体系要素的分配。

★——指一个要素的主管领导,只能确定一个人;

●——指一个要素的主管部门或主管人员,既可以代表一个部门,也可以代表个人。主管部门(人员)一般不会太多,也不宜太多。

▲——指一个要素的相关部门及相关人员。一个要素所涉及到的相关部门及相关人员一般较多,而相关部门(人员)对该要素的职责与权限要次于主管部门(人员)。

对每个项目而言,安保体系要素的分配模式不可能是统一的,这是由于该项目的组织机构的形式不同,要素分配也就不同,因此,必须按项目部的组织结构进行分配。

安 1—4 工程项目部各级人员的安全生产岗位责任制

编制说明

安全生产责任制是我国安全生产的一项基本制度，从50年代国务院发布《三大规程》起，就提出企业要建立安全生产责任制度的要求。到了60年代，国务院关于加强企业生产中安全工作的几项规定（又称《五项规定》），第一次明确提出了加强企业安全工作的五项规定，其中第一项规定就是安全生产责任制。《中华人民共和国建筑法》第36条规定“建筑工程安全生产管理必须坚持安全第一、预防为主的方针，建立健全安全生产的责任制度和群防群治制度”。第44条又规定“建筑施工企业必须依法加强对建筑安全生产的管理，执行安全生产责任制度，采取有效措施，防止伤亡和其他安全生产事故的发生”。

项目部应制定各级人员的安全生产责任制，并装订成册。项目部各级人员的安全生产责任制，不应该仅仅是企业各级人员安全生产责任制的翻版，而是要对企业各级人员的安全生产责任制再进行补充完善，并按JGJ 59—99安全生产责任制和目标管理要求，检查责任制的建立、执行及考核情况，每个责任人都应当知道并讲出自己的安全生产责任制，包括为实现本工程安全目标，自己的安全责任。

安2　安全生产保证体系文件

安保体系文件，标准中的解释是：“体系文件包括安全保证计划；工程项目所属上级制订的各类安全管理标准；相关的国家、行业、地方法律和法规文件；各类记录，报表和台帐”。因此，文件是安保体系运行的保障，它使施工现场的安全生产活动做到“有法可依、有章可循”。

本大类中安2—1至安2—4均为按安保体系标准规定需收集和编制的各类文件资料，安2—5是记录表。

安2—1安全生产保证体系的程序文件

程序文件是指为实施安全生产保证体系要素,所涉及到各职能部门或个人的活动要求内容:安全保证计划、其他安全文件。因此,本程序文件的主要内容是安全保证计划(即原来的安全技术措施计划),其范本可参阅《施工现场安全生产保证体系的建立和实施》(以下简称《建立和实施》)P102~116。

编制说明

安全保证计划是围绕安全生产总目标而展开的各类安全活动计划。安全保证计划是施工组织设计中的一个重要组成部分,它也可以以独立的形式出现。

安全保证计划的制订一般须经过一个策划过程,按安保体系标准,策划的内容有七个方面:

(1) 配备必要的设施、装备和专业人员,确定控制和检查手段、措施。

(2) 确定整个施工过程中应执行的文件、规范。如:脚手架工程(含特殊脚手架)、高空作业、机械作业、临时用电、动用明火、沉井、深基础施工和爆破工程等作业规定。

(3) 冬季、雨、雪天施工的安全技术措施及夏季的防暑降温工作。

(4) 确定危险部位和过程,对风险较大和专业性较强工程项目进行安全论证。同时采取相适应的安全技术措施,并得到有关部门的认可。

(5) 作出因本工程项目的特殊性而需补充的安全操作规定。

(6) 选择或制订施工各阶段针对安全技术交底的文本。

(7) 制定安全记录的表式,确定搜集、整理和记录各种安全活动的人员和职责。

具体的编制要求可参阅《建立和实施》P84～85，以及管理资料安工记录说明中的注解要求。安全保证计划的编制，要突出重点，即对现场关键点与危险点的控制手段和措施，同时，要做到计划的严密性和可操作性。

安全保证计划在实施前，应按规定由项目部的上级，即企业主管部门负责召集并主持审核确认；工程项目部安全负责人和相关部门负责人参加审核，以确定安全设施、安全技术、安全管理、安全控制的可靠性，在评价后，予以确认。

安 2—2 施工现场安全、文明施工各项管理制度

编制说明

施工现场安全、文明施工各项管理制度指的是由工地的上级（公司等法人单位）部门所制定，还包括企业上级主管部门（总公司、集团、局、驻沪办建管处等）的各项管理制度。

各项管理制度首先要符合我国的有关法律、法规及规定，其次也要适应当地、当时的施工生产实际。

安 2—3 经济承包责任制

编制说明

按照 JGJ 59—99 标准规定，在经济承包协议（合同）中，要明确承发包、总分包各自的安全生产责任，并应有考核承包方安全生产业绩的奖惩指标及经济措施。

在建设部、国家工商行政管理局制定的《建设工程施工合同》（示范文本）（GF—1999—0201）中，有六条安全规定、明确了安全责任并承担相应的费用。20.1“承包人应遵守工程建设安全生产有关管理规定，严格按安全标准组织施工，并随时接受行业安全检查人员依法实施的监督检查，采取必要的安全防护措施，消除事故隐患。由于承包人安全措施不力造成事故的责任和因此发生的费用、由承包人承担”。20.2“发包

人应对其在施工场地的工作人员进行安全教育,并对他们的安全负责。发包人不得要求承包人违反安全管理的规定进行施工。因发包人原因导致的安全事故,由发包人承担相应责任及发生的费用”。

安2—4 支持性文件

编制说明

支持性文件是指目前仍在执行的国家、行业和地方有关安全生产、文明施工的法律、法规、标准及规章等。支持性文件一般是以文件记编形式出现的出版物,如安全技术管理手册等。项目部应将这类文件分装在编号为“安2—4 支持性文件”夹内。按管理资料编号要求,如果一只文件夹放不下,可以分装成册,编号可写作“安2—4—1、安2—4—2”等。

由于法律、法规、规章在经常出台或更新,这就需要企业及项目部应注意及时收集有关文件,并进行更换,以利于指导现场安全工作。

安2—5 内部安全保证体系审核记录

编制说明

按安保体系标准“3.11 内部安全体系审核”目的是:

(1) 建筑企业应对工程项目部的安全活动和有关结果,是否符合安全保证计划及有关规定的要求进行审核,并确定安全生产保证体系的有效性。

(2) 掌握施工现场的安全管理现状,判别安全管理是否受控,评价安全生产保证体系的适宜性。

(3) 对本标准规定的要素,是否贯穿于建筑施工全过程进行审核。

企业内部审核是安保体系运作过程中的重要管理手段,它能及时发现安全管理上存在的问题及隐患,并及时组织力量去加以纠正、预防；内部审核又是安保体系的一种自我改进的机制，这有助于安保体系在保持其有效性的前提下，不断得到完善。

审核记录是由工程项目部的上级公司组织有关专业人员（内审员），对安保体系进行审核后的记录。应由上级审核组成员填写，交项目部保存，归并到管理资料中。

受审核方：指工程（用全称）。

审核区域：指工程的某一个部门或部位。

审核要素：指安保体系十一个要素，按“安1—3工程项目部安全生产保证体系要素及职能分配表”中，确定的主管要素、相关要素。

审核要点及方法，可参阅《建立和实施》P52～55，60～61。

安3　采购

从近年来施工现场安全生产情况看，采购已成为现场安全控制的一个重要环节和重要方面。

采购的主要产品是安全设施所需的材料、设备及安全防护用品。主要包括：安全帽、安全网、密目式安全网、安全带、漏电开关、配电箱、限位装置、保险装置、五芯电缆、钢管（$\phi 48 \times 3.5$）、扣件、活动房等。但不仅仅限于上述这些类别。企业可以根据实际情况，另外确定一些需要进行控制的安全用品，以及与安全有关的产品。

按照JGJ 59—99及行业管理要求，对某些产品进入建筑市场及施工现场，行业管理部门还有特殊规定，如产品的准产证、准用证等。各企业在采购中必须按行业管理部门印发的生产厂商名单，确定采购对象。

安3—1 合格供应商名录

编制说明

所谓供应商,包括产品的生产厂与供应商。

合格供应商名录一般由企业确定,但必须按规定的审核程序进行,必须符合行业管理有关要求。

确定合格供应商的目的是防范假冒伪劣产品流入现场,以杜绝因使用伪劣产品造成的伤害事故。

安 3—2 安全用品验收记录

编制说明

安全用品验收记录中"用品名称"必须与合格供应商名录中"产品种类"相符合,即安 3—2 中的安全用品必须出自于安 3—1 合格供应商名录。

安 3—3 不合格产品通知书

编制说明

对不合格产品的处理,必须严格按安保体系程序规定的要求进行,并将处理情况记录在册。

为加强对不合格产品的监督与控制,项目部还应将不合格产品的处理情况及时上报企业,由企业再报告其上级主管部门、工程受监安监站。

安 4　分包管理

安 4—1 合格分包方名录

编制说明

确定并使用合格分包方是总包单位安全管理的重要工作。合格分包方名录一般由施工企业确定后向各工地印发,也可以由企业上级管理单位确定。

安 4—2 本工程合格分包方名录

编制说明

本工程合格分包方必须是从安 4—1 合格分包方名录中

确定、使用；如果系由项目部自行使用的分包队伍，必须按安保体系标准的规定，组织对分包方进行评价，并附有评定的有关资料，如企业的《安全生产管理考核证书》等，择优录用。严禁招用闲散、不成建制、无证的施工人员或队伍。

安5　安全技术交底及动火审批

安5—1 总包对分包的进场安全总交底

编制说明

进场安全总交底由交底双方的项目负责人、安全负责人等共同参加，经双方签字认可。每一家分包单位进场，就必须进行一次安全总交底。

安全总交底共有十六条，其中前十五条是作为对进场安全进行的一般常规交底。但由于建筑产品的特殊性，决定了工程施工的差异性。因此，需要根据每个工程的特殊性，再补充第十六条针对本工程特点的安全交底。

安5—2 对作业人员按工种进行安全操作规程交底

编制说明

《上海建设工程安全技术管理手册》（由上海市建设工程安全监督总站编印）中有对各工种作业人员进行安全操作规程交底的示范文本。这些示范文本也与安全总交底一样，交底的最后一项内容，也是有针对性的补充交底内容，即要根据作业环境条件的不同进行针对性交底。

安5—3 施工作业过程中的分部、分项安全技术交底

《上海建设工程安全技术管理手册》中也有交底内容的范本。一般要求同上。

安5—4 安全防护设施交接验收记录

编制说明

安全防护设施（脚手架及其他临边、洞口防护等）对施工

现场的安全起着防止事故、保障劳动者安全等作用。实行安全防护设施交接验收的目的,是为了确保安全防护设施的完好、有效、安全。因此,移交单位必须确保交接时安全设施的完好;验收后,使用单位必须经常地对安全设施进行检查、维护和修缮,确保使用过程的安全。实行交接验收制度也是一种安全生产责任的转移。

(1) 每一种设施或每一部分设施需移交时,都必须单独填写本表(一式二份)。

(2) 如果是一种设施移交给多家单位共同使用的,应当按照使用单位数,分别填写验收记录 ,进行交接。

(3) 由甲单位使用转到由乙单位使用;或由甲单位使用后,又与乙单位共同使用;或由甲单位委托乙单位搭设的;都必须办理交接验收记录。

安 5—5 动火许可证

编制说明

上海建筑施工现场实行动火许可证制度已有十余年时间,从 1987 年市建委、市公安局联合印发《施工现场防火规定(试行)》(沪建施〈87〉第 699 号)起,就对施工现场防火工作提出了“焊割作业‘十不烧’规定,一、二、三级动火划分及审批规定,消防器材配备等规定”。

对三个级别的动火作业除按动火许可证上的动火须知要求外,还应做到:

(1) 动火证上的安全技术措施方案必须要有针对性,即要按照动火等级、部位、气候、工作等的不同,分别制定有针对性的安全技术措施。

(2) 动火要严格按审批权限、程序、内容报批后,方可作业,严禁超期、越位使用。

(3) 焊割作业必须持有效证件上岗;监护人必须持合适、有效的消防器材进行监护,不得兼做其他工作。

在现场无明显危险因素的固定场地进行焊割作业的,可以不按三级动火审批规定进行动火作业。

安 5—6 模板拆除(安全)申请表

编制说明

模板拆除既涉及到工程的质量,又关系到施工的安全。近年来建筑施工的伤亡事故中,坍塌事故增多,其中因支拆模板引发的坍塌事故也不少。为此,建设部在 1995 年 525 号文中,就将施工坍塌事故作为四大类多发性伤之事故,进行了专项治理。特别是 1999 年经修订后的 JGJ 59—99《建筑施工安全检查标准》中、又把模板工程与基坑支护分列成一个检查项目,列入安全检查的范围,以适应对危险作业点的监控需要。因此,表的重点是拆模安全技术措施是否符合本工程实际。

安 5—7 脚手架拆除(包括拆除主要构件)申请表

编制说明

脚手架坍塌及坠落事故是近年来建筑行业的多发性事故之一,造成事故的主要原因是:

(1) 脚手架搭设不规范。

(2) 施工作业中,脚手架上荷载超重。

(3) 随意拆除拉结或受力杆件。

(4) 擅自在脚手架上开门洞等。

因此,从以上几个方面加强监控,是防止各类脚手架事故的有效措施。

本申请表的申请及审批权限是:拆除整体脚手架,由项目施工负责人提出申请,经主管生产的项目经理审批同意后,方可拆除;凡是拆除脚手架的拉结、受力杆件或在脚手架上开门洞等，由具体施工的班组长提出申请，经项目施工负责人核查，确定拆除的范围和数量，并采取切实可行的加固补救措施后，由项目部技术、安全部门派人共同对加固补救措施进行检查验收，合格后，再安排架子工班组进行拆除。

本检查表的重点是脚手架的加固补救措施是否符合安全规范要求。

安6　检查、检验记录

本大类的所有记录均是现场的各类检查、验收、测验等表式，其内容应严格按记录说明或注解要求进行填写记录；其中的技术要求，还应符合国家、行业及地方的有关规定。

安6—1 安全检查记录表

编制说明

(1) 安全检查类型。从时间上可分为定期(年、月、旬等)与不定期(突击、节假日、季节性等)检查；从范围上又可分为全面与专项(如防火、用电、脚手架)检查。

(2) 安6—1 的检查记录范围包括：项目组织的自查，行业管理部门、上级部门、地区等进行的检查。

(3) 对安全检查所签发的隐患整改单，项目部应根据整改内容的性质，进行分析研究。属于一般性的并能当场予以整改的隐患，应记录在检查表中；属于经常性、系统性的隐患，必须转入安7—1 表，作事故隐患评审处理。

(4) 安全检查中所开具的隐患整改单，必须与该检查表对应并粘贴在背面。

安6—2—10 各类设施、设备、机具的验收记录

编制说明

(1) 各类表式中的空格(　)填写，一般按以下要求：

1) 按照本工程编制的施工组织设计(安全保证计划)的

设计数据填写,除此以外,必须符合技术规范;

2) 按照现场实测数据填写。

(2) 对普通脚手架的验收,属于分阶段验收的,应在验收合格牌上注明验收部位、层次、日期及编号。现场每次验收挂牌时,就必须在管理资料中装订相对应的验收单,这也便于检验管理资料与现场实际工作是否相符。

(3) 检点记录是指被检查对象的实查情况,应记录清楚所查项目是全数检查、还是随机抽查? 抽查比例? 抽查了几个点? 抽查了哪些部位等并将实查数据记录清楚。

(4) 各类验收单中有未尽事宜的,可参阅项目施工组织设计或安全保证计划要求,也可以按照有关技术规范进行。

安 7　事故隐患控制

编制说明

(1) 对事故隐患进行控制的目的、就是要确保不合格设施不使用、不合格过程不通过、不安全行为不放过,从而确保安全无事故。

(2) 对事故隐患的处理,应由项目部组织实施。具体处理事故隐患的人员,按照安 1—3"保证体系要素及职能分配表",所确定的主管领导、主管部门(个人)和相关部门(个人)。

(3) 对事故隐患的处理方式,按安保体系标准规定,共有五种:

1) 停止使用、封存;

2) 指定专人进行整改以达到规定要求;

3) 进行返工,以达到规定要求;

4) 对有不安全行为的人员进行教育或处罚;

5) 对不安全生产的过程重新组织。

(4) 对安 7—1 表中,纠正(不安全行为、过程、设施)、预

防(事故)措施的复查验证,有以下两种情况:

1) 对存在隐患的安全设施、安全防护用品的整改措施落实情况,必要时由工程项目部安全部门,组织有关专业人员对其进行复查验证,并做好记录。只有排除险情,采取了可靠措施后,方可恢复使用或施工;

2) 上级或政府行业主管部门提出的事故隐患通知,由工程项目部及时报告企业主管部门,同时制定措施,实施整改。自查合格后,报企业主管部门复查,再报有关上级或政府行业主管部门销项。

(5) 安 7—3 事故月报表。按建设部规定,必须每月按时逐级(即由工程项目部报企业,企业汇总后,再报其上级主管部门)上报事故月报表。无论当月本项目即是否发生伤亡事故,一律填写本表(一式两份)并盖上项目部公章后,一份报企业主管部门,一份留在管理资料内。本表的填写按有关国家标准及建设部规定要求。

安 8　安全教育和培训

编制说明

加强对职工进行安全教育培训,是党和政府一贯倡导并实施的安全生产基本原则,《中华人民共和国建筑法》第 46 条规定"建筑施工企业应当建立健全劳动安全生产教育培训制度,加强对职工安全生产的教育培训;未经安全生产教育培训的人员,不得上岗作业。"它以法律条文的形式,提出建筑施工企业应当建立健全劳动安全生产教育培训制度,说明了教育培训工作的重要性。建设部于 1997 年 5 月 4 日印发了《建筑业企业职工安全培训教育暂行规定》(建教〈1997〉83 号),对新工人的三级安全培训教育,企业法定代表人,项目经理,其他管理、技术人员,特殊工种,待岗、转岗、换岗及其他职工的安全培训教育，都作了时间、内容等规定。JGJ 59—99 对安全教育也作了具体规定，使对施工现场的职工安全教育工作，有了一个量化的标准。

(1) 应当为在本工地的所有职工建立职工劳动保护教育卡，并装订在管理资料中。做好相关的安全教育工作。掌握职工工作调动及进出工地情况，及时进行登录或注销，使表(安 8—1)与卡(安 8—1—1)做到统一，避免遗漏和不相符情况。

(2) 根据建设部关于安全培训教育中有关学时的规定，汇录表的“备注栏”及教育卡中的“现场、班组、变换工种、年度安全生产教育”都应当注明安全培训教育的时间(学时)，以便于对该职工的年度安全教育学时进行统计。

(3) 职工劳动保护教育卡中的安全考核试卷应当妥善保存备查。

(4) 安全生产奖惩记录一般是记载较严重的违章违纪和较大的奖励情况(如因违章导致了伤亡事故或险肇事故的及在抢险救灾口表现突出的有功人员；制止事故发生的人员，其中，有些还包括对个人的行政处分或嘉奖；对一般的违章或未造成后果的，可以列入到安 7—2 表中。

(5) 安全教育记录(安 8—2)中的参加对象(签名者)应当与安 8—1 表及安 8—1—1 卡相符合。

(6) 关于“双证制”问题。按照本市行业管理要求，建筑企业的安全员、电工、塔吊(包括人货电梯)装拆人员及附着升降脚手架装拆人员，这四种人员必须同时取得劳动部门及建设行政管理部门颁发的安全员及专业操作人员的培训操作证，方可上岗。